机械设计

李志红 肖念新 主编

中国农业科学技术出版社

图书在版编目（CIP）数据

机械设计/李志红，肖念新主编.—北京：中国农业科学技术出版社，2015.8
ISBN 978-7-5116-2155-9

Ⅰ.①机… Ⅱ.①李…②肖… Ⅲ.①机械设计－高等学校－教材 Ⅳ.①TH122

中国版本图书馆 CIP 数据核字（2015）第 139701 号

责任编辑　　闫庆健　潘月红
责任校对　　马广洋

出 版 者	中国农业科学技术出版社
	北京市中关村南大街12号　邮编：100081
电　　话	（010）82106632(编辑室)　　（010）82109704(发行部)
	（010）82109703(读者服务部)
传　　真	（010）82106625
网　　址	http://www.castp.cn
经 销 者	各地新华书店
印 刷 者	北京富泰印刷有限责任公司
开　　本	787 mm×1 092 mm　1/16
印　　张	16.25
字　　数	354千字
版　　次	2015年8月第1版　2017年2月第2次印刷
定　　价	40.00元

◆◆◆　版权所有·翻印必究　◆◆◆

机 械 设 计
编 写 人 员

主　编	李志红　肖念新
副主编	李树珍　陈　芳　侯桂凤
编　者	李志红　肖念新　李树珍　陈　芳
	侯桂凤　李锦泽　杨　阳　荣　誉
	刘春霞　刘荣昌

前　言

本教材结合普通高等学校工科专业机械设计课程基本要求编写，可供一般工科院校和全国高等职业技术类院校的机械类专业使用，也可供相关专业师生及工程技术人员参考。在编写过程中，编者既重视理论基础研究方法，又注重工程实践，扩展实践教学内容，还特别关注概念更新与拓宽、工程应用的加强及教学内容的精选，力求使新编教材具有新内容。本书根据人才培养目标，明确教材的层次和定位，结合教师教学和学生学习的特点，做到结构体系编排科学、合理，由浅入深，通俗易懂，方便学生学习。在编写过程中，吸收了有关院校的教学内容和课程体系改革的成果，又加入编者近20年的教学经验和教学改革成果。

机械设计是一门介绍机械设计基础知识并培养设计能力的重要专业基础课，在现代机械设计和应用中是离不开的。本书重点介绍了机械设计的基本概念和基本原理，并突出机械设计的分析和研究方法，内容简明、系统，使学生在获取知识的同时，学到科学的思想方法，培养学生初步具有机械设计能力和创新能力。

在内容编排上，按照通用零件的传动类零件、支撑类零件、连接类零件、其他类型零件的设计顺序来编排，在每一章节中又按照非标准件和标准件的不同，来编排相应的内容。对非标准件方面，主要介绍了各种通用机械零件的组成工作原理、分类情况、结构材料、性能特点、工作情况分析、失效形式及设计准则、设计计算、使用要求等；对标准件方面，主要介绍了各种通用机械零件的组成工作原理、分类情况、性能特点、失效形式、选择、使用要求等。全书适用于50～80学时的机械设计课程选用，也可根据各专业不同要求和学时对内容进行增减。

参加本教材编写工作的有：河北科技师范学院李志红（第一章、第二章、第四章、第六章、第八章、第九章、第十章）；肖念新、李树珍（第三章）；陈芳、侯桂凤（第五章）；刘荣昌、李锦泽、杨阳、荣誉、刘春霞（第七章、第十一章），由李志红统稿。

限于编者水平，书中难免有差错和不妥之处，敬请读者批评指正。

编者
2014年10月

内容提要

本教材是在机械设计原教材的基础上修订而成。

本教材在妥善处理传统内容的继承和现代科学成果的引进，并对知识的传承和能力、素质培养方面，进行了积极探索，是一本具有新内容、新体系，论述严谨，重视基础与工程应用，重视能力培养的新教材。

本教材内容包括：机械设计绪论、带传动、链传动、齿轮传动、蜗杆传动、轴、滑动轴承、滚动轴承、连轴器和离合器、螺纹连接、弹簧等11章。各章均有小结、思考题和习题。

本书可作为不同层次高等学校工科本科各专业的教材，也可供高等学校工科专科、高等职业学校和成人教育学院师生及有关工程技术人员参考。

目 录

第一章 绪论 ·· (1)
  1.1 引言 ·· (1)
  1.2 机器组成的要素 ·· (1)
  1.3 机械设计课程的基本内容、特点与任务 ································· (2)
  1.4 机械设计的一般过程 ··· (3)
  1.5 机械和机械零件设计的基本要求 ··· (4)
  1.6 机械零件设计的一般步骤 ·· (6)
  思考题 ··· (6)
第二章 带传动 ··· (7)
  2.1 概 述 ·· (7)
  2.2 带传动的工作情况分析 ··· (10)
  2.3 V带传动的设计计算 ·· (16)
  2.4 V带轮设计 ··· (26)
  2.5 V带的张紧和使用 ··· (29)
  2.6 其他带传动简介 ·· (30)
  小结 ··· (34)
  思考题 ·· (35)
  习题 ··· (36)
第三章 链传动 ··· (37)
  3.1 链传动的工作原理与特点 ··· (37)
  3.2 传动链与链轮的结构 ·· (38)
  3.3 链传动的运动特性 ··· (40)
  3.4 链传动的失效形式与设计计算 ··· (44)
  3.5 链传动的布置、张紧和润滑 ·· (50)
  小结 ··· (52)
  思考题 ·· (53)
  习题 ··· (53)
第四章 齿轮传动 ·· (55)
  4.1 概述 ··· (55)
  4.2 齿轮传动的失效形式及设计准则 ·· (56)

4.3　齿轮材料的选择 ……………………………………………………… (61)
　4.4　齿轮传动的计算载荷 ………………………………………………… (63)
　4.5　直齿圆柱齿轮传动的强度计算 ……………………………………… (69)
　4.6　齿轮传动的精度 ………………………………………………………（79）
　4.7　斜齿圆柱齿轮传动的强度计算 ……………………………………… (83)
　4.8　标准圆锥齿轮传动的强度计算 ……………………………………… (89)
　4.9　齿轮的结构设计 ……………………………………………………… (96)
　4.10　齿轮传动的润滑 ……………………………………………………… (97)
　小结 ………………………………………………………………………… (100)
　思考题 ……………………………………………………………………… (100)
　习题 ………………………………………………………………………… (102)

第五章　蜗杆传动 …………………………………………………………… (104)
　5.1　蜗杆传动的类型、特点和应用 ……………………………………… (104)
　5.2　普通圆柱蜗杆传动的主要参数及几何尺寸计算 …………………… (106)
　5.3　蜗杆传动的工作情况分析 …………………………………………… (111)
　5.4　蜗杆传动的强度计算 ………………………………………………… (113)
　5.5　蜗杆传动的效率及热平衡计算 ……………………………………… (117)
　5.6　蜗杆和蜗轮的结构及零件工作图 …………………………………… (118)
　小结 ………………………………………………………………………… (121)
　思考题 ……………………………………………………………………… (122)
　习题 ………………………………………………………………………… (124)

第六章　轴 …………………………………………………………………… (125)
　6.1　轴的功用和类型 ……………………………………………………… (125)
　6.2　轴的材料及设计轴的基本要求 ……………………………………… (127)
　6.3　轴的结构设计 ………………………………………………………… (129)
　6.4　轴的强度计算 ………………………………………………………… (141)
　6.5　轴的刚度计算 ………………………………………………………… (144)
　小结 ………………………………………………………………………… (149)
　思考题 ……………………………………………………………………… (150)
　习题 ………………………………………………………………………… (151)

第七章　滑动轴承 …………………………………………………………… (152)
　7.1　概述 …………………………………………………………………… (152)
　7.2　径向滑动轴承的主要类型 …………………………………………… (152)
　7.3　轴瓦的材料和结构 …………………………………………………… (153)
　7.4　非液体摩擦滑动轴承的设计计算 …………………………………… (156)
　7.5　滑动轴承的润滑 ……………………………………………………… (159)
　小结 ………………………………………………………………………… (161)
　思考题 ……………………………………………………………………… (162)
　习题 ………………………………………………………………………… (162)

目 录

第八章 滚动轴承 (163)
- 8.1 滚动轴承的结构、类型及代号 (163)
- 8.2 滚动轴承类型选择 (166)
- 8.3 滚动轴承尺寸选择 (168)
- 8.4 滚动轴承的组合设计 (181)
- 小结 (186)
- 思考题 (187)
- 习题 (188)

第九章 联轴器和离合器 (189)
- 9.1 概述 (189)
- 9.2 联轴器 (190)
- 9.3 离合器 (196)
- 9.4 安全联轴器与安全离合器 (201)
- 小结 (202)
- 思考题 (203)
- 习题 (204)

第十章 螺纹连接 (205)
- 10.1 螺纹 (205)
- 10.2 螺栓组连接的结构设计 (210)
- 10.3 螺栓组连接的受力分析 (213)
- 10.4 单个螺栓的强度计算 (216)
- 10.5 螺纹连接的预紧和防松 (224)
- 10.6 提高螺栓连接强度的措施 (227)
- 小结 (230)
- 思考题 (231)
- 习题 (231)

第十一章 弹簧 (232)
- 11.1 概述 (232)
- 11.2 圆柱形螺旋弹簧的结构 (233)
- 11.3 弹簧的材料和制造 (235)
- 11.4 圆柱螺旋压缩（拉伸）弹簧的设计计算 (238)
- 11.5 扭转弹簧简介 (245)
- 小结 (246)
- 思考题 (247)
- 习题 (247)

参考文献 (248)

第一章 绪 论

1.1 引言

机械是机器和机构的统称。机器主要是指机械装置，如电动机、内燃机、机床、汽车、火车、飞机、轮船、起重运机械、冶金矿山机械、轻纺食品机械等。机械设计即为各种机械装置的设计，机械设计是为了满足机器的某些特定功能而进行的创造性过程，设计是创造性的劳动，设计的本质在于创新。

人类社会的进步源于不断地创新，设计活动则是创新的策划、起点和关键环节。机器是人们改造世界和现代化生活的重要工具，机器的发明、使用和发展是现代社会发展的一个重要创新过程。在这一创新过程中，人们总结出了进行机械设计的理论与方法，从而为更高层次的创新与设计奠定了基础。现代教育的目标是素质教育，而素质教育的核心应该是创新素质教育。作为集中了人们关于机械及装备创新智慧的机械设计的理论与方法，应该是同学们学习创新的理想内容。关于机械设计的理论与方法是博大精深的，而作为大学本科阶段的一门课程，机械设计课程的主要任务是讲述通用机械零部件的设计以及机械系统设计的基础知识。

机械工业的生产水平是一个国家现代化建设水平的重要标志。机器是代替人们体力和部分脑力劳动的工具，机器既能承担人力所不能或不便进行的工作，又能较人工生产改进产品质量，特别是能够大大提高劳动生产率和改善劳动条件。只有使用机器，才能便于实现产品的标准化、系列化和通用化，尤其是便于实现高度的机械化、电气化和自动化。机械工业肩负着为国民经济各个部门提供装备和促进技术改造的重任。大量地设计制造和广泛采用各种先进的机器，可大大加强促进国民经济发展的力度加速我国的现代化建设。

1.2 机器组成的要素

一个机械系统从功能上一般包含机械结构系统、驱动动力系统、检测与控制系统。一台机器的机械结构总是由一些机构组成的，每个机构又是由若干零件组成的。有些零件是在各种机器中常用的，称之为通用零件，如螺钉、齿轮、轴承等；有些零件只有在特定的机器中才用到，称之为专用零件，如洗衣机中的波轮、工业机器人的末端执行器、军械中的枪栓等。目前有些通用零件的制造是由专门的生产厂家按照国家统一标准的规定制造生产的，称为标准件。标准化就是要通过对零件的尺寸、结构要素、材料性能、设计方法、制图要求等，制定出大家共同遵守的标准。标准化有利于保证产品质量，减轻设计工作量，便于零部件的互换和组织专业化的大生产，以降低生产成本。有些通用零件必须由设计人员专门设计、单独加工生产，称为非标准件。非标准件设计制造周期长，生产成本高，产品质量有时不能得到保证，且不利于零部件的互换和组织专业化的大生产。

与设计有关的标准：国际标准；国家标准；行业标准；企业标准；质量标准等。

如：ISO，GB，JB，HB，QB。

国标分为：强制标准和推荐标准。

强制性国家标准：代号为 GB ××××（为标准序号）－××××（为批准年代）。

强制性国标必须严格遵照执行，否则就是违法。

推荐性国家标准：代号为 GB/T ××××-××××，这类标准占整个国标中的绝大多数。如无特殊理由和特殊需要，必须遵守这些国标，以期取得事半功倍的效果。

1.3 机械设计课程的基本内容、特点与任务

1.3.1 机械设计课程的基本内容

机械设计是一门介绍机械设计基础知识并培养设计能力的重要专业基础课，在现代机械中应用十分广泛。本课程的主要内容是学习机械系统设计的基础知识；学习一般尺寸和参数的通用零件设计方法。机械设计研究的对象是通用零件，主要介绍了各种通用零件的组成工作原理、分类情况、性能特点、工作情况分析、失效形式及设计准则、材料的选择、结构设计、设计计算、考虑加工工艺性、标准化以及经济性、环境保护等。

1.3.2 机械设计课程的特点与任务

机械设计是以通用零件的设计为主的设计性技术基础课。论述通用零件设计的理论和方法，培养机械设计的能力。

机械设计课程有以下的几个特点。

(1) 涉及面广，主要体现在：

关系多—与诸多先修课关系密切。

要求多—强度、刚度、寿命、工艺、重量、安全、经济性。

门类多—各类零件，各有特点，设计方法各异。

公式多—计算多，有解析式、半解析式、经验的、半经验的及定义式。

图表多—结构图、分析图、原理图、示意图、曲线图、标准图、经验数表。

(2) 实践性强—不仅仅读懂书就行，要多联系实际，要注重实践性环节。

(3) 无重点又都是重点—设计工作必须详尽，细小的疏忽也会导致严重事故。

(4) 设计问题无统一答案—更多地谈论谁设计得更好，要注意发展求异思维。

学习机械设计课程有以下的几个任务。

(1) 培养学生掌握通用零件的设计原理、方法和机械设计的一般规律。

(2) 树立正确的设计思想，了解国家当前的有关技术经济政策。

(3) 具有使用标准、规范、手册、图册及查阅资料的能力。

(4) 掌握典型零件的实验方法，获得实验技能的基本训练。

（5）了解机械设计的新发展。

1.4 机械设计的一般过程

机械设计没有一成不变的过程，设计时要针对具体情况进行具体分析。这里介绍一般过程如下。

1. 了解设计要求和拟定初步方案

对机械设计任务，首先应明确设计要求，然后根据设计要求深入调查研究，收集有关设计资料。通常应调查了解现有同类型机器的生产、使用情况和优缺点，目前机器的生产技术水平，采用先进技术的可能性等。调查研究之后，就可根据设计要求确定机器的工作原理、原动机种类和传动方案等，初步拟定机械运动简图及机器结构方案。

2. 技术设计

拟定初步方案之后，应着手把拟定的方案变成具体的零部件，把运动简图变成具体的结构图和装配图。其主要内容有：

（1）根据机器的运转特性、工作机构的工作能力、工作速度和传动系统的总效率等，算出机械所需的驱动功率，并结合机械的具体工作情况，选择好一部或几部原动机。

（2）对各机构和主要零件进行运动分析、动力分析和工作能力计算以及必要的类比和实验，从而确定它们的主要尺寸、形状和技术参数。设计所依据的工作能力准则，须参照零部件的一般失效形式、工作特性、环境条件等合理地拟定。一般有强度、刚度、振动稳定性、寿命等准则。确定主要零件的尺寸、形状及技术参数是极为重要的工作，也是本篇在以后各章主要研究的内容。

（3）确定总体尺寸关系，决定各个机构和主要零件在机械中的位置及相互间的连接。设计部件的装配草图并画出总体装配草图。在此步骤中，需要很好地协调各零件的结构及尺寸，全面地考虑所设计的零部件的结构工艺性，使全部零件有最合理的构形。

（4）在绘出部件装配草图及总装配草图以后，所有零件的结构及尺寸均为已知，相互邻接的零件之间的关系也为已知。只有在这时，才可以较为精确地定出作用在零件上的载荷，决定影响零件工作能力的各个细节因素。只有在此条件下，才有可能并且必须对一些重要的或者外形及受力情况复杂的零件进行精确的校核计算。根据校核结果，反复地修改零件的结构及尺寸，直到满意为止。

（5）草图完成以后，即可根据草图业已确定的零件基本尺寸，设计零件的工作图。此时，仍有大量的零件结构细节需要加以推敲和确定。设计工作图时，要充分考虑零件的加工和装配工艺性、零件在加工过程中的加工完成后的检验要求和实施方法等。有些细节安排如果对零件的工作能力有值得考虑的影响时，还需返回去重新校核工作能力。最后绘出除标准件以外的全部零件的工作图。

（6）按最后定型的零件工作图的结构及尺寸，重新绘制部件装配图及总装配图。通过这一工作，可以检查出零件工作图中可能隐藏的尺寸和结构上的错误。人们把这一工作通俗地称为"假装配"。

3. 技术文件编制

技术文件的种类较多，常用的有机器的设计计算说明书、使用说明书、标准件明细表等。

编制技术说明书时，应包括方案选择及技术设计的全部结论性内容。

编制用户的机器使用说明书时，应向用户介绍机器的性能参数范围、使用操作方法、日常保养及简单的维修方法、备用件的目录等。

其他技术文件，如检验合格证、外购件明细表、验收条件等，视需要与否另行编制。

4. 试制与鉴定

全套图纸设计绘制完毕，所有技术文件编写完成，并经工艺会签及审核结束后，图纸即可投入生产，作短期试制。样机完成，即进行机械鉴定和生产鉴定，以考核样机的性能是否符合设计任务书的各项规定。

鉴定通过后，需要根据试制和运转中暴露出来的问题，对设计图纸进行修改，常称为整图。机械设计工作到此才告一段落。

上述只是机械设计的一般过程。各项工作不是相互割裂无联系的，而应是相互穿插和有机结合，有时甚至要多次反复。同时，这些过程也不是一成不变的，而是应该根据机械的具体情况适当地进行变动。

1.5 机械和机械零件设计的基本要求

1.5.1 机械设计的基本要求

机械的种类虽然很多，但设计时所应考虑的基本要求却往往是相同的。这些基本要求包括以下几点。

1. 使用功能的要求

机器应具有预定的使用功能。这主要靠正确选择机器的工作原理，正确地设计或选用能够全面实现功能要求的执行机构、传动机构和原动机以及合理地配置必要的辅助系统来实现。

2. 经济性要求

机器的经济性体现在设计制造和使用的全过程中。设计制造的经济性表现为机器的成本低；使用经济性表现为高生产率、高效率，较少地消耗能源、原材料和辅助材料以及低的管理和维护费用等。

提高设计制造经济性的主要途径有：采用先进的现代设计方法，使设计参数最优化；尽可能多地应用CAD技术，加快设计进度，降低设计成本；最大限度地采用"三化"（零件标准化、部件通用化、产品系列化）、"四新"（新技术、新工艺、新结构和新材料）；力求改善零件的结构工艺性，使其用料少、易加工、易装配。

提高使用经济性的主要途径有：合理地提高机械的机械化和自动化水平；选用效率高的传动系统和支承装置；采用适当的防护、润滑与密封装置等。

3. 劳动保护要求

机械设计时对于劳动保护必须给予极大的重视。

(1) 注意操作者的操作安全：对外露的运动零件应加防护罩；设置保险装置以消除不正确操作而引起的危险等。

(2) 要使操作者的操作方便：设计时要按照人机工程学的观点尽可能减少操作手柄

的数量，操作手柄及按钮等应放置在便于操作的位置，操纵应简便省力，操作方式要符合人们的心理和习惯（例如汽车方向盘向左打则汽车向左拐弯等）。

（3）改善操作者的工作环境：应尽量减少机械的噪声；机械的外形要美观大方，色泽协调、舒适等。

4. 其他特殊要求

对于不同用途的机械还可能提出一些特殊要求，例如：对机床和仪器要求能长期保持其精度；对食品和纺织机械要求能保持清洁不污染产品；对流动使用的机器（如钻探机械）有便于安装和拆卸的要求；对大型机器有便于运输的要求等。设计机器时，在满足前述共同的基本要求的前提下，还应着重满足这些特殊要求，以提高机器的使用性能。

不言而喻，机器的各项要求的满足，是以组成机器的机械零件的正确设计和制造为前提的。亦即零件设计的好坏，将对机器使用性能的优劣起着决定性的作用。

1.5.2 机械零件设计的基本要求

任何一部机械都是由许多零件组成的。因此，要想设计、制造出符合机械设计基本要求的机械，就必须对组成机械的各零件，根据它们在机械中的地位和作用提出一些相应的要求。这就是机械零件设计的基本要求：

1. 足够的强度

强度是衡量零件抵抗破坏的能力。这是一项最基本的要求。零件的强度不足时，就会发生过量的塑性变形，甚至造成断裂破坏，轻则使机械停止工作，重则发生严重事故。

2. 足够的刚度

刚度是衡量零件抵抗弹性变形的能力。零件的刚度不足时，将会产生过量的弹性变形，形成载荷集中。尤其是对机床的主轴、轧钢机的轧辊等，如果没有足够的刚度，就会严重影响产品的质量。

3. 足够的寿命

有的零件在工作初期虽然能够满足各种要求，但在工作一定时间后却可能由于某种（或某些）原因而失效。这个零件正常工作延续的时间就叫做寿命。影响零件寿命的主要因素是：有相对运动的零件的磨损，变载荷作用下的疲劳和高温工作下的蠕变。

4. 良好的振动稳定性

高速回转及往复运动的零件，由于设计不完善、制造安装误差、材料本身的不均匀等原因，工作中零件会产生周期性的振动。当转速或速度达到某一数值，使得周期性外力的变动频率和机器固有频率相等时，就会产生共振。这时零件的振幅将急骤增大，能在短期内使零件或整部机械造成破坏。所以，对于高速回转或往复运动的零件，为了保证有良好的振动稳定性，除要精确进行动平衡外，还要进行振动设计。

5. 良好的工艺性

工艺性好，是指在既定的生产条件下，能以最少的工时和加工费用制造出合乎技术要求的零件，并便于装配成机器这一特性。所以，零件的工艺性应从毛坯制造、机械加工过程及装配等几个生产环节加以综合考虑。以便能合理地确定零件的结构和外形，使零件具有尽可能简单的几何形状，避免采用复杂的加工方法，避免盲目提高零件的加工精度和表面光洁度；尽量采用优先配合、优先系列和标准结构等。

6. 尽量采用标准化零件

标准化零件在专门工厂生产，由特定设备加工，因此，生产率较高，质量较好，成本较低，又能节约原材料。使用标准零件不仅可以减轻机器的设计工作，给制造和维修也带来很大方便。而且还能保证产品质量，降低成本。因此，只有当采用标准零件不能满足设计要求时，才允许使用非标准零件。

7. 合理选择零件的材料

在一般机械制造中的常用材料不下几十种，有黑色金属（钢、铁）、有色金属（铜、铝）、金属陶瓷材料及各种非金属材料等。材料的选择是否得当，对机械的工作好坏、尺寸及成本都会产生重大的影响。在选择材料时应全面考虑和分析如下因素：载荷的大小和性质；零件的工作情况、尺寸及质量；零件结构的复杂程度；材料的加工可能性、价格和供应情况等。

当然，设计某一具体零件时，并不一定要求它能同时满足上述所有基本要求，而是应根据所设计的零件在具体工作条件下可能产生的失效形式，来决定上述基本要求中哪些是主要的，哪些是次要的，抓住主要矛盾，全力解决它。例如，对于中速、低速回转或往复运动的零件，就不必进行振动稳定性计算；对于一般机械中的传动轴不必作刚度计算；受力大而且重要的零件才选择优良的材料等。

1.6 机械零件设计的一般步骤

机械零件的设计大体要经过以下几个步骤。

第一，根据零件的使用要求，选择零件的类型和结构。为此，必须对各种零件的不同类型、优缺点、特性与使用范围等，进行综合对比并正确选用。

第二，根据机器的工作要求，计算作用在零件上的载荷。

第三，根据零件的工作条件及对零件的特殊要求（例如高温或在腐蚀介质中工作等），选择适当的材料。

第四，根据零件可能的失效形式确定计算准则，根据计算准则进行计算，确定出零件的基本尺寸。

第五，根据工艺性及标准化等原则进行零件的结构设计。

第六，细节设计完成后，必要时进行详细的校核计算，以判定结构的合理性。

第七，画出零件的工作图，并写出计算说明书。绘制的零件工作图应完全符合制图标准，并满足加工的要求。写出的计算说明书要条理清晰，语言简明，数字正确，格式统一，并附有必要的结构草图和计算简图。重要的引用数据，一般要注明来源出处。对于重要的计算结果，要写出简短的结论。

思考题

（1）什么是通用零件？什么是专用零件？试各举3个实例。

（2）机械设计课程研究的内容是什么？

（3）设计机器时应满足哪些基本要求？设计机械零件时应满足哪些基本要求？

第二章 带传动

2.1 概　述

带传动一般是由固联于主动轴上的带轮1（主动轮）、固联于从动轴上的带轮3（从动轮）和紧套在两轮上的传动带2组成的（图2-1）。带与轮的接触表面间存在着正压力，当原动机驱动主动轮1回转时，在带与主动轮接触表面间便产生摩擦力。正是借这种摩擦力，主动轮才能拖动带，继而带又拖动从动轮，从而将主动轴上的转矩和运动传给从动轴。

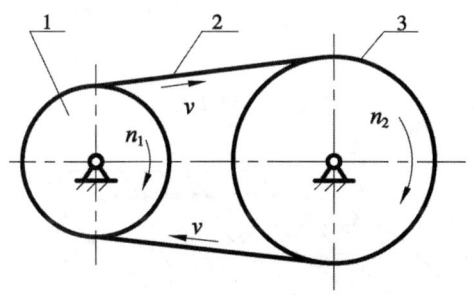

图2-1　带传动示意图

2.1.1 带传动的主要类型和传动形式

常用的带传动有平带传动和V带传动（图2-2）。近些年来，为适应生产上的需要，又出现了一些新型的带传动，例如同步带传动（图2-3）等。

平带传动结构简单，带轮也容易制造，在传动中心距较大的情况下应用较多。

平带的截面为矩形，常用的平带是橡胶帆布带，此外还有皮革带、棉布带和化纤带等。橡胶帆布带的规格可查阅国家标准和手册。

在一般机械传动中，应用最广的是V带传动。V带的横剖面是等腰梯形，带轮上也做出相应的轮槽。传动时，V带只和轮槽的两个侧面相接触，即以两侧面为工作面〔图2-2（b）〕。根据槽面摩擦的原理，在同样的张紧力下，V带传动较平带传动能产生更大的摩擦力。再加上V带传动允许的传动比较大，结构较紧凑，以及V带多已标准化并大量生产等优点，因而V带传动的应用比平带传动广泛得多。

标准普通V带都制成无接头的环形。在传动中心距不能调整的场合，可使用活络三角带，又称接头V带（图2-4），其截面型号与一般V带相同。这种传动带是由多层挂

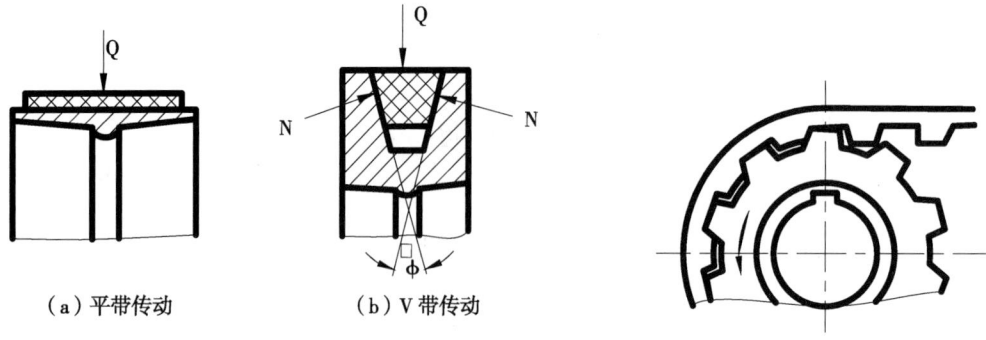

(a) 平带传动　　　　　(b) V带传动

图 2-2　带传动局部剖视图　　　　图 2-3　同步带传动局部示意图

胶帆布贴合，经硫化后冲切成图 2-5 多楔带小片，逐节搭叠后用螺栓连接而成，因此活络三角带的长度可以根据需要加长或缩短，它的重量较大，强度较差，在速度较高时，传动平稳性差，而且使用寿命较短。

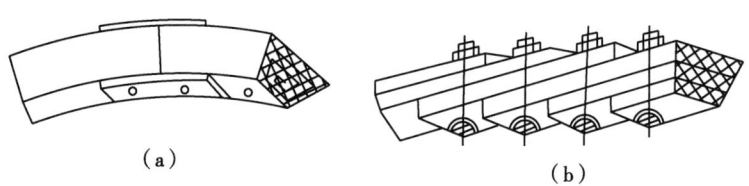

(a)　　　　　　　　(b)

图 2-4　接头 V 带

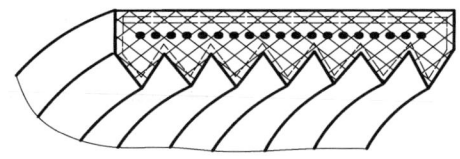

图 2-5　多楔带小片

另外，还有一种多楔带（图 2-5）。这种带兼有平带和 V 带的优点：柔性好、摩擦力大、能传递的功率高、并解决了多根 V 带长短不一而使各带受力不均的问题。多楔带传动主要用于传递功率较大而结构要求紧凑的场合。

带传动有多种传动形式，常见的带传动形式见表 2-1。

表 2-1　带传动的形式

传动形式	简图	允许带速[①] v (m/s)	传动比[②] i	相对传递[③] 功率能力 $P\%$	安装条件	工作特点
开口传动		25~50	≤5 (≤7)	100	轮宽对称面重合	平行轴、双向、同旋向传动

(续表)

传动形式	简图	允许带速① v (m/s)	传动比② i	相对传递③ 功率能力 $P\%$	安装条件	工作特点
交叉传动		15	≤6	70~80	轮宽对称面重合	平行轴、双向、反旋向传动，带在交叉处相磨，用于 $a>20b$（带宽）的场合
半交叉传动		15	≤3 (≤2.5)	70~80	一轮宽对称面通过另一轮带的绕出点	交错轴，单向传动
有张紧轮的平行轴传动		25~50	≤10	≥100	同开口传动，张紧轮在松边，对接头要求高	平行轴、单向、同旋向传动，用于 i 大 a 小的场合

注：① $v>30$ m/s 适用于高速带、同步齿形带等；②括号内的 i 值适用于 V 带、同步齿形带、多楔带等；③相对于开口传动的百分比

2.1.2 带传动的特点

由于带传动是利用具有挠性的传动带作中间物，并通过摩擦力来传动，因此带传动有以下几个特点：

第一，带是挠性体，富有弹性，能缓和冲击，吸收振动，因而工作平稳，噪声小。

第二，由于依靠摩擦力传动，所以传动带与带轮间总有一些滑动，因而传动比不准确，并且传动效率也较低。

第三，如果机器发生严重过载时，传动带会在带轮上打滑（在下一节讨论），因而可保护其他零件不受损坏，但是它不能用于某些安全性要求较高的传动（如起重机械）中。

第四，结构简单，成本低；但不宜用于高温、淋水、易燃等场合。

第五，适用于两轴中心距较大的场合。

2.1.3 带传动的几何计算

带传动的中心距 a 和带轮直径 D_1 及 D_2 取定之后，即可按图 2-6 算出带的计算长度 L（V 带指节线长度 L_d）。

得：
$$L \approx 2a + \frac{e}{2}(D_2 + D_1) + \frac{(D_2 D_1)2}{4a} \tag{2-1}$$

需要求解中心距时，可由式（2-1）得：

$$a \approx \frac{2L_d(D_2 + D_1) + \sqrt{2L_d - \pi(D_2 + D_1)^2 - 8(D_2 - D_1)^2}}{8} \tag{2-2}$$

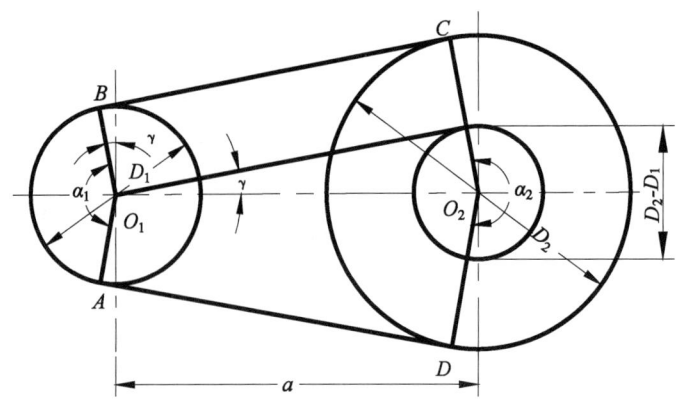

图 2-6 带传动几何计算简图

带与带轮接触弧上所对的中心角称为包角。图 2-6 中的 α_1 及 α_2 分别为轮 1 及轮 2 上的包角,小带轮上的包角为:

$$\alpha_1 = \pi - 2\gamma \approx \pi - \frac{D_2 D_1}{a} \quad \text{rad}$$

若以度为单位,则

$$\alpha_1 = 180° - \frac{D_2 D_1}{a} \times 57.3° \approx 180° - \frac{D_2 D_1}{a} \times 60° \tag{2-3}$$

2.2 带传动的工作情况分析

为使带传动能够正常工作,带与带轮间应有足够的摩擦力,用以克服从动轮上的工作阻力而拖动其回转。当摩擦力不足时,带与带轮间就产生打滑现象,则传动失效。因此,能否保证有足够的摩擦力以克服工作阻力,就成为带传动设计中的主要问题。

2.2.1 带传动中的力分析

为了产生摩擦力,带应张紧在带轮上。在未传递动力而空转时,带上处处受到张紧力 F_0,F_0 称为初拉力〔图 2-7 (a)〕。此时,由于 F_0 的存在,带与带轮的接触面间就有一定的正压力,带的上下两边变形相等。

传递动力时,从动轮 2 上作用有阻力矩 T_2,原动机给主动轮一主动力矩 T_1 后,带与轮在接触区内由于有相对运动的趋势而产生摩擦力 F'〔图 2-7 (b)〕,主动轮作用在带上的摩擦力的方向和主动轮的圆周速度方向相同,主动轮即靠此摩擦力驱使带运动;从动轮作用在带上的摩擦力的方向则与带的运动方向相反〔见图 2-7 (b) 轮 2 的外侧〕。在摩擦力作用下,带绕主动带轮的一边被拉紧,叫做紧边,紧边变形增大,拉力由 F_0 增至 F_1;带离开主动轮的一边被放松,叫做松边,松边变形减小,拉力由 F_0 降至 F_2。紧、松两边带的拉力差 $F_1 - F_2$ 就是带传动中起传递动力作用的拉力,以 F_e 表示,称为有效拉力。F_1、F_2、F'、F_e、T_1、T_2 之间的关系和变化情况表示于图 2-7 (c)、图 2-7 (d) 中。图中给出了带 3、主动轮 1、从动轮 2 的受力图(图中正压力未画出)。F' 是带轮作用于带的摩擦力，其大小也等于带作用于带轮的摩擦力。因为实际上摩擦力是沿着带和带轮的接触区分布的，故此处 F' 代表分布摩擦力的总和。

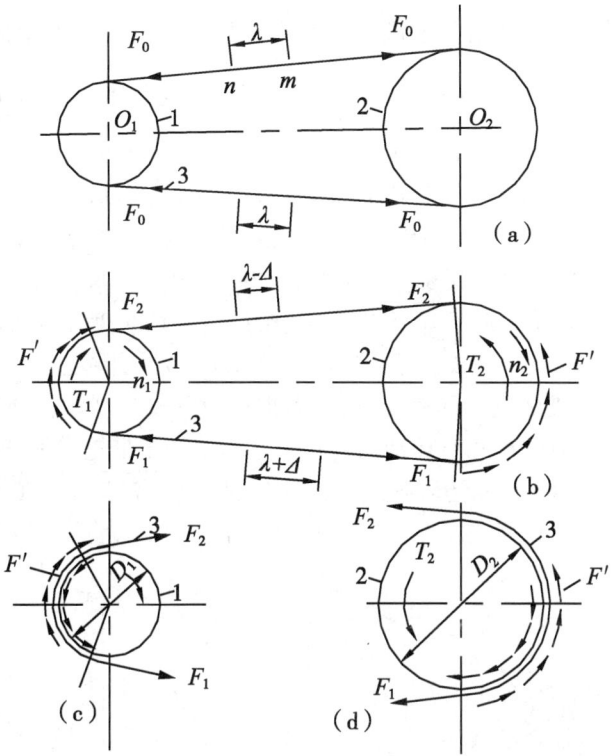

图 2-7 带传动受力分析

由主动轮 1 的受力平衡得：

$$F' = \frac{2T_1}{D_1} \tag{2-4}$$

又由主动轮与带组合的受力图〔图 2-7（c）〕得：

$$F_1 \frac{D_1}{2} - F_2 \frac{D_1}{2} = F_e \frac{D_1}{2} = T_1$$

即：

$$F_e = F_1 - F_2 = \frac{2T_1}{D_1} = F' \text{（主动轮上）} \tag{2-5}$$

由图 2-7（d）可得：

$$F_e = \frac{2T_2}{D_2} = F' \text{（从动轮上）} \tag{2-6}$$

上述各式中 D_1 和 D_2 分别为主动轮 1 和从动轮 2 的计算直径。

可见，主动轮依靠作用于带上摩擦力驱使带运动，而带又施加摩擦力于从动轮，使其克服阻力而回转，从而达到传动的目的。在传递动力的过程中，主动轮与带间的摩擦力同带与从动轮间摩擦力是相等的，都等于有效拉力（拉力差），即 $F' = F_e$。当工作阻力矩 T_2（或有效拉力 F_e）增加时，在最大摩擦力的范围内，F' 将随之增大，以满足 $F' = \frac{2T_2}{D_2}$。此时，下述关系成立：

$$\frac{2T_1}{D_1} = F' = F_e = F_1 - F_2 = F' = \frac{2T_2}{D_2}$$

因此，带传动的传动能力首先取决于带与带轮接触面间所能产生的最大摩擦力 F_{max}。当任一带轮与带间的最大摩擦力 $F_{max} < \frac{2T_2}{D_2}$ 时，则该带轮与带接触面间将发生打滑现象。此时，尽管主动轮转动，摩擦力也不足以驱使从动轮转动。

下面来分析带在轮上即将打滑时最大摩擦力 F_{max} 及其影响因素。如图 2-7（a）所示的带传动，当带尚未传递动力前，取其一段 $n-m$，受初拉力 F_0 后，量其长度为 λ，这一段带 $n-m$ 运转至任何位置时，其长度均不变。传递动力后，紧、松边拉力不等，紧边拉力由 F_0 增至 F_1，松边拉力由 F_0 下降至 F_2，相应的 $n-m$ 段长度在紧边由 λ 拉长至 $\lambda+\Delta$；而到松边时，则由 λ 缩短至 $\lambda-\Delta$。可见，同一段带 $n-m$，由紧边到松边时，其长度是变化的，即有少量的伸长或缩短（弹性变形）。若把带轮看成是刚体，则带与带轮之间就有相对的弹性滑动，由于有这种相对运动的存在，才能使带与带轮之间产生摩擦力。

如图 2-8（a）所示，设紧边和松边的拉力分别为 F_1 和 F_2，而在包角 α_1 范围内分布有摩擦力（设摩擦力达极限值）。

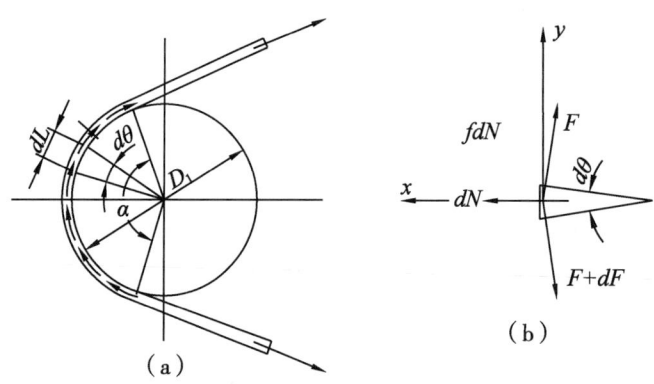

图 2-8 欧拉公式的力学模型

截取带轮上的微量带长 dL 为分离体，其上作用力如图 2-8（b）所示。微量带 dL 两端受到的拉力分别为 F 及 $F+dF$，带轮对带的正压力 dN，其摩擦力为 fdN，f 为带和带轮间的摩擦系数。将上述各力沿径向和切向分解，列力平衡方程式：

$$\begin{pmatrix} dN F\sin\dfrac{d\theta}{2}(FdF)\sin\dfrac{d\theta}{2} \\ fdN F\cos\dfrac{d\theta}{2}(FdF)\cos\dfrac{d\theta}{2} \end{pmatrix}$$

由于 $d\theta$ 很小，可取 $\sin\dfrac{d\theta}{2} \approx \dfrac{d\theta}{2}$；$\cos\dfrac{d\theta}{2} \approx 1$，并略去二次微量 $dF \cdot \sin\dfrac{d\theta}{2}$，则得：

$dN = Fd\theta$ 和 $fdN = dF$，

由此解得：

$$\frac{dF}{F} = fd\theta$$

上式两边积分：

$$\int_{F_2}^{F_1} \frac{dF}{F} = \int \alpha_{10} f d\theta$$

即
$$\ln \frac{F_1}{F_2} = f\alpha_1$$

由此得
$$F_1 = F_2 e^{f\alpha_1} \tag{2-7}$$

式中：e——自然对数的底（$e = 2.718\cdots$）；

f——摩擦系数（对于 V 带，用当量摩擦系数 f_V 代替 f）；

α_1——带在小带轮上的包角，rad。

式（2-7）即所谓柔韧体摩擦的欧拉公式，它表明了当摩擦力达到极限值（最大值）时，传动带两边拉力 F_1 与 F_2 之间的关系。

将式（2-7）代入式（2-5）得极限摩擦力（最大摩擦力）

$$F_{max} = F_1 - F_2 = F_1 \left(1 - \frac{1}{e^{f\alpha_1}}\right) \tag{2-8}$$

传动开始后，可近似地认为带的紧边拉力增加量等于松边拉力的减少量，即 $F_1 - F_0 = F_0 - F_2$，再考虑到 $F_1 - F_2 = F_{max}$，可得

$$F_1 = F_0 + \frac{F_{max}}{2} \text{ 及 } F_2 = F_0 - \frac{F_{max}}{2} \tag{2-9}$$

将上面的第一式代入式（2-8）整理后，可得出一定传动条件下的最大（极限）摩擦力：

$$F_{max} = 2F_0 \frac{e^{f\alpha_1} - 1}{e^{f\alpha_1} + 1} \tag{2-10}$$

可见，最大摩擦力随着初拉力 F_0、小带轮包角 α_1 及摩擦系数 f 三者的增大而增大。但是初拉力增大是有限制的，F_0 过大将使带张紧过度而很快松弛，寿命大为降低；包角 α_1 受传动中心距 a、小带轮直径 d_1 和传动比 i 的影响，当这些参数已定时，α_1 就是定值。设计时，在传动紧凑的前提下，应保证足够大的 α_1 角。α_1 太小，将会过多地降低传动能力，导致带打滑，必须予以限制；而摩擦系数 f 与带及带轮的材料和表面状况、工作环境等因素有关，一般在无润滑条件下，橡胶对铸铁的摩擦系数将高于橡胶对钢的摩擦系数，故常用铸铁制造带轮。当上述条件不变时，最大摩擦力为一定值，它限制着带传动的传动能力。

2.2.2 带传动中的应力分析

带传动工作时，带中的应力有以下几种。

（1）拉应力：

$$\left. \begin{array}{l} \text{紧边的拉应力} \quad \sigma_1 = \dfrac{F_1}{A} MPa \\ \text{松边的拉应力} \quad \sigma_2 = \dfrac{F_2}{A} MPa \end{array} \right\} \tag{2-11}$$

式中拉力 F_1、F_2 的单位为 N；A 为带的横剖面面积，由表 2-4 查出，mm^2。

（2）弯曲应力：带绕在带轮上时要引起弯曲应力，带的弯曲应力由材料力学可知：

$$\sigma_b = E \cdot \frac{h}{D} \quad \text{MPa} \tag{2-12}$$

式中：h——带的高度，mm；

D——带轮的计算直径，mm，对于 V 带轮，指它的基准直径，即轮槽基准宽度处带轮的直径；

E——带的弹性模量，MPa。

由式（2-12）可见，当 h 越大、D 越小时，带的弯曲应力 σ_b 就越大。故带绕在小带轮上时的弯曲应力 σ_{b1} 大于绕在大带轮上时的弯曲应力 σ_{b2}。为了避免弯曲应力过大，带轮直径就不能过小。V 带轮的最小直径列于表 2-2 中。由于带传动的工作能力不是主要取决于带中的弯曲应力的大小，故在个别情况下，如带的寿命不是主要问题，且更换不太困难时，也可采用比表 2-2 中所列最小直径更小一点的带轮。

表 2-2　V 带轮的最小直径 D_{min}（mm）及基准直径系列

槽型	Y	Z (SPZ)	A (SPA)	B (SPB)	C (SPC)	D	E
D_{min}	71 (63)	100 (90)	140 (125)	200	315	500	800

带型	基准直径 D
Y	20，22.4，25，28，31.5，35.5，40，45，50，56，63，71，80，90，100，112，125
Z	50，56，63，71，75，80，90，100，112，125，132，140，150，160，180，200，224，250，280，315，355，400，450，500，630
A	75，80，85，90，95，100，106，112，118，125，132，140，150，160，180，200，224，250，280，315，355，400，450，500，560，630，710，800
B	125，132，140，150，160，170，180，200，224，250，280，315，355，400，450，500，560，600，630，710，750，800，900，1 000，1 120
C	200，212，224，236，250，265，280，300，315，335，355，400，450，500，560，600，630，710，750，800，900，1 000，1 120，1 250，1 400，1 600，2 000
D	355，375，400，425，450，475，500，560，600，630，710，750，800，900，1 000，1 060，1 120，1 250，1 400，1 500，1 600，1 800，2 000
E	500，530，560，600，630，670，710，800，900，1 000，1 120，1 250，1 400，1 500，1 600，1 800，2 000，2 240，2 500

（3）由离心力产生的应力：当带沿带轮轮缘做圆周运动时，带本身的质量将产生离心力，由离心力产生的拉力为：

$$F_c = qV^2$$

离心力虽只产生于做圆周运动的部分，但它产生的拉力 F_c 却作用于带的全长。由离心力产生的拉应力为：

$$\sigma_c = \frac{F_c}{A} = \frac{qV^2}{A} \tag{2-13}$$

式中：q——传动带单位长度的质量，kg/m（表 2-3）；

A——带的横剖面面积，mm^2；

V——带的线速度，m/s。

表2-3 普通V带单位长度的质量

带型	Y	Z	A	B	C	D	E
q（kg/m）	0.02	0.06	0.10	0.18	0.30	0.61	0.92

图2-9表示带工作时的应力分布情况。带中的最大应力发生在紧边绕上小带轮的"静弧"处。此时的最大应力可近似地表示为公式（2-14）：

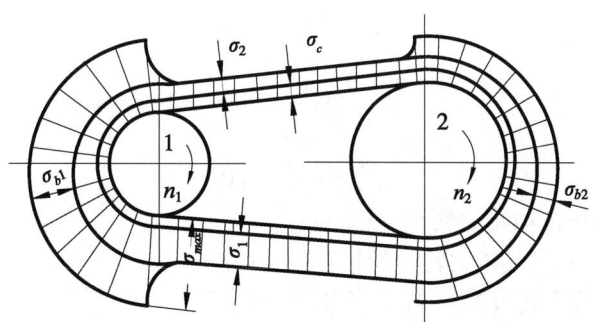

图2-9 带工作时的应力分布情况示意图

$$\sigma_{\max} \approx \sigma_1 + \sigma_{b1} + \sigma_c \tag{2-14}$$

由图2-9可见，带是处于变应力状态下工作的，容易产生疲劳破坏。

2.2.3 带传动的运动分析

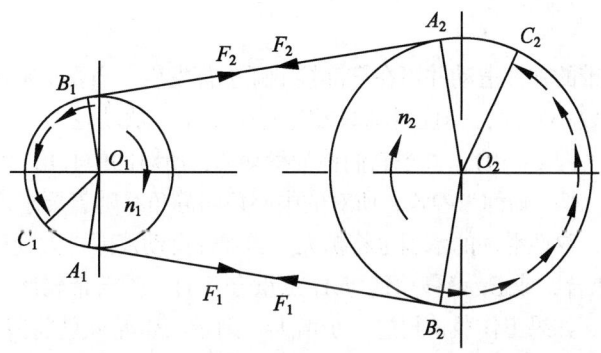

图2-10 带的弹性滑动示意图（箭头表示带轮对带的摩擦力方向）

1. 弹性滑动

传动带在拉力作用下要产生弹性伸长，工作时，由于紧边和松边的拉力不同，因而弹性伸长量也不同，当带在 A_1 点绕上主动轮时（图2-10），其所受的拉力为 F_1，此时带的线速度 V 和主动轮的圆周速度 V_1 相等。在带由 A_1 点转到 B_1 点的过程中，由于它所受的拉力由 F_1 逐渐减小到 F_2，使得弹性伸长量随之逐渐减小，因而带沿带轮的运动是一面绕进、一面向后收缩。所以，主动轮的速度 V_1 大于带的速度 V。这就说明带在绕经主动轮缘的过程中，在带与主动轮缘之间发生了相对滑动。相对滑动现象也要发生在从动轮上，但情况恰恰相反，带绕过从动轮时，拉力由 F_2 增大到 F_1，弹性伸长量逐渐增加，因而带沿带轮的运动是一面绕进、一面向前伸长，所以，带的速度 V 大于从动轮的速度 V_2。这种由于带的弹性变形及带两端的拉力差而引起的带与带轮间的滑动称为弹性滑动。弹性滑动是带传动中不可避免的现象，它除了使从动轮的圆周速度 V_2 低于主动轮的圆周速度 V_1 外，还将使传动效率降低，使带的磨损加快。

从动轮与主动轮圆周速度的相对降低率称为滑动率，用 ε 来表示，即

$$\varepsilon = \frac{V_1 V_2}{V_1} \times 100\%$$

或：
$$V_2 = (1 - \varepsilon) V_1 \tag{2-15}$$

其中：
$$\left.\begin{array}{l} V_1 \text{ 为 } \dfrac{eD_1 n_1}{60 \times 1\,000} \\ V_2 \text{ 为 } \dfrac{eD_2 n_2}{60 \times 1\,000} \end{array}\right\} \tag{2-16}$$

式中：n_1、n_2——主动轮的转速，r/min；
$\quad\quad\quad D_1$、D_2——主、从动轮的计算直径，mm。

将式（2-16）代入式（2-15），可得：
$$D_2 n_2 = (1 - \varepsilon) D_1 n_1$$

因而带传动的实际平均传动比为：
$$i = \frac{n_1}{n_2} = \frac{D_2}{D_1 (1 - \varepsilon)} \tag{2-17}$$

在一般传动中，因滑动率并不大（$\varepsilon = 1\% \sim 2\%$），故可不予考虑，而取传动比为：
$$i = \frac{n_1}{n_2} = \frac{D_2}{D_1} \tag{2-18}$$

2. 打滑

在正常情况下，带的弹性滑动并不在全部接触弧上都发生，当要求带传动产生的摩擦力较小（即需传递的载荷较小）时，弹性滑动只发生在带由主、从动轮上离开以前的那一部分弧上，例如 $C_1 B_1$ 和 $C_2 B_2$（图 2-10），并把它们称为滑动弧，所对的中心角叫滑动角；而未发生弹性滑动的接触弧 $A_1 C_1$、$A_2 C_2$ 则称为静弧，所对的中心角叫静角。随着要求产生的摩擦力（即要求传递的载荷）增大，弹性滑动的范围也将扩大。当弹性滑动范围扩大到整个接触弧（相当于 C_1 点移动到与 A_1 点重合，或 C_2 点移动到与 A_2 点重合）时，带与带轮间产生的摩擦力即达到最大（临界）值 $F_{\max}$。如果工作载荷再进一步增大，则带与带轮间就将发生显著的相对滑动，即产生打滑。于是，大带轮转速急剧下降，甚至停止运转。

带传动产生打滑后，传动能力就完全丧失，带的磨损、发热都变得严重起来，不能再继续工作。因此，打滑是应该避免的。

2.3 V带传动的设计计算

2.3.1 V带的结构和标准

V带有普通V带、窄V带、宽V带、接头V带等近10种，一般使用的多为普通V带。普通V带的横截面都是梯形，按截面尺寸由小到大分为Y、Z、A、B、C、D、E 7种

型号（表2-4）。由表2-4看出，型号不同，顶宽b、节宽b_p、高度h、剖面面积A等均不同，但形状均一样，夹角均为40°。截面尺寸越大，能承受的拉力越大，即传动能力越强（相当于齿轮的模数）。其结构主要由下列两类：

（1）帘布芯结构〔图2-11（a）〕：由伸张层1（胶料）、强力层2（胶帆布）、压缩层3（胶料）和包布层4（胶帆布）组成。

（2）绳芯结构〔图2-11（b）〕：由伸张层1（胶料）、强力层2（胶线绳）、压缩层3（胶料）和包布层4（胶帆布）组成。

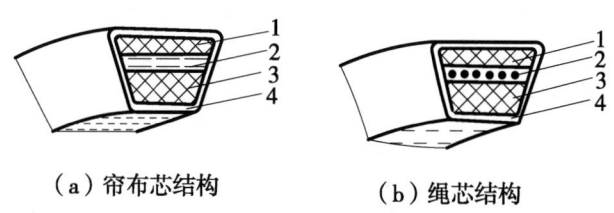

（a）帘布芯结构　　　　（b）绳芯结构

图2-11　普通V带的结构

表2-4　普通V带剖面尺寸及特性参数（GB/T 11544—1997）

	普通V带	Y	Z	A	B	C	D	E
带型	窄V带		(SPZ)	(SPA)	(SPB)	(SPC)		
节宽b_p/mm		5.3	8.5	11.0	14.0	19.0	27.0	32.0
顶宽b/mm		6.0	10.0	13.0	17.0	22.0	32.0	38.0
高度h/mm		4.0	6.0 (8.0)	8.0 (10.0)	11.0 (14.0)	14.0 (18.0)	19.0	25.0
截面积A/mm²		18	47 (57)	81 (94)	138 (167)	230 (278)	476	692
每米带长质量 $q/(kg \cdot m^{-1})$		0.04	0.06 (0.07)	0.10 (0.12)	0.17 (0.20)	0.30 (0.37)	0.60	0.87
楔角φ		40°						

注：①此处称为带的相对高度；
②表中括号内数值为窄V带的有关数值

帘布芯结构的V带，制造较方便，用于速度低、直径大、载荷大的一般传动。而线绳结构的V带柔韧性好，抗弯强度高，但抗拉强度低，仅为帘布芯结构的80%左右，用于转速高、直径小、载荷小的场合，如拖拉机、汽车的冷却风扇的带传动。

V带的长度系列见表2-5，为了制造和测量方便，公称长度以内周长度L_i表示。当V带受弯曲时，伸张层将伸长，而压缩层将缩短，只有在两者之间的中性层长度不变，称为节面。因此，在V带传动几何计算中把沿中性层量得的长度L_d作为基准长度。

2.3.2　带传动的失效形式和设计准则

1. 带传动的主要失效形式

（1）打滑：当需要传递的有效圆周力超过带与带轮间所能产生的最大摩擦力时，带在带轮上出现过载打滑。

(2) 带的疲劳破坏：带在工作中受变应力长时间作用，常发生疲劳破坏。开始是在局部出现疲劳裂纹脱层，然后形成该处松散，以致最后断裂。

2. 带传动的设计准则

在保证带传动不发生打滑的条件下，使带具有一定的疲劳强度和寿命。

2.3.3 单根V带的许用功率

依据上述设计准则，可确定单根V带所允许传递的功率。前文式（2-8）给出了带在即将打滑时的有效拉力（最大摩擦力）。用当量摩擦系数f_v代替平面摩擦系数f，并注意到$F_1 = \sigma_1 A$，则公式可写成：

$$F = \sigma_1 A \left(1 - \frac{1}{e^{f_v á_1}}\right) \qquad (2-19)$$

带处于变应力状态下工作，最大应力σ_{max}数值越大，则允许的应力循环次数越少。为保证带具有一定的疲劳强度和寿命，必须使：

$$\sigma_{max} = \sigma_1 + \sigma_{b1} + \sigma_c \leq [\sigma]$$
$$\text{或 } \sigma_1 \leq [\sigma] - \sigma_{b1} - \sigma_c \qquad (2-20)$$

式中$[\sigma]$为在一定条件下，由带的疲劳强度所决定的许用应力。

由式（2-19），有效拉力由σ_1值的大小而定。σ_1取值过小，则V带的传动能力得不到充分利用，而取值过大，则V带又会过早地疲劳断裂。所以，合理的σ_1应该满足式（2-20）。将式（2-20）代入式（2-19），则得：

$$F = ([\sigma] - \sigma_{b1} - \sigma_c) A \left(1 - \frac{1}{e^{f_v á_1}}\right) \qquad (2-21)$$

对传动零件，圆周力F（N）、圆周速度V（m/s）和所传递的功率P（kW）之间有如下关系：

$$P = \frac{FV}{1\,000} \text{ kW}$$

这样，带既不打滑又有一定疲劳强度和寿命时所能传递的功率P_0为：

$$P_0 = \frac{FV}{1\,000} = \frac{([\sigma] - \sigma_{b1} - \sigma_c)\left(1 - \frac{1}{e^{f_v á_1}}\right) AV}{1\,000} \text{ kW} \qquad (2-22)$$

由实验得出，在$10^8 \sim 10^9$次循环应力下，V带许用应力为：

$$[\sigma] = \sqrt[11.1]{\frac{CL}{3\,600 j L_h V}} \text{ MPa}$$

式中：L——带的长度，m；

　　　j——带上某一点绕行一周时所绕过的带轮数；

　　　L_h——V带寿命，h；

　　　C——由带的材质和结构决定的实验常数。

将$[\sigma]$及式（2-12）和式（2-13）代入式（2-22），得出单根V带许用功率的计算公式为：

$$P_0 = 10^{-3}\left(\sqrt[11.1]{\frac{CL}{7200L_h}}V^{-0.09}\frac{Eh}{D_1}\frac{qV^2}{A}\right)\left(1-\frac{1}{efv\alpha_1}\right)AV \quad \text{kW} \quad (2-23)$$

表 2-5　V 带的基准长度 L_d 及其带长修正系数 K_L（mm）

基准长度 L_d/(mm)	带长系数 K_L										
	普通 V 带							窄 V 带			
	Y	Z	A	B	C	D	E	SPZ	SPA	SPB	SPC
200	0.81										
224	0.82										
250	0.84										
280	0.87										
315	0.89										
355	0.92										
400	0.96	0.87									
450	1.00	0.89									
500	1.02	0.91									
560		0.94									
630		0.96	0.81					0.82			
710		0.99	0.83					0.84			
800		1.00	0.85					0.86	0.81		
900		1.03	0.87	0.82				0.88	0.83		
1 000		1.06	0.89	0.84				0.90	0.85		
1 120		1.08	0.91	0.86				0.93	0.87		
1 250		1.11	0.93	0.88				0.94	0.89	0.82	
1 400		1.14	0.96	0.90				0.96	0.91	0.84	
1 600		1.16	0.99	0.92	0.83			1.00	0.93	0.86	
1 800		1.18	1.01	0.95	0.86			1.01	0.95	0.88	
2 000			1.03	0.98	0.88			1.02	0.96	0.90	0.81
2 240			1.06	1.00	0.91			1.05	0.98	0.92	0.83
2 500			1.09	1.03	0.93			1.07	1.00	0.94	0.86
2 800			1.11	1.05	0.95	0.83		1.09	1.02	0.96	0.88
3 150			1.13	1.07	0.97	0.86		1.11	1.04	0.98	0.90
3 550			1.17	1.09	0.99	0.89		1.13	1.06	1.00	0.92
4 000			1.19	1.13	1.02	0.91			1.08	1.02	0.94
4 500				1.15	1.04	0.93	0.90		1.09	1.04	0.96
5 000				1.18	1.07	0.96	0.92			1.06	0.98
5 600					1.09	0.98	0.95			1.08	1.00
6 300					1.12	1.00	0.97			1.09	1.02
7 100					1.15	1.03	1.00				1.04
8 000					1.18	1.06	1.02				1.06
9 000					1.21	1.08	1.05				1.08
10 000					1.23	1.11	1.07				1.10

在包角 $\alpha=180°$、特定长度、平稳工作条件下，由上式算得的各种型号的单根 V 带（化学纤维线绳结构）的许用功率 P_0，见表 2-6。

表 2-6 在包角 $\alpha = 180°$、特定长度、工作平稳情况下，单根普通 V 带及单根窄 V 带的基本额定功率 P_0（kW）

带型	小带轮的基准直径 D_1（mm）	小带轮转速 n_1（r/min）									
		700	800	950	1 200	1 450	1 600	2 000	2 400	2 800	3 200
Z	50	0.09	0.10	0.12	0.14	0.16	0.17	0.20	0.22	0.26	0.28
	56	0.11	0.12	0.14	0.17	0.19	0.20	0.25	0.30	0.33	0.35
	63	0.13	0.15	0.18	0.22	0.25	0.27	0.32	0.37	0.41	0.45
	71	0.17	0.20	0.23	0.27	0.30	0.33	0.39	0.46	0.50	0.54
	80	0.20	0.22	0.26	0.30	0.35	0.39	0.44	0.50	0.56	0.61
	90	0.22	0.24	0.28	0.33	0.36	0.40	0.48	0.54	0.60	0.64
A	75	0.40	0.45	0.51	0.60	0.68	0.73	0.84	0.92	1.00	1.04
	90	0.61	0.68	0.77	0.93	1.07	1.15	1.34	1.50	1.64	1.75
	100	0.74	0.83	0.95	1.14	1.32	1.42	1.66	1.87	2.05	2.19
	112	0.90	1.00	1.15	1.39	1.61	1.74	2.04	2.30	2.51	2.68
	125	1.07	1.19	1.37	1.66	1.92	2.07	2.44	2.74	2.98	3.16
	140	1.26	1.41	1.62	1.96	2.28	2.45	2.87	3.22	3.48	3.65
	160	1.51	1.69	1.95	2.36	2.73	2.54	3.42	3.80	4.06	4.19
	180	1.76	1.97	2.27	2.74	3.16	3.40	3.93	4.32	4.54	4.58
B	125	1.30	1.44	1.64	1.93	2.19	2.33	2.64	2.85	2.96	2.94
	140	1.64	1.82	2.08	2.47	2.82	3.00	3.42	3.70	3.85	3.83
	160	2.09	2.32	2.66	3.17	3.62	3.86	4.40	4.75	4.89	4.80
	180	2.53	2.81	3.22	3.85	4.39	4.68	5.30	5.67	5.76	5.52
	200	2.96	3.30	3.77	4.50	5.13	5.46	6.13	6.47	6.43	5.95
	224	3.47	3.86	4.42	5.26	5.97	6.33	7.02	7.25	6.95	6.05
	250	4.00	4.46	5.10	6.04	6.82	7.20	7.87	7.89	7.14	5.60
	280	4.61	5.13	5.85	6.90	7.76	8.13	8.60	8.22	6.80	4.26
C	200	3.69	4.07	4.58	5.29	5.84	6.07	6.34	6.02	5.01	3.23
	224	4.64	5.12	5.78	6.71	7.45	7.75	8.06	7.57	6.08	3.57
	250	5.64	6.32	7.04	8.21	9.04	9.38	9.62	8.75	6.56	2.93
	280	6.76	7.52	8.49	9.81	10.72	11.06	11.04	9.50	6.13	—
	315	8.09	8.92	10.05	11.53	12.46	12.72	12.14	9.43	4.16	—
	355	9.50	10.46	11.73	13.31	14.12	14.19	12.59	7.98	—	—
	400	11.02	12.10	13.48	15.04	15.53	15.24	11.95	4.34	—	—
	450	12.63	13.80	15.23	16.59	16.47	15.57	9.64	—	—	—
D	355	13.70	14.83	16.15	17.25	16.77	15.63	—	—	—	—
	400	17.07	18.46	20.06	21.20	20.15	18.31	—	—	—	—
	450	20.63	22.25	24.01	24.84	22.02	19.59	—	—	—	—
	500	23.99	25.76	27.50	26.71	23.59	18.88	—	—	—	—
	560	27.73	29.55	31.04	29.67	22.58	15.13	—	—	—	—
	630	31.68	33.38	34.19	30.15	18.06	6.25	—	—	—	—
	710	35.59	36.87	36.35	27.88	7.99	—	—	—	—	—
	800	39.14	39.55	36.76	21.32	—	—	—	—	—	—

(续表)

带型	小带轮的基准直径 D_1 (mm)	小带轮转速 n_1 (r/min)									
		730	800	980	1 200	1 460	1 600	2 000	2 400	2 800	3 200
SPZ	63	0.56	0.60	0.70	0.81	0.93	1.00	1.17	1.32	1.45	1.56
	75	0.79	0.87	1.02	1.21	1.41	1.52	1.79	2.04	2.27	2.48
	90	1.12	1.21	1.44	1.70	1.98	2.14	2.55	2.93	3.26	3.57
	100	1.33	1.44	1.70	2.02	2.36	2.55	3.05	3.49	3.90	4.26
	125	1.84	1.99	2.36	2.80	3.28	3.55	4.24	4.85	5.40	5.88
SPA	90	1.21	1.30	1.52	1.76	2.02	2.16	2.49	2.77	3.00	3.16
	100	1.54	1.65	1.93	2.27	2.61	2.80	3.27	3.67	3.99	4.25
	125	2.33	2.52	2.98	3.50	4.06	4.38	5.15	5.80	6.34	6.76
	160	3.42	3.70	4.38	5.17	6.01	6.47	7.60	8.53	9.24	9.72
	200	4.63	5.01	5.94	7.00	8.10	8.72	10.13	11.22	11.92	12.19
SPB	140	3.13	3.35	3.92	4.55	5.21	5.54	6.31	6.86	7.15	7.17
	180	4.99	5.37	6.31	7.38	8.50	9.05	10.34	11.21	11.62	11.43
	200	5.88	6.35	7.47	8.74	10.07	10.70	12.18	13.11	13.41	13.01
	250	8.11	8.75	10.27	11.99	13.72	14.51	16.19	16.89	16.44	—
	315	10.91	11.71	13.70	15.84	17.84	18.70	20.00	19.44	16.71	—
SPC	224	8.82	10.43	10.39	11.89	13.26	13.81	14.58	14.01	—	—
	280	12.40	13.31	15.40	17.60	19.49	20.20	20.75	18.86	—	—
	315	14.82	15.90	18.37	20.88	22.92	23.58	23.47	19.98	—	—
	400	20.41	21.84	25.15	27.33	29.40	29.53	25.81	19.22	—	—
	500	26.40	28.09	31.38	33.85	33.45	31.70	19.35	—	—	—

2.3.4 原始数据及设计内容

设计 V 带传动时给定的原始数据为：传递的用途及工作情况；需要传递的功率 P；主、从动轮转速 n_1、n_2；传动位置要求及原动机种类等。

设计内容为确定：V 带的型号、长度和根数；带轮的材料、结构和尺寸（轮宽、直径、槽数及槽尺寸）；传动中心距（安装尺寸）；作用在轴上的压力（为设计轴及轴承作准备）等。

2.3.5 设计步骤及参数选择

1. 确定计算功率 P_{ca}

按所传递的功率 P、载荷性质和每天运转的时间等因素来确定计算功率。

$$P_{ca} = K_A P \quad \text{kW}$$

式中：K_A——工作情况系数，见表 2-7。

表 2-7 工作情况系数 K_A

载荷性质	工作机	K_A					
		空、轻载起动			重载起动		
		每天工作小时数（h）					
		<10	10~16	>16	<10	10~16	>16
载荷平稳	液体搅拌机，离心式泵，鼓风机和通风机（<7.5 kW），离心式压缩机，轻载荷输送机	1.0	1.1	1.2	1.1	1.2	1.3
载荷变动小	带式输送机（运送砂、石、谷物），通风机（>7.5 kW），发电机，旋转式水泵和压缩机，金属切削机床，剪床，压力机，印刷机，旋转筛，锯木机和木工机械	1.1	1.2	1.3	1.2	1.3	1.4
载荷变动较大	螺旋式输送机，制砖机，斗式提升机，往复式水泵和压缩机，起重机，锻锤，磨粉机，冲剪机床，橡胶机械，振动筛，纺织机械，重载运输机	1.2	1.3	1.4	1.4	1.5	1.6
载荷变动很大	破碎机（旋转式、颚式），磨球机（球磨、棒磨、管磨），起重机，挖掘机，橡胶辊压机	1.3	1.4	1.5	1.5	1.6	1.8

注：①空、轻载起动——（交流起动，三角起动，直流并励）电动机，四缸以上的内燃机，装有离心式离合器或液力联轴器的动力机。
②重载起动——（联机交流起动，直流复励或串励）电动机，四缸以下的内燃机。
③反复起动，正反转频繁，工作条件恶劣等场合下，K_A 值应乘以 1.2。
④增速传动场合，K_A 值应乘以下列系数：
增速比 i：　1.25~1.74　　1.75~2.49　　2.50~3.49　　>3.5
系　　数：　1.05　　　　1.11　　　　1.18　　　　1.25

2. 选择带的型号

根据计算功率 P_{ca} 和小带轮转速 n_1 由图 2-12 选取。如果处于两种型号的交线附近，可用两种型号同时计算，最后根据传动所占空间尺寸、圆周速度、带的根数等方面比较后确定。

3. 确定带轮基准直径 D_1 和 D_2

(1) 初选主动轮的基准直径 D_1：根据所选 V 带型号参考表 2-2 及表 2-6 选取 $D_1 \geq D_{\min}$。

带轮直径是影响带寿命的主要因素之一，带轮直径愈小，弯曲应力就愈大，寿命也就愈短，所以带轮直径不能选的太小。在空间位置不受限制时，还是取大一些好。

(2) 验算带的速度 v：上面所选 D_1 是否合适，心里没数（因为是盲目选的），因此需验算带速 v。

$$v = \frac{eD_1 n_1}{60 \times 1\,000} \quad \text{m/s}$$

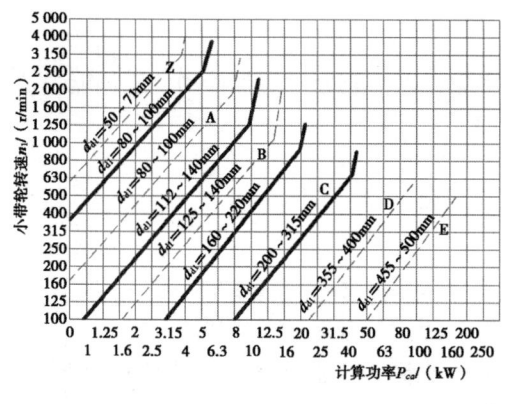 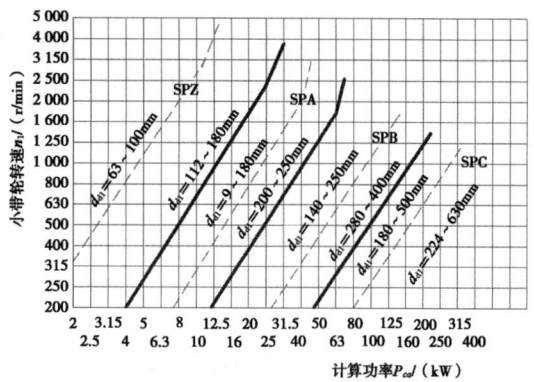

图 2-12 普通 V 带及窄 V 带选型图

由 $P = Fv$ 知,传递功率 P 一定时,带速 v 越大,所需传递的有效圆周力 F 就越小,使 v 带根数减少,轮变窄,加工时数少;但 v 过大,带上的离心力就会过大,降低带与带轮间的正压力,从而降低摩擦力和传动能力。若 v 过小(例如 $v < 5$ m/s),则表示所选的 D_1 过小,这将使所需的有效拉力 F 过大,需带根数过多,轮宽、轴、轴承尺寸都要随之增大。一般以 $v = 10 \sim 20$ m/s 为宜,若 v 不在此范围内,说明初选的小带轮直径不合适,需重选。

(3) 计算从动轮直径 D_2:$D_2 = iD_1$,当传动比要求精确时,应考虑弹性滑动率 ε 来计算轮径,$D_2 = \dfrac{n_1}{n_2} D_1 (1 - \varepsilon)$。

4. 确定传动的中心距 a 和带长 L_d

如果中心距未给出,可根据传动的结构需要初定中心距 a_0,取 $0.7(D_1 + D_2) < a_0 < 2(D_1 + D_2)$。

带长可由公式(2-1)求得:

$$L_d = 2a_0 + \frac{\pi}{2}(D_1 + D_2) + \frac{(D_2 - D_1)^2}{4a_0}$$

由上式算出 L'_d 后,应按表 2-5 选取相近的基准长度 L_d 和与 L_d 对应的公称长度(内周长度 L_i)。这时实际中心距可按式(2-2)算出,即:

$$a \approx \frac{2L_d - \pi(D_2 + D_1) + \sqrt{2L_d - \pi(D_2 + D_1)^2 - 8(D_2 - D_1)^2}}{8}$$

由于上式计算太繁,也可用下式作近似计算,即

$$a \approx a_0 + \frac{L_d - L'_d}{2} \qquad (2-24)$$

考虑安装调整和补偿初拉力(如带伸长而松驰后的张紧)的需要,中心距的变动范围为:

$a_{\min} = a - 0.015 L_d$

$a_{\max} = a + 0.03 L_d$

5. 验算主动轮上的包角 α_1

根据式(2-3)及对包角的要求,应保证:

$$\alpha_1 \approx 180° - \frac{(D_2 - D_1)}{a} \times 60° \geqslant 120° \text{（至少 }90°\text{）}$$

如果 α_1 太小，则应增大中心距 a，使 α_1 值增加，以便充分发挥带传动的工作能力。

6. 确定 V 带的根数 Z

$$Z = \frac{P_{ca}}{(P_0 k_\alpha k_L + \Delta P_0)k} \tag{2-25}$$

式中：P_0——意义同前，查表 2-6；

k_α——考虑包角不同时的影响系数，简称包角系数，查表 2-8；

k_L——考虑带的长度不同时的影响系数，简称长度系数，查表 2-5；

k——考虑带的材质情况的系数，简称材质系数，对于棉帘布和棉线绳结构的胶带，取 $k=0.75$；对于化学线绳结构的胶带，取 $k=1.0$；

ΔP_0——计入传动比的影响时，单根普通 V 带所能传递的功率的增量（因 P_0 是按 $\alpha = 180°$，即 $D_1 = D_2$ 的条件计算的，而当传动比越大时，从动轮直径就越比主动轮直径大，带绕上从动轮时的弯曲应力就越比绕上主动轮时的小，故其传动能力有所提高），其计算公式为：

表 2-8 包角修正系数 k_α

包角 α	180°	175°	170°	165°	160°	155°	150°	145°
k_α	1.0	0.99	0.98	0.96	0.95	0.93	0.92	0.91
包角 α	140°	135°	130°	125°	120°	110°	100°	90°
k_α	0.89	0.88	0.86	0.84	0.82	0.78	0.73	0.68

$$\Delta P_0 = 0.0001 \Delta T n_1 \quad \text{kW} \tag{2-26}$$

式中：ΔT——单根普通 V 带所能传递的转矩的修正值，N·m，查表 2-9；

n_1——主动轮的转速，r/min。

当计算出来的 V 带根数 $Z > 10$ 时，应改选 V 带型号重新设计，因为根数越多，受力越不均匀。

7. 确定带的初拉力 F_0

如果初拉力不足，则摩擦力小，V 带在工作时容易发生打滑；如果初拉力过大，则 V 带的寿命会降低，轴和轴承上的受力增大，因此，需要适当的初拉力（图 2-13，图 2-14）。单根 V 带适当的初拉力 F_0 可由下式确定

$$F_0 = \frac{500 P_{ca}}{VZ}\left(\frac{2.5}{k_\alpha} - 1\right) + qV^2 \quad \text{N} \tag{2-27}$$

式中各符号意义同前。

由于新带容易松弛，所以对非自动张紧的带传动，安装新带的初拉力应为上述初拉力的 1.5 倍。

为了保证带传动所需的初拉力，安装后通常在带和带轮两切点跨距中点加一载荷 G，测量带的挠度，当跨距 L 每 100 mm 产生的挠度为 1.6 mm 时，则带的初拉力是合适的。载荷 G 的参考值见表 2-10。

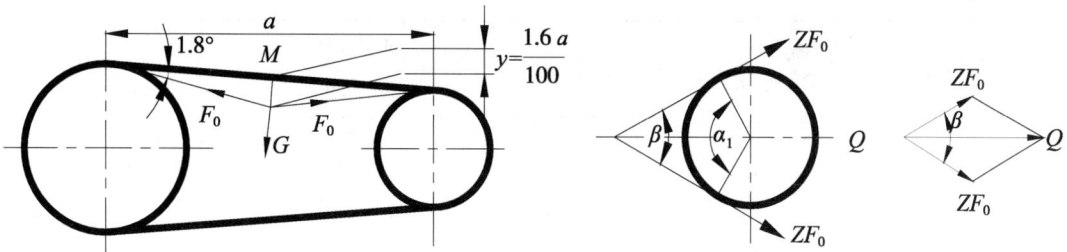

| 图 2–13 初拉力的控制 | 图 2–14 带传动作用在轴上的压力 |

表 2–9 单根普通 V 带及单根窄 V 带基本额定功率的增量 ΔP_0（kW）

带型	小带轮转速 n_1 (r/min)	转动比 i									
		1.00~1.01	1.02~1.04	1.05~1.08	1.09~1.12	1.13~1.18	1.19~1.24	12.5~1.34	1.35~1.51	1.52~1.99	≥2.0
Z 型	400	0.00	0.00	0.00	0.00	0.00	0.00	0.00	0.00	0.01	0.01
	730	0.00	0.00	0.00	0.00	0.00	0.00	0.01	0.01	0.01	0.02
	800	0.00	0.00	0.00	0.00	0.00	0.01	0.01	0.01	0.02	0.02
	980	0.00	0.00	0.00	0.00	0.01	0.01	0.01	0.01	0.02	0.02
	1 200	0.00	0.00	0.01	0.01	0.01	0.01	0.02	0.02	0.02	0.03
	1 460	0.00	0.00	0.01	0.01	0.01	0.02	0.02	0.02	0.02	0.03
	2 800	0.00	0.01	0.01	0.02	0.03	0.03	0.03	0.04	0.04	0.04
A 型	400	0.00	0.01	0.01	0.02	0.02	0.03	0.03	0.04	0.04	0.05
	730	0.00	0.01	0.02	0.03	0.04	0.05	0.06	0.07	0.08	0.09
	800	0.00	0.01	0.02	0.03	0.04	0.05	0.06	0.08	0.09	0.10
	980	0.00	0.01	0.03	0.04	0.05	0.06	0.07	0.08	0.1	0.11
	1 200	0.00	0.02	0.03	0.05	0.07	0.08	0.10	0.11	0.13	0.15
	1 460	0.00	0.02	0.04	0.06	0.08	0.09	0.11	0.13	0.15	0.17
	2 800	0.00	0.04	0.08	0.11	0.15	0.19	0.13	0.26	0.3	0.34
B 型	400	0.00	0.01	0.03	0.04	0.06	0.07	0.08	0.10	0.11	0.13
	730	0.00	0.02	0.05	0.07	0.10	0.12	0.15	0.17	0.2	0.22
	800	0.00	0.03	0.06	0.08	0.11	0.14	0.17	0.20	0.23	0.25
	980	0.00	0.03	0.07	0.10	0.13	0.17	0.20	0.23	0.26	0.30
	1 200	0.00	0.04	0.08	0.13	0.17	0.21	0.25	0.30	0.34	0.38
	1 460	0.00	0.05	0.10	0.15	0.20	0.25	0.31	0.36	0.4	0.46
	2 800	0.00	0.10	0.20	0.29	0.39	0.49	0.59	0.69	0.79	0.89
C 型	400	0.00	0.04	0.08	0.12	0.16	0.20	0.23	0.27	0.31	0.35
	730	0.00	0.07	0.14	0.21	0.27	0.34	0.41	0.48	0.55	0.62
	800	0.00	0.08	0.16	0.23	0.31	0.39	0.47	0.55	0.63	0.71
	980	0.00	0.09	0.19	0.27	0.37	0.47	0.56	0.65	0.74	0.83
	1 200	0.00	0.12	0.24	0.35	0.47	0.59	0.70	0.82	0.94	0.06
	1 460	0.00	0.14	0.28	0.42	0.58	0.71	0.85	0.99	1.14	1.27
	2 800	0.00	0.27	0.55	0.82	0.10	1.37	1.64	1.92	2.19	2.47

表 2-10 载荷 G 值

胶带型号	小带轮直径 D_1 (mm)	带速 v(m/s)		
		0~10	10~20	20~30
Z	50~100	5~7	4.2~6	3.5~5.5
	>100	7~10	6~8.5	5.5~7
A	75~140	9.5~14	8~12	6.5~10
	>140	14~21	12~18	10~15
B	125~200	18.5~28	15~22	12.5~18
	>200	28~42	22~33	18~27
C	200~400	36~54	30~45	25~38
	>400	54~85	45~70	38~56
D	355~600	74~108	62~94	50~75
	>600	108~162	94~140	75~108
E	500~800	145~217	124~186	100~150
	>800	217~325	186~280	150~225

注：主动轮直径小时取低值，直径大时取高值，中、高速时可适当减小

8. 求带传动作用在轴上的压力 Q

为了设计安装带轮的轴和轴承，必须确定带传动作用在轴上的压力 Q。它等于 V 带两边拉力的合力（图 2-14），如忽略 V 带两边的拉力差，则 Q 值可近似按下式算出：

$$Q = 2ZF_0\cos\frac{\beta}{2} = 2ZF_0\cos\left(\frac{\pi}{2} - \frac{\alpha_1}{2}\right) = 2ZF_0\sin\frac{\alpha_1}{2} \qquad (2-28)$$

式中：Z——带的根数；

F_0——单根带的初拉力；

α_1——主动轮上的包角。

9. 带轮设计。

参见 2.4 节。

2.4 V 带轮设计

带轮是带传动中的重要零件，它必须满足下列要求：质量分布均匀；安装时对中性好，转速高时要经过动平衡；铸造和焊接时的内应力小；轮槽工作面要精细加工（表面粗糙度一般为 3.2/▽），以减轻带的磨损；各槽尺寸和角度应保持一定的精度，以使载荷分布较为均匀等。

带轮的材料主要采用铸铁，常用材料的牌号为 HT150 或 HT200；转速较高时宜采用铸钢（或用钢板冲压后焊接而成）；小功率时可用铸铝或塑料。

铸铁制 V 带轮的典型结构有以下几种形式：1 实心式〔图 2-15（a）〕；2 腹板式〔图 2-15（b）〕；3 孔板式〔图 2-15（c）〕；4 椭圆剖面的轮辐式〔图 2-15（d）〕。

带轮基准直径 $D ≤ (2.5~3)d$（d 为轴的直径，mm）时，可采用实心式；$D ≤ 300$ mm 时，可采用腹板式（当 $D_1 - d_1 ≥ 100$ mm 时，可采用孔板式）；$D > 300$ mm 时，可

采用轮辐式。

带轮的结构设计，主要是根据带轮的基准直径选择结构型式；根据带的型号确定轮槽尺寸（表2-11）；带轮的其他结构尺寸可参照图2-15下方所列经验公式计算。

表2-11 普通V带轮的轮槽尺寸（mm）

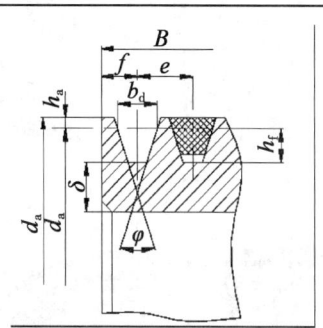 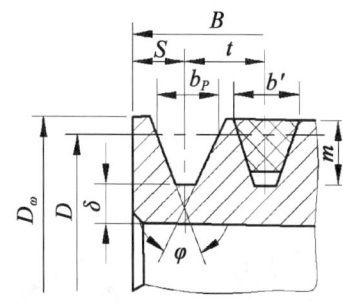

项目		符号	槽型（mm）						
			Y	Z SPZ	A SPA	B SPB	C SPC	D	F
基准宽度（节宽）		b_d（b_p）	5.3	8.5	11.0	14.0	19.0	27.0	32.0
基准线上槽深		$h_{a\min}$	1.6	2.0	2.75	3.5	4.8	8.1	9.6
基准线下槽深		$h_{f\min}$	4.7	7.0 9.0	8.7 11.0	10.5 14.0	19.9	23.4	
槽间距		e	8±0.3	12±0.3	15±0.3	19±0.4	25.5±0.5	37±0.6	44.5±0.7
第一槽对称面至端面的距离		f	7±1	8±1	10^{+2}_{-1}	23^{+3}_{-1}	29^{+4}_{-1}		
最小轮缘厚		$\delta_{\min}$	5	5.5	6	7.5	10	12	15
带轮宽		B	$B=(z-1)e+2f$　　z—轮槽数						
外径		d_d	$d_a=d_d+2h_a$						
轮槽角 φ	32°	相应的基准直径 d_d	≤60	—	—	—	—	—	—
	34°		—	≤80	≤118	≤190	≤315	—	—
	36°		>60	—	—	—	—	≤475	≤600
	38°		—	>80	>118	>190	>315	>475	>600
	极限偏差								

$$d_1=(1.8\sim2)d,\ d\text{ 为轴的直径} \qquad h_2=0.8h_1$$
$$D_0=0.5(D_1+d_1) \qquad b_1=0.4h_1$$
$$d_0=(0.2\sim0.3)(D_1-d_1) \qquad b_2=0.8b_1$$
$$S\approx d_0 \qquad C'\approx\left(\frac{1}{7}\sim\frac{1}{4}\right)B$$
$$L=(1.5\sim2)d,\ \text{当}B<1.5d\text{时},\ L=B \qquad f_1=0.2h_1$$

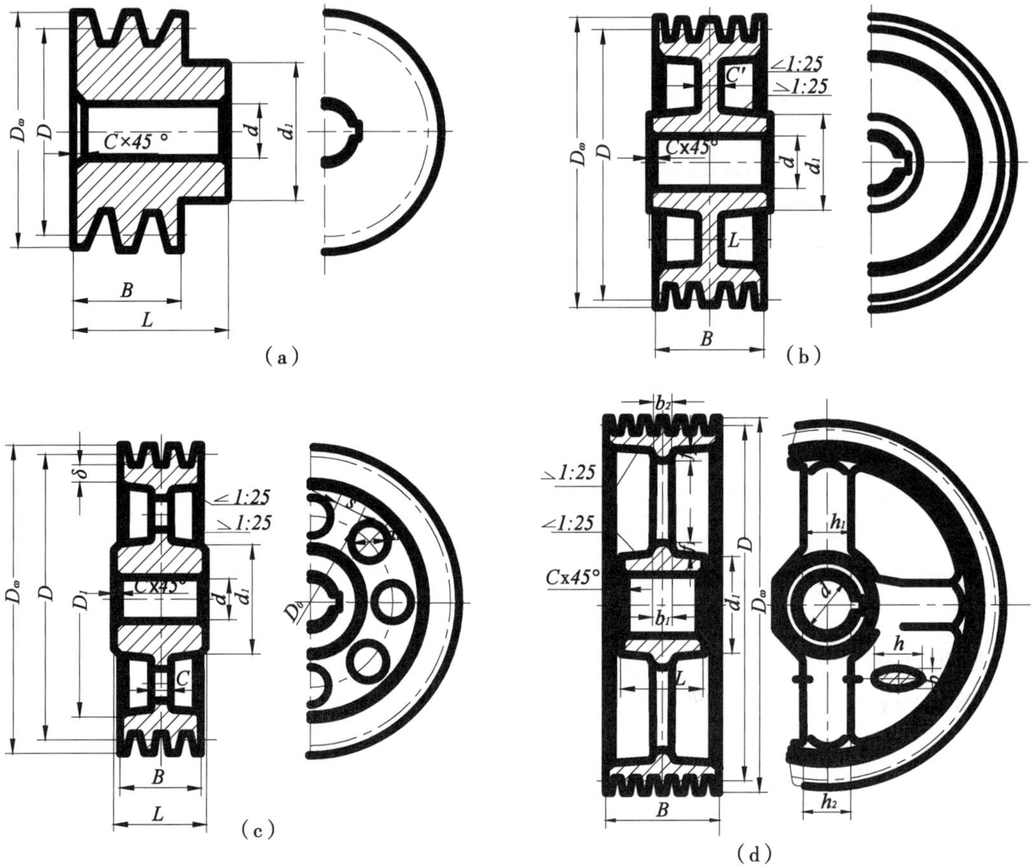

图 2-15 普通 V 带轮的结构

$$h_1 = \sqrt[3]{\frac{F_e D}{0.8 z_a}} \quad f_2 = 0.2 h_2$$

式中：F_e—有效拉力，N；
　　　D—基准直径，mm；
　　　z_a—轮辐数。

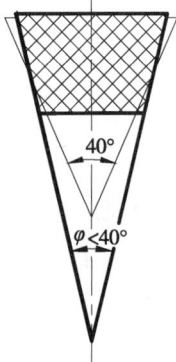

图 2-16 胶带弯曲后楔角减小

图 2-16 胶带弯曲后楔角减小各部分尺寸后，即可绘制出零件图，并按工艺要求注出相应的技术条件等。

V 带两侧面夹角为 40°，而轮槽楔角 φ_0 却是 34°、36° 或 38°，其原因是 V 带在轮上弯曲时，其截面形状发生变化，外边（宽边）受拉而变窄，内边（窄边）受压而变宽，因而使 V 带的楔角变小（图 2-16，图中粗线为 V 带弯曲后的截面，细线为原始截面）。带轮直径越小，这种作用越显著。为使 V 带侧面和轮槽有较好的接触，应使轮槽楔角小于 40°，且随轮径减小而减小。

2.5 V 带的张紧和使用

2.5.1 V 带的张紧

各种材质的 V 带都不是完全的弹性体，在初拉力的作用下，经过一定时间的运转后，就会由于塑性变形而松弛，使初拉力降低。为了保证带传动的能力，应定期检查初拉力的数值。如发现不足时，必须重新张紧，才能正常工作。常见的张紧装置有：

1. 定期张紧装置

采用定期改变中心距的方法来调节带的初拉力，使带重新张紧。在水平或倾斜不大的传动中，可用图 2-17（a）的方法，将装有带轮的电动机安装在制有滑道的基板 1 上。要调节带的拉力时，松开基板上各螺栓的螺母 2，旋动调节螺钉 3，将电动机向右推移到所需位置，然后拧紧螺母 2。在垂直或接近垂直的传动中，可用图 2-17（b）的方法，将装有带轮的电动机安装在可调的摆架上。

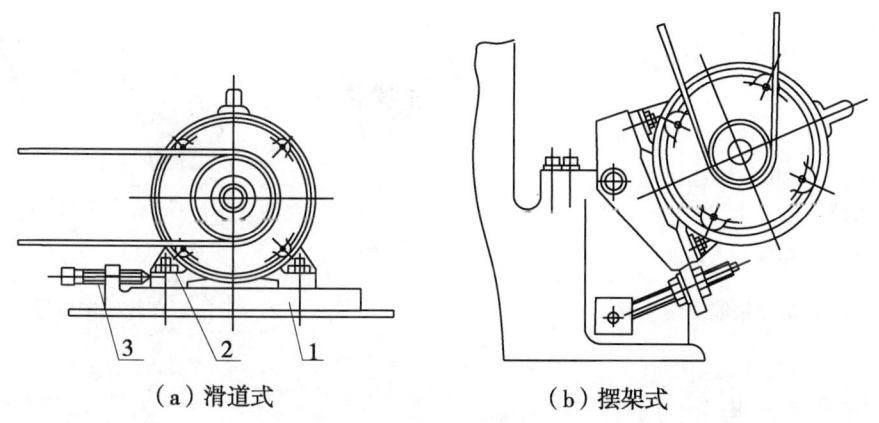

（a）滑道式　　　　　　　　（b）摆架式

图 2-17 带的定期张紧装置

2. 自动张紧装置

将装有带轮的电动机安装在浮动的摆架上（图 2-18），利用电动机的自重，使带轮随同电动机绕固定轴摆动，以自动保持张紧力。

3. 采用张紧轮的装置

当中心距不能调节时，可采用张紧轮将带张紧（图 2-19）。张紧轮一般应放在松边的内侧，使带只受单向弯曲。同时张紧轮还应尽量靠近大轮，以免过分影响带在小轮上的包角。张紧轮的轮槽尺寸与带轮的相同，且直径小于小带轮的直径。

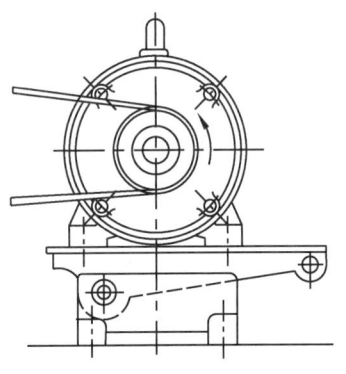

图 2-18　带的自动张紧装置

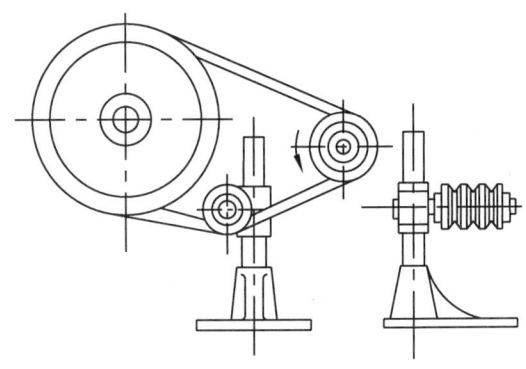

图 2-19　张紧轮装置

2.5.2　V 带的使用

正确地使用，是保证 V 带正常工作和延长寿命的有效措施。

第一，安装时，主、从动轮中心线应与轴中心线重合；两轮中心线必须保持平行，且两轮轮槽的对称平面必须在同一平面内，否则会引起 V 带侧面磨损，使带扭曲、轴承工作恶化，见图 2-20。

第二，V 带在轮槽中应有一正确位置（图 2-21），带顶面应和带轮外缘相平，这样 V 带工作面和轮槽工作面可很好接触。如果 V 带嵌入太深，将使带底面与轮槽底面接触，失去 V 带传动的优点（楔面接触）；如位置过高，则接触面减少，使传动能力降低。

第三，带轮安装在轴上不得摇晃，轴或轴端不应弯曲，带轮本身应经过动平衡。

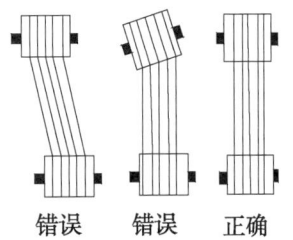

图 2-20　三角带轮轴线安装情况

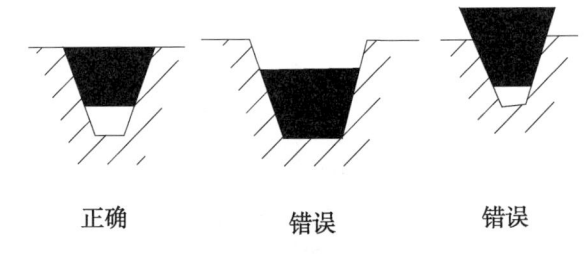

图 2-21　三角带在轮槽中位置

2.6　其他带传动简介*

2.6.1　传动胶带

传动胶带是平型带中用得最多的一种，俗称帆布胶带。它是标准件，目前已有国家标准（GB524-74），具体尺寸见表 2-12。我国主要生产包层式胶带，由胶帆布包卷黏合而成。它可根据需要截取带长后连成环形，接头有胶接接头和金属接头。胶接接头平滑、可靠，允许带速较高，但胶接技术要求高。金属接头连接方便，但端部有削弱，表面不平滑，重量增加，运动时有一定冲击，因此，允许速度较低。传动胶带的结构简单，适用于中心距较大和传动比较小的机械中。

传动胶带的设计是根据胶带单位截面积所能传递的功率确定所需截面尺寸，具体设计见有关资料。

为了限制带的弯曲应力，对不同带厚限定了最小带轮直径，见表2-12；曲绕次数 $u = nv/L$ 应小于 $6 \sim 10 1/s$，n 为带轮数。

表2-12 包层式传动胶带的规格和带轮最小直径（mm）

胶布层数	带厚 δ (mm)	带宽 (b)	带速 v (m/s)					
			5	10	15	20	25	30
3	3.6	20~90	80	112	125	140	160	180
4	4.8	20~300	140	160	180	200	224	250
5	6	100~300	200	224	250	280	315	355
6	7.2	100~600	315	355	400	450	500	560
7	8.4	200~600	450	500	560	630	710	710
8	9.6	200~600	500	560	710	710	800	900

带宽系列：20，25，30，35，40，45，50，55，60，65，70，75，80，90，100，110，125，150，175，200，225，250，275，300，……

为了防止胶带从带轮上滑落，应将一个带轮的轮缘做成凸起圆弧形。

平型带除开口传动外，还常用交叉和半交叉传动，交叉传动的几何计算为：

带长 $L_d = 2a + \frac{\pi}{2}(D_1 + D_2) + \frac{(D_1 + D_2)^2}{4a}$

包角 $\alpha_1 = \alpha_2 \approx 180° + \frac{D_2 - D_1}{a} \times 60°$

半交叉传动的几何计算为：

带长 $L_d = 2a + \frac{\pi}{2}(D_1 + D_2) + \frac{D_1^2 + D_2^2}{4a}$

包角 $\alpha_1 \approx 180° + \frac{D_1}{a} \times 60°$

2.6.2 高速带传动

如图2-22所示，高速带轮轮缘高速带传动指带速 $V > 30$ m/s、高速轴转速 $n_1 = 10\,000 \sim 50\,000$ r/min的传动，一般为增速传动，其增速比为 $2 \sim 4$，有时可达8。

高速带传动要求传动可靠、运转平稳，并有一定的寿命，故高速带都采用质量小、厚度薄而均匀、挠曲性好的环形平带，如麻织带、丝织带、锦纶编织带、薄型强力锦纶带、高速环形胶带等。

高速带轮要求质量小而且分布对称均匀、运转时空气阻力小，通常都采用钢和铝合金制造，各个面均进行精加工，轮缘工作表面的粗糙度不得大于 $3.2/\triangledown$，并要求进行动

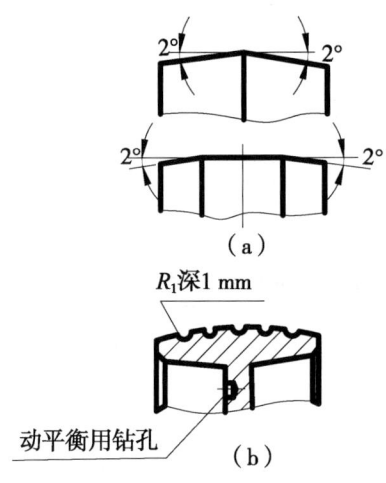

图 2 - 22 高速带轮轮缘

平衡。

为防止掉带,主、从动轮轮缘表面都应加工出凸度,可制成鼓形面或2°左右的双锥面,如图2-22(a)。为了防止运转时带与轮缘表面间形成气垫而降低摩擦系数,轮缘表面应开环形槽,如图2-22(b)。

为了提高高速带的传动能力和使用寿命,在设计时应尽量减小离心力和弯曲应力。为了减小离心力,需控制最大圆周速度 $V_{max} \leq 40 \sim 50 \ m/s$;为了减少弯曲应力,应尽量控制带厚与小轮直径之比 δ/D_1,一般取 $\delta/D_1 < \frac{1}{20} \sim \frac{1}{30}$,它要求带轮不能太小,而带厚应尽量薄。为了减少带的应力变化次数,一般限制高速带的挠曲次数 $u_{max} \leq 70 \sim 100 \ 1/s$。

具体设计也是根据带的疲劳强度来设计的,可参考有关资料。

2.6.3 同步齿形带

同步齿形带是靠啮合传动的新型带(图2-23),它以细钢丝作强力层,外面包覆聚氨酯或氯丁橡胶。带的工作面制成齿形,与有齿的带轮作啮合传动(图2-24)。由于强力层强度高,在受载后变形极小,能保持齿形带周节不变,故带与带轮间没有相对滑动,能保证准确的传动比。这种带传动适用的速度范围广,传动比大(可达10),结构紧凑,效率高(可达98%~99%)。其主要缺点是对制造和安装精度要求较高,中心距要求也较严格。目前主要用于要求传动比准确的中、小功率传动中,如电子计算机、放映机、录音机、磨床、纺织机械等。

同步齿形带的主要参数是周节 P(带上相邻两齿对应点间沿节线量得的长度),模数 $m = P/\pi$。由于强力层强度高在工作时长度不变,故将其中心线位置定为节线,节线周长 L 定为公称长度。国产同步带采用模数制。带的标记为:模数(mm)×宽度(mm)×齿数,即 $m \times b \times z$。

同步齿形带传动的设计可参阅有关资料。

例2-1 设计某带式输送机传动系统中第一级用的普通V带传动。设已知电动机型号为 $JO_3—112S—4$,额定功率 $P = 4 \ kW$,转速 $n = 1 \ 440 \ r/min$,传动比 $i = 3.8$,一天运转

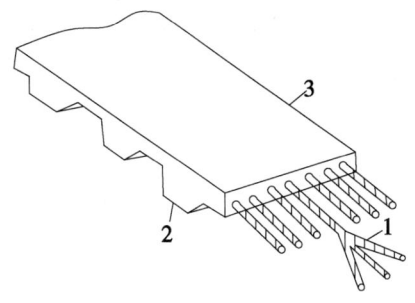

1—强力层
2—带齿
3—带背

图 2-23 同步齿形带的结构

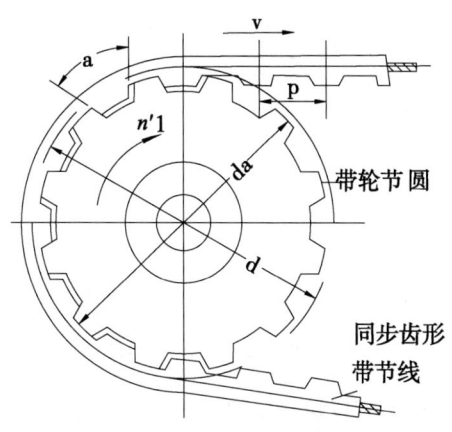

图 2-24 同步齿形带传动

时间 <10 h。

解 设计计算列表 2-13 如下

表 2-13 某带式输送机普通 V 带传动设计程序

设计计算项目	根 据	结 果	说 明
工作情况系数 k_A	表 2-7	1.1	
计算功率 P_{ca}	$P_{ca}=k_A P$	4.4	
选取 V 带型号	图 2-12	A	
小带轮直径 D_1	表 2-2	100 mm	可选比表中大的直径
大带轮直径 D_2	$D_2 = iD_1$	380 mm	
验算带的速度 V	$V=\dfrac{\pi D_1 n_1}{60\times 1\,000}$	7.54 m/s	>5 m/s，符合要求
初定中心距 a_0	$0.7(D_1+D_2)\leq a_0 \leq 2(D_1+D_2)$	400 mm	参考实际机器结构确定
初算 V 带所需的基准长度 L_d	$L_d = 2a_0 + \dfrac{\pi}{2}(D_1+D_2) + \dfrac{(D_2-D_1)^2}{4a_0}$	1 603 mm	
选 V 带的基准长度 L_d	表 2-5	1 633 mm	
定 V 带公称长度 L_i	表 2-5	1 600 mm	
定中心距 a	$a = a_0 + \dfrac{L_d - L_d}{2}$	415 mm	
包角 α_1	$\alpha_1 = 180° - \dfrac{D_2-D_1}{a}\times 60°$	139.5°	>120°，合适

(续表)

设计计算项目	根据	结果	说明
包角系数 k_α	表2-8	0.89	
长度系数 k_L	表2-9	0.99	
材质系数 k		0.75	目前V带强力层材料主要是棉和人造丝
单根V带所能传递的功率 P_0	由 $V=7.54$ m/s,$D_1=100$ mm 查表2-6	1.3	
单根V带功率增量 ΔP_0	$\Delta P_0 = 0.0001\Delta T n_1$	0.1728	
单根V带传递扭矩的修正值 ΔT	表2-10	1.2	
V带根数 Z	$Z = \dfrac{P_{ca}}{(P_0 k_\alpha k_L + \Delta P_0)\,k}$	4.45 取5根	
每米V带质量	表2-3	0.10 kg/m	
单根V带的初拉力 F_0	$F_0 = 500\dfrac{P_{ca}}{VZ}\left(\dfrac{2.5}{k_\alpha}-1\right)+qV^2$	111.3 N	
轴上的压力 Q	$Q = 2ZF_0 \sin\dfrac{\alpha_1}{2}$	1044.2 N	

注：计算结果汇总：

V带规格：A型、长1 600 mm；

V带根数：5；

大、小带轮直径：380 mm、100 mm；

中心距：415 mm；

轴上压力：1 044.2 N。

小结

1. 本章主要内容及特点

（1）主要内容：本章主要内容是带传动的工作原理、工作情况分析（力分析、应力分析、运动分析）以及V带传动的设计准则和设计方法等。

（2）特点：本章特点是讨论一种以柔韧体（带）为中间体的摩擦传动。带必须具有初拉力才能在工作时产生摩擦力和松、紧边的拉力差（有效拉力）。同时，由于带是柔韧体，它本身会不可避免地弹性变形，必然在带轮上产生弹性滑动。此外，与啮合传动相比，摩擦传动还有一种特别的失效形式——打滑。

2. 本章重点、难点及学习注意事项

（1）对带传动的工作原理，重点是从本质上了解带传动是一种摩擦传动。同时明确靠摩擦传递动力时，摩擦面间一定要有足够的正压力，而带与带轮间的正压力是靠把带张紧而产生的。

（2）带工作时，带的两边即产生拉力差，绕上主动轮的一边拉力增大而成紧边，绕出主动轮的一边拉力减小而成松边，而且紧边拉力的增加量应等于松边拉力的减少量。有效拉力 F_e 等于带与带轮整个接触面上的总摩擦力 F_f，即等于紧边拉力 F_1 与松边拉力 F_2 之差。最大有效拉力 F_{ec} 等于带与带轮间所能产生的最大摩擦力 $F_{\max}$，其大小取决于初拉力 F_0、包角 α 和摩擦系数 f 的大小。

（3）带在工作时产生弹性滑动的根本原因在于带本身是弹性体，而且带的紧边与松边之间存在着拉力差。由于带从紧边转到松边，其拉力减小，要产生弹性收缩；反之，带从松边转到紧边时，其拉力增大，要产生弹性伸长。而带轮是刚性体不产生变形。因而带在工作过程中就不可避免地要产生弹性滑动。带的弹性滑动并不是发生在相对于全部包角的接触弧上，而总是发生在带离开带轮的那一部分接触弧上。

打滑是由于要求带所传递的圆周力超过了带与带轮间的最大摩擦力（即最大有效拉力），使弹性滑动普及整个接触弧而引起的，它是必须避免的。

（4）学会 V 带传动的设计方法和步骤。明确为什么要使小带轮直径 $D_1 \geq D_{\min}$，为什么带的速度以 10~20 m/s 为宜，主动轮包角 $\alpha_1 \geq 120°$（90°），带的根数 $Z < 10$，要搞清楚包角系数 k_α、长度系数 k_L、材质系数 k 及单根带所能传递的功率增量 ΔP_0 等的意义。

思考题

（1）与平带传动比较，V 带传动有何优缺点？

（2）包角对传动有什么影响？为什么只给出小带轮包角 α_1 的公式？

（3）带传动在工作时，带与小带轮间的摩擦力和带与大带轮间摩擦力是否相等？为什么？

（4）带传动正常工作时的摩擦力与打滑时的摩擦力是否相等？为什么？

（5）空载时，带的紧边与松边拉力的比值 $\dfrac{F_1}{F_2}$ 是多少？加载运转后，在将要打滑的极限情况下，带紧边、松边拉力的比值 $\dfrac{F_1}{F_2}$ 又是多少？

（6）何谓带传动的弹性滑动及打滑？打滑发生在大轮上还是小轮上？

（7）何谓滑动率？滑动率如何计算？

（8）影响带传动工作能力的因素有哪些？

（9）带传动工作时，带内应力变化情况如何？$\sigma_{\max}$ 在什么位置？由哪些应力组成？研究带内应力变化的目的何在？

（10）带传动的主要失效形式是什么？单根普通 V 带所能传递的功率是根据什么准则确定的？

（11）普通 V 带的公称长度是指哪个部位的长度？基准长度是指哪个部位的长度？

（12）式（2-25）中为什么要计入 ΔP_0，它与什么因素有关？如何计算？

（13）为什么普通 V 带剖面角为 40°，而其带轮的槽形角却制成 34°、36°、38°？什么情况下用较小的槽形角？

（14）V 带传动的设计计算方法和步骤如何？通常已知哪些数据？需求出哪些结果？

（15）带轮常用哪些材料制造？选择材料时应考虑哪些因素？制造带轮时有哪些

要求？

（16）安装带传动时，为什么要把带张紧？常用的张紧装置有哪几种？在什么情况下使用张紧轮？装在什么地方？

习题

（2-1）一带式运输机的驱动装置如题2-1图所示，已知小带轮直径 $d_1=140$ mm，大带轮直径 $d_2=400$ mm，运输带速度 $V=0.3$ m/s。为了提高生产率，拟在运输机载荷不变（即拉力不变）的条件下，将运输带速度 V 提高到 0.42 m/s。有人建议把大轮直径减小到 280 mm 以实现这个要求，其余均不变，减速器承载能力足够。这个建议是否合理？应该再采取什么方法好？

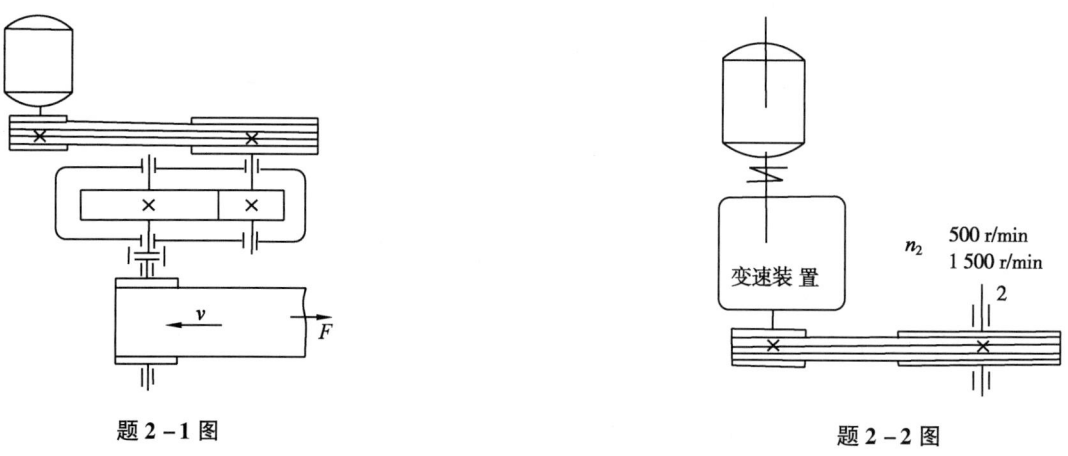

题 2-1 图　　　　　　　　题 2-2 图

（2-2）题2-2图所示为两极变速装置，如变速过程中，轴2上的功率不变，则应按哪一种转速计算胶带根数？如分别按两种转速计算得出的胶带根数（型号相同）是否相差3倍？为什么？试用公式进行分析。

（2-3）已知一V带传动中，$n_1=1\,450$ r/min，$n_2=400$ r/min，$D_1=180$ mm，中心距 $a=1\,600$ mm，普通V带为B型，根数 $Z=2$，工作时有振动，一天运转 16 h（两班制）。试求带能传递的功率。

（2-4）C_{618} 车床的电动机和床头箱之间用V带传动。已知电动机功率 $P=4.5$ kW，转速 $n_1=1\,440$ r/min，传动比 $i=2.1$，二班制工作，根据机床结构，带轮中心距应为 900 mm 左右。试设计此带传动。

（2-5）有一带式运输装置，其异步电动机与齿轮减速器之间用V带传动，电动机功率 $P=7$ kW，转速 $n_1=960$ r/min，减速器输入轴的转速 $n_2=330$ r/min，允许误差为 ±5%。运输装置工作时有轻度冲击，两班制工作，试设计此带传动。

第三章 链传动

3.1 链传动的工作原理与特点

3.1.1 链传动的工作原理

链传动主要由主动链轮、从动链轮和链条组成（图3-1）。工作时靠链轮轮齿与链条链节的啮合把运动和转矩由主动链轮传给从动链轮。链传动和带传动都是挠性传动，但其工作原理不同：链传动是间接的啮合传动；而带传动是间接的摩擦传动。

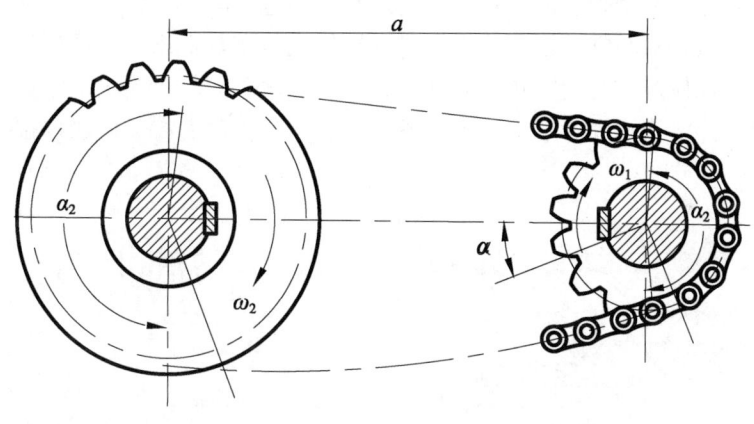

图3-1 链传动

3.1.2 链传动的优点

一是链传动无弹性滑动和打滑现象，因而能保证平均传动比不变；传动效率较高；二是链条不需要像带那样张的很紧，所以作用在轴和轴承上的压力较小；三是在相同工况下，链传动的结构较紧凑；四是链传动可在多油、高温等环境下工作。

3.1.3 链传动的缺点

一是瞬时传动比是变化的，不适用于要求传动比为常数的场合；二是工作时有冲击和噪声；三是无过载保护作用；四是安装精度要求高，需要适当的润滑；五是仅适用平行轴间的传动。

3.1.4 链传动的用途

链传动主要用在要求工作可靠，且两轴相距较远，以及其他不宜采用带传动与齿轮传动的场合。

一般链传动的功率 $P \leqslant 100$ kW，传动比 $i \leqslant 6$，链速 $V \leqslant 12 \sim 15$ m/s，效率 $\eta = 0.92 \sim 0.98$。

按照用途，链可分为传动链、起重链和曳引链。起重链和曳引链主要用在起重机械和运输机械中，而在一般机械传动中，常用的是传动链。

3.2 传动链与链轮的结构

传动链按其构造主要有套筒滚子链（图 3-2）与齿形链两种。齿形链工作较平稳，但重量较大，价格也高，一般机械中主要采用套筒滚子链。本章仅介绍套筒滚子链。

3.2.1 套筒滚子链结构与标准

套筒滚子链的结构如图 3-2 所示。它是由滚子 1、套筒 2、销轴 3、内链板 4 和外链板 5 所组成。外链板与销轴、内链板与套筒之间采用过盈配合固联，而销轴与套筒之间则为间隙配合，可做相对转动，以适应链条进入链轮或从链轮退出时的屈伸。滚子与套筒间采用间隙配合，以使链与链轮在进入与退出接触时，滚子与轮齿为滚动摩擦，减小链和轮齿的磨损。内、外链板均为 8 字形，这样既保证链板各横截面有近似的抗拉强度，又可减轻链的重量。

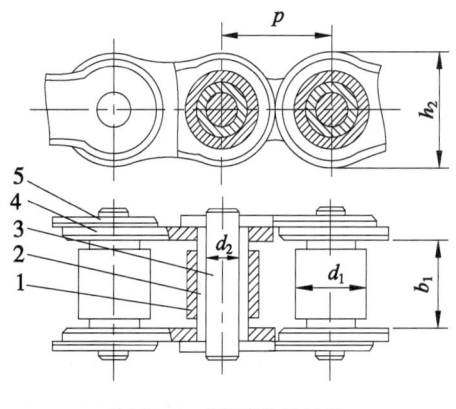

图 3-2 滚子链的结构

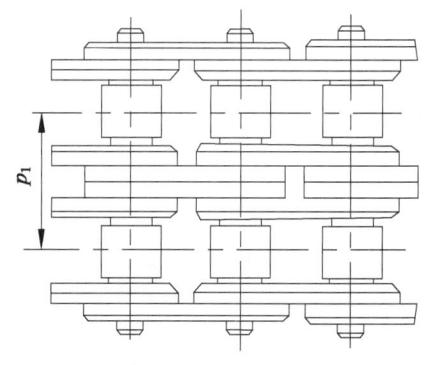

图 3-3 双排链

当传递大功率时，可采用双列链（图 3-3）或多列链。

套筒滚子链的接头型式如图 3-4 所示。当链节数为偶数时，接头处可用开口销〔图 3-4（a）〕或弹簧卡片〔图 3-4（b）〕来固定，一般前者用于大节距，后者用于小节距；当链节数为奇数时，需采用图 3-4（c）所示的过渡链节。过渡链节两端拉力不在一直线上，有附加弯矩，强度较弱，所以应尽量避免采用奇数链节的链。

链的相邻两个销轴中心的距离称为节距，以 p 表示（图 3-2）。

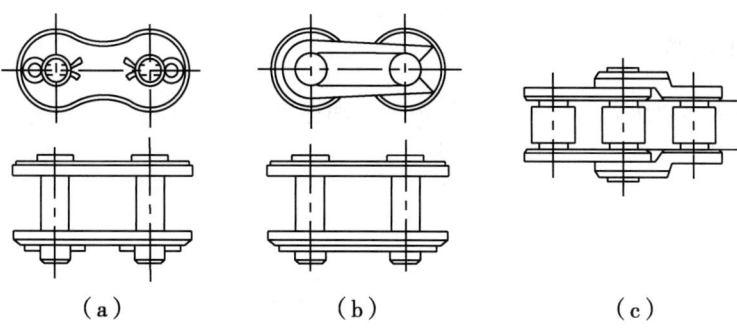

图 3-4 滚子链的接头型式

套筒滚子链已经标准化（GB1243·1—83）。表 3-1 列出了单列套筒滚子链的主要尺寸和极限拉伸载荷。

表 3-1 套筒滚子链规格和主要参数（去掉了每米质量）1997

ISO 链号	节距 p	滚子外径 d_1	内链节内宽 b_1	销轴直径 d_2	内链板高度 h_2	排距 p_t	抗拉载荷 单排	抗拉载荷 双排
			mm				kN	
05B	8	5	3	2.31	7.11	5.64	4.4	7.8
06B	9.525	6.35	5.72	3.28	8.26	10.24	8.9	16.9
08A	12.7	7.92	7.85	3.98	12.07	14.38	13.8	27.6
08B	12.7	8.51	7.75	4.45	11.81	13.92	17.8	31.1
10A	15.875	10.16	9.4	5.09	15.09	18.11	21.8	43.6
10B	15.875	10.16	9.65	5.08	14.73	16.59	22.2	44.5
12A	19.05	11.91	12.57	5.96	18.08	22.78	31.1	62.3
12B	19.05	12.07	11.68	5.72	16.13	19.46	28.9	57.8
16A	25.4	15.88	15.75	7.94	24.13	29.29	55.6	111.2
16B	25.4	15.88	17.02	8.28	21.08	31.88	60	106
20A	31.75	19.05	18.9	9.54	30.18	35.76	86.7	173.5
20B	31.75	19.05	19.56	10.19	26.42	36.45	95	170
24A	38.1	22.23	25.22	11.11	36.2	45.44	124.6	249.1
24B	38.1	25.4	25.4	14.63	33.4	48.36	160	280
28A	44.45	25.4	25.22	12.71	42.24	48.87	169	338.1
28B	44.45	27.94	30.99	15.9	37.08	59.56	200	360
32A	50.8	28.58	31.55	14.29	48.26	58.55	222.4	444.8
32B	50.8	29.21	30.99	17.81	42.29	58.55	250	450
36A	57.15	35.71	35.48	17.46	54.31	65.84	280.2	560.5
40A	63.5	39.68	37.85	19.85	60.33	71.55	347	693.9
40B	63.5	39.37	38.1	22.89	52.96	72.29	355	630
48A	76.2	47.63	47.35	23.81	72.39	87.83	500.4	1 000.8
48B	76.2	48.26	45.72	29.24	63.88	91.21	560	1 000
56B	88.9	53.98	53.34	34.32	77.85	106.6	850	1 600
64B	101.6	63.5	60.96	39.4	90.17	119.89	1 120	2 000
72B	114.3	72.39	68.58	44.48	103.63	136.27	1 400	2 500

3.2.2 链轮结构

对链轮的基本要求是：滚子能顺利地进入和退出啮合，不易发生脱链，能容许节距有较大的伸长率等。

节圆直径 $D = \dfrac{p}{\sin\dfrac{180°}{z}}$　　齿顶圆直径 $D_a = p\left(0.54 + \operatorname{ctg}\dfrac{180°}{z}\right)$

齿根圆直径 $D_f = D - d$　　z 为链轮齿数，d 为链条滚子直径。参见图 3-5。

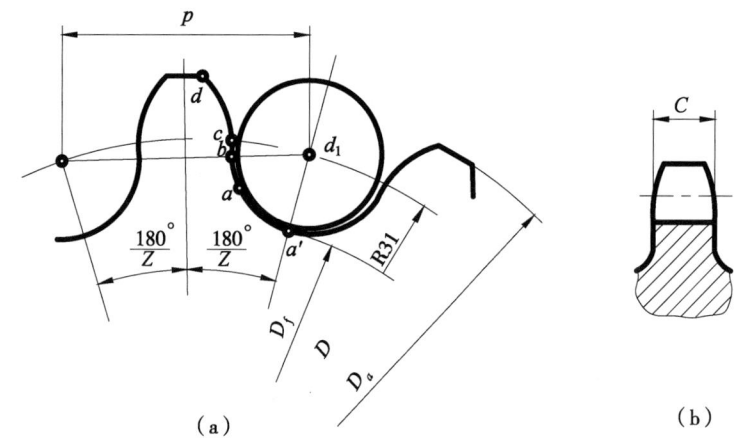

节圆直径 $D = \dfrac{p}{\sin\dfrac{180°}{z}}$　　齿顶圆值径 $D_a = p\ (0.54 + \operatorname{ctg}\dfrac{180°}{z})$

齿根圆直径 $D_f = D - d$　　Z 为链轮齿数，d 为链条滚子直径

图 3-5　链轮齿形

链轮的齿形按 GB1244-76，由 3 段圆弧 $\overline{a'a}$、$\overline{ab}$、$\overline{cd}$ 与直线 $\overline{bc}$ 构成，如图 3-5 所示。如果链轮轮齿采用标准齿形，并用标准刀具加工时，则在图纸上只需标出节距 p、齿数 Z、节圆直经 D（链条销轴中心所在的圆）、齿顶圆直径 D_a，而不必画出端面齿形。

链轮轴面齿形两侧为圆弧形，以利于链节顺利地进入和退出啮合。其几何尺寸按 GB1244-76 计算。

链轮的结构视尺寸大小可分别采用如图 3-6 所示的整体式、孔板式、焊接式、装配式等。

链轮的材料应满足强度和耐磨性的要求。常用中碳钢或中碳合金钢，热处理后齿面硬度为 HRC40~50，或低碳钢、低碳合金钢渗碳并热处理后齿面硬度 HRC50~60 等。对于齿数较多的从动链轮，在载荷平稳、速度较低时，也可用强度较高的铸铁制造。

3.3 链传动的运动特性

3.3.1 运动的不均匀性

当链绕在链轮上时，这一段链条将曲折成正多边形的一部分（图 3-7）。该正多边形

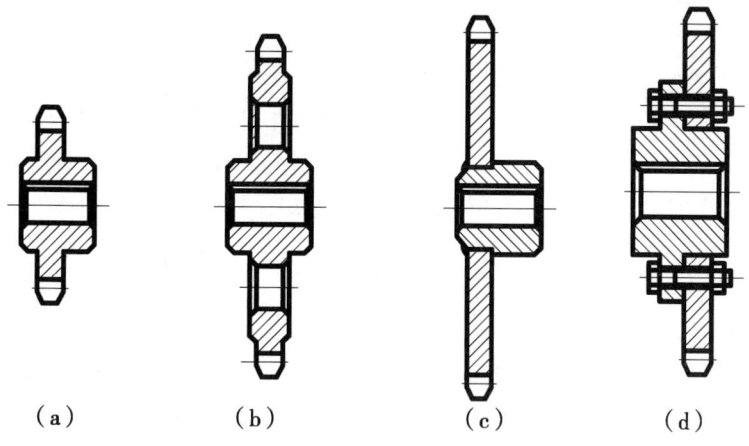

图 3-6 链轮的结构

的边长等于链条的节距 p，边数等于链轮齿数 Z。链轮每转一转，随之转过的链长为 $Z \cdot p$，所以链的速度 V 为：

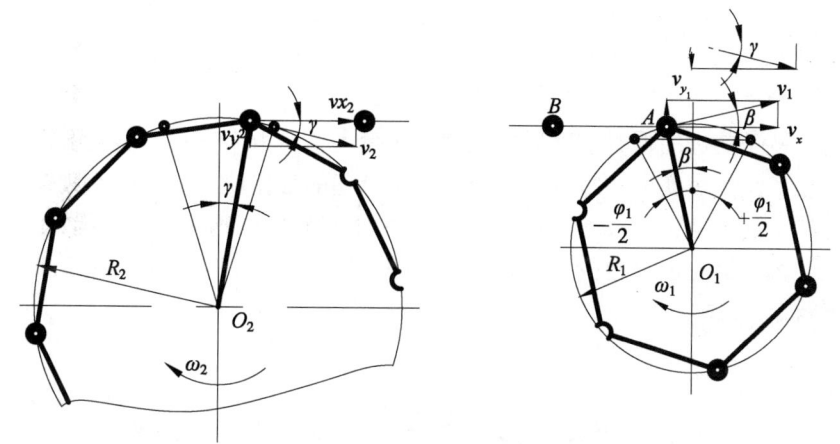

图 3-7 链传动的速度分析

$$V = \frac{Z_1 n_1 p}{60 \times 1\,000} = \frac{Z_2 n_2 p}{60 \times 1\,000} \quad \text{m/s} \tag{3-1}$$

式中：Z_1、Z_2——分别为主、从动链轮的齿数；

n_1、n_2——分别为主、从动链轮的转速，r/min；

p——链的节距，mm。

链传动的传动比为：

$$i_{12} = \frac{n_1}{n_2} = \frac{Z_2}{Z_1} \tag{3-2}$$

使用式（3-1）和式（3-2）求出的链速和传动比，仅是平均值。事实上，即使主动轮做等角速度转动，链的瞬时速度和瞬时传动比都是变化的。

为了便于分析，设链传动在工作时主动边始终处于水平位置（图 3-7）。链节的销轴

A 的圆周速度 V 可分解为沿着链条前进方向的水平分速度 V_x 和做上下运动的垂直分速度 V_{y1}，其值分别为：

$$V_x = V_1 \cos\beta = R_1 \omega_1 \cos\beta \qquad (3-3)$$

$$V_{y1} = V_1 \sin\beta = R_1 \omega_1 \sin\beta \qquad (3-4)$$

式中 β 是 A 点的圆周速度 V_1 与水平分速度 V_x 的夹角，由于销轴进入链轮后随小链轮的转动不断地改变其位置，所以 β 是变化的。由图可知，从销轴 A 进入啮合位置到销轴 B 也进入啮合位置为止，β 角是从 $-\dfrac{\varphi_1}{2}$ 到 $+\dfrac{\varphi_1}{2}$ 之间变化的（φ_1 为小链轮上一个链节距所对的中心角，$\varphi_1 = \dfrac{360°}{Z_1}$）。

当 $\beta = \pm\dfrac{\varphi}{2}$ 时，

$$V_x = V_{x\min} = R_1 \omega_1 \cos\dfrac{180°}{Z_1}$$

$$V_{y1} = V_{y1\max} = R_1 \omega_1 \sin\dfrac{180°}{Z_1}$$

当 $\beta = 0$ 时，

$$V_x = V_{x\max} = R_1 \omega_1$$

$$V_{y1} = V_{y1\min} = 0$$

由此可见，链条前进的瞬时速度周期性地由小变大，又由大变小；做上下运动的垂直分速度由大变小，又由小变大。每转过一个链节，上述的变化就重复一次，链条的这种忽快忽慢、忽上忽下的运动，造成了工作不平稳和振动。链条的速度变化情况如图 3-8 所示。链的节距越大，链轮齿数越少，β 角的变化范围就越大，则链速 V_x 和垂直分速度 V_{y1} 的变化就越严重。

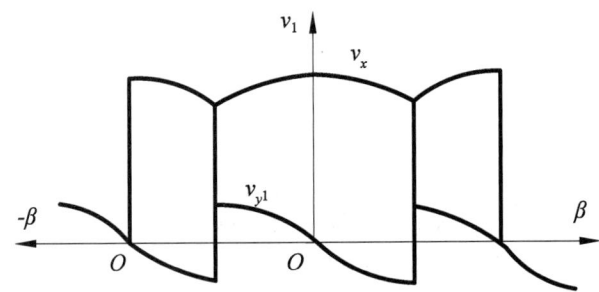

图 3-8 瞬时链速的变化规律

由图 3-7 可见，从动链轮的角速度为：

$$\omega_2 = \dfrac{V_x}{R_2 \cos\gamma} = \dfrac{R_1 \omega_1 \cos\beta}{R_2 \cos\gamma} \qquad (3-5)$$

链传动的瞬时传动比为：

$$i_s = \dfrac{\omega_1}{\omega_2} = \dfrac{R_2 \cos\gamma}{R_1 \cos\beta} \qquad (3-6)$$

一般情况下，由于 β 和 γ 均在不断变化，且变化并不时时相等，所以从动链轮的角速

度 ω_2 和链传动的瞬时传动比均是不断变化的。只有在两轮齿数 Z 相同及链的主动边长恰为节距 p 的整数倍时,即 γ 与 β 的大小与变化完全相同时,从动链轮的角速度 ω_2 和瞬时传动比才等于常数。

3.3.2 链传动的动载荷

链传动时,引起动载荷的原因主要有以下 3 个方面。

(1) 链本身的加速度:

$$a_x = \frac{dV_x}{dt} = \frac{d}{dt}R_1\omega_1\cos\beta = -R_1\omega_1^2\sin\beta$$

当 $\beta = \pm \frac{180°}{Z_1}$ 时,

$$a_{x\max} = \mp R_1\omega_1^2\sin\frac{180°}{Z_1} = \mp\frac{\omega_1^2 p}{2}$$

式中 p 为链节距, $p = 2R_1\sin\frac{180°}{Z_1}$

由此可见,链轮的转速越高,节距越大(即同一直径下链轮齿数越少),则最大加速度越大,引起的动载荷越大。

$$a_y = \frac{dV_y}{dt} = \frac{d}{dt}(R_1\omega_1\sin\beta) = R_1\omega_1^2\cos\beta$$

当 $\beta = 0$ 时,
$$a_{y\max} = R_1\omega_1^2$$

由于 a_y 的存在及其周期性的变化,引起链条的横向振动,由此横向振动引起链的拉力变化是很大的。

(2) 从动轮运转的不均匀性:由于运转的不均匀性,使从动轮及与其一同回转的质量产生角加速度,引起附加的动载荷。其大小为:

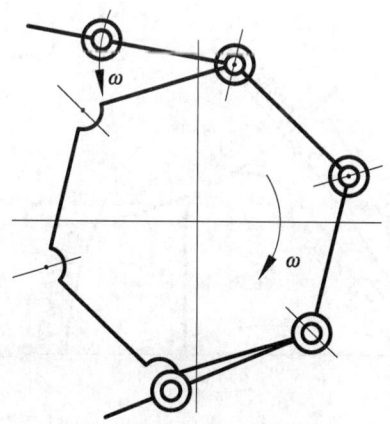

图 3-9 啮合瞬间的冲击

$$F_d = \frac{I}{R}\frac{d\omega_2}{dt} \quad \text{N} \tag{3-7}$$

式中：I——从动系统转化到从动链轮轴上的转动惯量，$N \cdot mm \cdot s^2$；
　　　ω_2——从动链轮的角速度，rad/s；
　　　R——从动链轮的分度圆半径，mm。

（3）啮合瞬间的相对速度：链节和链轮齿啮合瞬间的相对速度也将引起冲击和动载荷。如图 3-9 所示，当链节啮上链轮轮齿的瞬间，做直线运动的链节铰链和以角速度 ω 做圆周运动的链轮轮齿，将以一定的相对速度突然相互啮合（根据相对运动原理，把链轮看成静止的，链节的一个铰链就以 $-\omega$ 的角速度与轮齿接触，发生冲击），从而使链条和链轮受到冲击，并产生附加动载荷。显然，链节距 p 越大，链轮的转速越高，则冲击越强烈。

3.4 链传动的失效形式与设计计算

3.4.1 链传动的失效形式

（1）链条铰链的磨损：链条与链轮在进入啮合和脱离啮合过程中，由于铰链的销轴与套筒间承受较大的压力和有相对转动，因而导致承压面发生磨损，使链的实际节距变长，啮合点沿齿高外移，最终产生跳齿和脱链现象（图 3-14）。它是开式链传动的主要失效形式。

（2）链的疲劳破坏：链在工作过程中，紧边和松边的拉力是不相等的，再加上传动中的动载荷，使得它的各元件都是在变应力作用下工作，在中、低速时，经过一定循环次数后，链板首先产生疲劳破坏；高速时，由于滚子进入啮合时的冲击载荷剧增，套筒或滚子先于链板产生冲击疲劳破坏。

（3）多次冲击破断：链条在反复起动、反转、制动时所产生的巨大惯性冲击作用下，销轴、套筒、滚子等元件不到疲劳时就产生破断。它的载荷较疲劳破坏容许的载荷要大，但较一次冲击破断载荷要小。它的应力总循环次数一般在 10^4 以内。

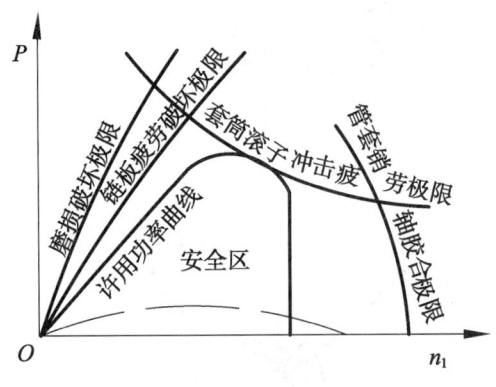

图 3-10 极限功率曲线

（4）链条的胶合：高速和润滑不良的链传动，销轴、套筒的工作面会因温度过高而发生胶合。

（5）过载拉断：链条所受载荷超过了链条静强度而被拉断。

3.4.2 极限功率曲线

为了正常工作,对链传动的功率应加以限制。图 3-10 表示小链轮在不同转速下各种失效形式限定的极限功率曲线。为安全起见,许用功率曲线应在各极限功率曲线的范围之内。虚线是润滑不良时由磨损限定的极限功率曲线。

图 3-11 为 A 系列滚子链的额定功率曲线,表中曲线是在一定条件下并作一定修改后的实验曲线。实验条件是:1. 两链轮安装在水平轴上,两链轮共面;2. 小链轮齿数 $Z_1 = 19$;3. 链长 $L_p = 100$ 节;4. 载荷平稳;5. 按图 3-12 推荐的方式润滑;6. 工作寿命 15 000 小时。根据小链轮转速 n_1,在此图上可查出各种链条在链速 $V > 0.6$ m/s 情况下所能传递的额定功率 P_0。

如果所设计的链传动与上述实验条件不一致时,应将由图 3-11 查得的 P_0 值进行修正,使传动满足下式:

$$P_0 \geq \frac{K_A P}{K_Z \cdot K_L \cdot K_P} \tag{3-8}$$

式中:P_0——在特定条件下,单列链所能传递的功率(图 3-11);

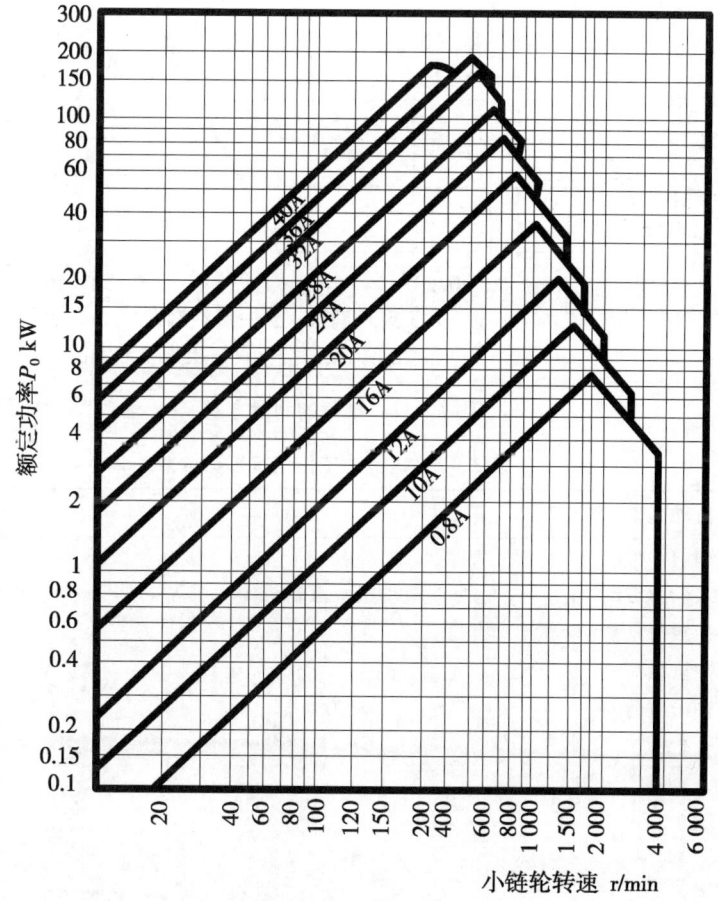

图 3-11 A 系列滚子链的额定功率曲线($V > 0.6$ m/s)

K_A——工作情况系数（表 3-2）；

K_Z——小链轮齿数系数（表 3-3），当工作在图 3-11 所示曲线凸峰的左侧时（链板疲劳）查表中 K_Z，右侧时（滚子、套筒冲击疲劳）查表中的 K'_Z；

K_P——多列链系数（表 3-4）；

K_L——链长系数（图 3-13）。

如果不按照图 3-12 所推荐的润滑方式进行润滑，磨损将加剧，则线图中所规定的功率 P_0 应减少到下列数值：当 $V \leq 1.5$ m/s，润滑不良时减少到 $(0.3 \sim 0.6)P_0$；无润滑时，减少到 $0.15P_0$（寿命不能保证 15 000 h）。

当 1.5 m/s $< V < 7$ m/s，润滑不良时，减少到 $(0.15 \sim 0.3)P_0$；

当 $V > 7$ m/s，润滑不良时，则传动不可靠，不宜采用。

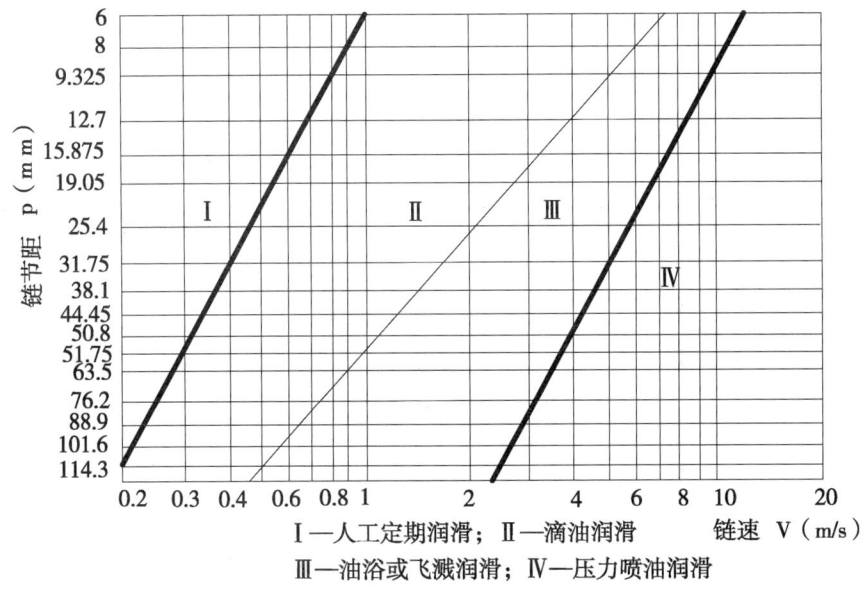

Ⅰ—人工定期润滑；Ⅱ—滴油润滑
Ⅲ—油浴或飞溅润滑；Ⅳ—压力喷油润滑

图 3-12 推荐的润滑方式

表 3-2 链传动工作情况系数 K_A

载荷种类	输入动力种类		
	内燃机—液力传动	电动机—汽轮机	内燃机—机械传动
平稳载荷	1.0	1.0	1.2
中等冲击载荷	1.2	1.3	1.4
较大冲击载荷	1.4	1.5	1.7

表 3-3 小链轮齿数系数 K_z 及 K'_z

z_1	9	10	11	12	13	14	15	16	17
K_z	0.446	0.500	0.554	0.609	0.664	0.719	0.775	0.831	0.887
K'_z	0.326	0.382	0.441	0.502	0.566	0.633	0.701	0.773	0.846
Z_1	19	21	23	25	27	29	31	33	35
K_z	1.00	1.11	1.23	1.34	1.46	1.58	1.70	1.82	1.93
K'_z	1.00	1.16	1.33	1.51	1.69	1.89	2.08	2.29	2.50

表 3-4 多排链系数 K_P

排数	1	2	3	4	5	6
K_P	1	1.7	2.5	3.3	4.0	4.6

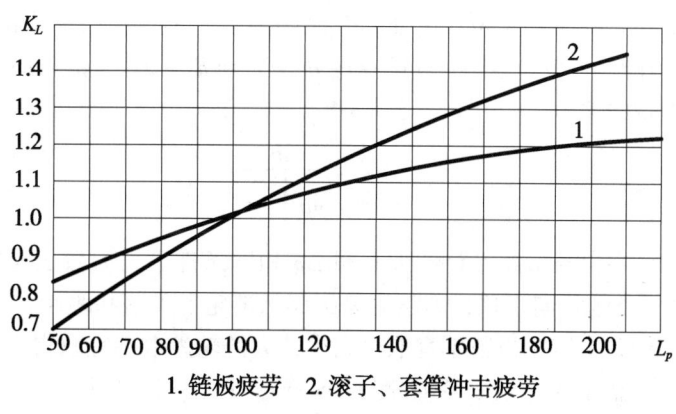

1. 链板疲劳   2. 滚子、套管冲击疲劳

图 3-13 链长系数 K_L

3.4.3 链传动的设计计算

1. 已知条件

传递功率 P，链轮转速 n_1、n_2（或传动比 i），工作情况、原动机种类及对结构尺寸的要求等。

2. 设计内容

确定链的型号（节距）、列数、长度（链节数）和润滑方式；链轮齿数 z_1、z_2、结构型式和材料；传动的中心距 a；作用在轴上的压力（为以后设计链轮上的轴及轴承作准备）；张紧方法等。

3. 设计步骤

（1）选择链轮齿数：小链轮齿数 z_1 过少时将使：①传动的不均匀性及动载荷增加；②加速链节和链轮轮齿的磨损（因为在节距相同时，齿数越少，链轮节圆直径越小，链条的工作拉力越大）；③链条磨损加快，寿命降低（链条啮入、啮出链轮时，内外链板相对转角加大）。由此可见，增加小链轮齿数 z_1 对链传动是有利的。但链轮齿数也不能过多，齿数过多不仅会增大传动尺寸，而且会缩短链条的使用寿命（表 3-5）。

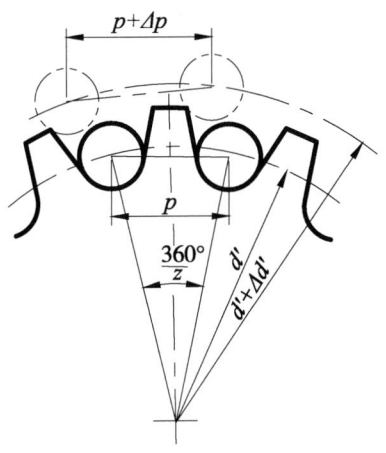

图 3-14 链节距增长量和啮合圆

外移量间的关系图 3-14 表示销轴和套筒磨损后,链节距由原来的 p 增大为 $p + \Delta p$,链条滚子中心所在圆的直径(节圆直径)由 d' 增大到 $d' + \Delta d'$,链条向齿顶移动。节圆直径增量与节距增量的关系为:

$$\Delta d' = \frac{\Delta p}{\sin\dfrac{180°}{z_1}}$$

由上式可知,在链条节距允许的伸长量 Δp 相同条件下,齿数 z 越多,节圆直径的增量 $\Delta d'$ 越大,即链条越移向齿顶,就越容易引起从链轮上脱落和跳齿。

综合上述分析,小链轮齿数不宜取得太少,大链轮齿数不宜取得太多。通常 $z_{1\min} \geq 9$,$z_{2\max} \leq 120$。设计时小链轮齿数 z_1 参照表 3-5 选取(先估计链速),由于链节数一般取为偶数(见 3.2 节),所以 z_1 最好选用与链节数互质的奇数,以使磨损趋于均匀。

传动比 i 过大时,会使齿数选择不能满足上述要求,而且外廓尺寸增大,并有可能使小链轮包角太小,啮合齿数太少。所以通常 $i \leq 6$,常用 $i = 2.1 \sim 3.5$,载荷平稳、速度较低和外廓尺寸不受限制时 i 可达 $8 \sim 10$。

表 3-5 小链轮齿数 z_1 的选择

传动比	5~6	3~5	1~3
齿数 z_1	≥17	≥21	≥25

(2)初定中心距 a_0:中心距过小,链条在小链轮上的包角小,与链轮啮合的齿对数少,每个轮齿上所受的载荷大,轮齿磨损严重;另外,中心距小,链节数少,单位时间内链条绕转次数多,链条曲伸次数和应力循环次数多,链条寿命降低。中心距太大,除传动结构不紧凑外,还会加剧从动边颤动,造成传动不平稳。因此在设计时,中心距不能过小或过大,一般取 $a_0 = (30 \sim 50)p$,最大取 $a_{\max} = 80p$。

(3)确定链条长度 L_p:链条长度常用链节数 L_p 来表示,将带长公式除以 p,并以 $D_1 = \dfrac{z_1 p}{\pi}$、$D_2 = \dfrac{z_2 p}{\pi}$ 代入,则得:

$$L_p = \frac{L}{p} = \frac{2a_0}{p} + \frac{z_1 + z_2}{2} + \left(\frac{z_2 - z_1}{2\pi}\right)^2 \frac{p}{a_0} \qquad (3-9)$$

链节数 L_p 应圆整为整数,且最好取偶数。

(4) 确定链节距 p:链节距 p 越大,链条与链轮尺寸越大,传动能力亦越大,但传动速度的不均匀性、动载荷和噪声等都将增加。因此在设计时,在保证承载能力的条件下,尽量选取较小的链节距,这点在较高转速的传动中尤为重要。功率大、速度高时宜选用小节距多列链。但列数愈多,各列链的载荷愈不均匀,因此列数一般不超过 4。

设计时根据 3-8 式算出传递的功率 P_0 和小链轮转速 n_1 由图 3-11 查出链号,再根据链号从表 3-1 查出链节距。

(5) 验算链速 V:小链轮齿数 z_1 是按估计的链速范围由表 3-5 选取的,为此应验算链速 V 是否与估计相符,否则齿数 z_1 应做相应修改。链速按下式计算:

$$V = \frac{z_1 p_1 n_1}{60 \times 1\,000} \quad \text{m/s}$$

式中:z_1——小链轮齿数;
n_1——小链轮转速,(r/min);
p_1——链节距,mm。

(6) 计算实际中心距:

链节数圆整后,实际中心距为:

$$a = \frac{p}{4}\left[\left(L_p - \frac{z_1+z_2}{2}\right) + \sqrt{\left(L_p - \frac{z_1+z_2}{2}\right)^2 - 8\left(\frac{z_2-z_1}{2\pi}\right)^2}\right] \qquad (3-10)$$

为了便于链的安装和保证松边合理的下垂量,链传动的中心距一般应设计成可调整的,否则应有张紧装置。

(7) 计算作用在轴上的压力:

常用下式粗略计算:

$$Q = (1.2 \sim 1.3) F \quad \text{N} \qquad (3-11)$$

式中:F——链条的工作拉力。

(8) 确定链轮结构和材料(参见 3.2)。

3.4.4 低速链传动计算

对于链速 $V < 0.6$ m/s 的低速链传动,失效形式主要是链条静强度不够而过载拉断,为此应按静强度计算。链条的静强度条件为:

$$S_{ca} = \frac{Q_n}{K_A \cdot F_1} \geqslant 4 \sim 8 \qquad (3-12)$$

式中:S_{ca}——链的静强度计算安全系数;
Q——单列链的极限拉伸载荷,KN,查表 3-1;
K_A——工作情况系数,查表 3-2;
F_1——链在紧边所受的总拉力,KN。

3.5 链传动的布置、张紧和润滑

链传动的布置是否合理，对传动的工作能力和使用寿命都有较大的影响。合理布置链传动的原则是：两链轮的回转平面必须在同一铅垂平面内，以避免脱链和不正常的磨损。一般尽可能将链的紧边放在上面，以免松边在上时因下垂量过大使链条与链轮轮齿发生干涉，影响正确啮合〔图 3-15（a）〕或使松紧两边相碰〔图 3-15（c）〕。两链轮中心连线最好在水平面内，尽量避免大倾角或垂直布置，因为链条下垂量过大后会影响链条与链轮的正确啮合，降低传动能力。

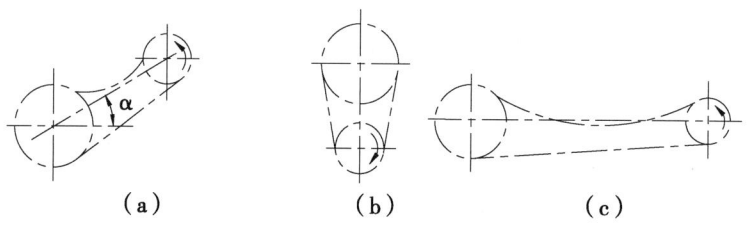

图 3-15 应避免的传动布置

为了避免链条在垂度过大时产生啮合不良，往往把中心距设计成可调的。在中心距不可调整及两轮心连线与水平线的倾角大于 60°时，往往设有张紧装置。张紧轮有链轮和无齿的滚轮，一般压在松边靠近小链轮处。张紧方式有利用弹簧、吊重等自动张紧；利用螺旋、偏心等定期张紧；另外还可用托板张紧（图 3-16）。

良好的润滑可减少链传动的摩擦磨损，缓和冲击，提高链传动的承载能力和寿命。图 3-12 中所推荐的润滑方法和要求列于表 3-6 中。

链传动常用的润滑油牌号有 HJ_{20}、HJ_{30}、HJ_{40}。载荷小、温度低时宜用黏度较小的润滑油。

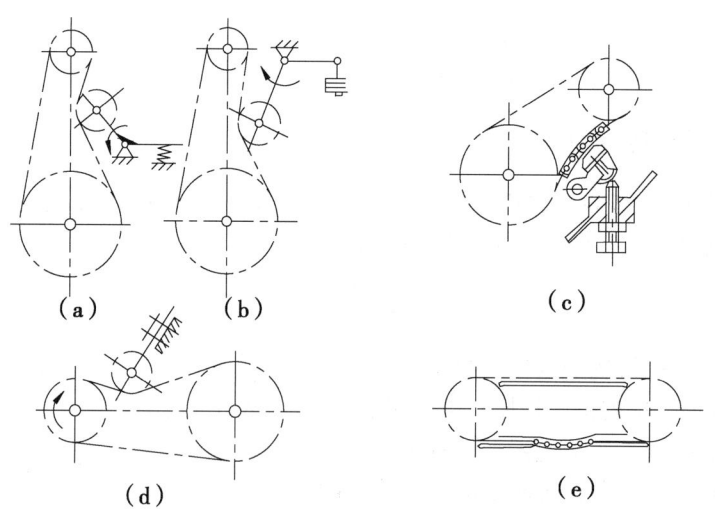

图 3-16 链传动的张紧装置

表 3-6　滚子链的润滑方法和供油量

方式	润滑方法	供油量
人工润滑	用刷子或油壶定期在链条松边内、外链板间隙中注油	每班注油一次
滴油润滑	装有简单外壳，用油杯滴油	单排链，每分钟供油 5~20 滴，速度高时取大值
油浴供油	采用不漏油的外壳，使链条从油槽中通过	链条浸入油面过深，搅油损失大，油易发热变质。一般浸油深度为 6~12 mm
飞溅润滑	采用不漏油的外壳，在链轮侧边安装甩油盘，飞溅润滑。甩油盘圆周速度 $v > 3$ m/s。当链条宽度大于 125 mm 时，链轮两侧各装一个甩油盘	甩油盘浸油深度为 12~35 mm
压力供油	采用不漏油的外壳，油泵强制供油，喷油管口设在链条啮入处，循环油可起冷却作用	每个喷油口供油量可根据链节距及链速大小查阅有关手册

注：开式传动和不易润滑的链传动，可定期拆下用煤油清洗，干燥后，浸入 70~80℃ 润滑油中，待铰链间隙中充满油后安装使用

例 3-1　设计拖动某带式运输机用的链传动。已知：电动机功率 $P = 10$ kW，转速 $n_1 = 970$ r/min，传动比 $i = 3$，载荷平稳，链传动中心距不小于 550 mm（水平布置）。

解：

	计算及说明	结果
1	选择链轮齿数 Z_1、Z_2	
	假定链传动链速 $v = 3~8$ m/s，由表 3-5 选	$Z_1 = 21$
	取 $Z_1 = 21$；$Z_2 = iZ_1 = 3 \times 21 = 63$	$Z_2 = 63$
2	初定传动中心距 a_0	
	根据 $a_0 = (30~50)p$，初取 $a_0 = 40p$	$a_0 = 40p$
3	确定链条长度 L_p	
	$L_p = \dfrac{2a_0}{p} + \dfrac{Z_1 + Z_2}{2} + \dfrac{p}{a_0}\left(\dfrac{Z_2 - Z_1}{2\pi}\right)^2$	
	$= \dfrac{2 \times 40_p}{p} + \dfrac{21 + 63}{2} + \dfrac{p}{40p}\left(\dfrac{63 - 21}{2\pi}\right)^2$	$L_p = 124$ 节
	$= 123.12$ 节，取 $L_p = 124$ 节	
4	确定链条节距 p	
	链条节距 p 根据 p_0 与 n_1 确定	
	$p_0 = \dfrac{K_A p}{K_Z \cdot K_L \cdot K_p}$	
	由表 3-2 查得 $K_A = 1$；由图 3-11 按小链轮转速估计，链工作在功率曲线凸峰左侧，可能出现链板疲劳破坏。由表 3-3 查得 $K_Z = 1.11$；由图 3-13 查得 $K_L = 1.07$；选单列链，由表 3-4 查得 $K_p = 1$，故得	

(续表)

计算及说明	结果
单列链 $$p_0 = \frac{1 \times 10}{1.11 \times 1.07 \times 1} = 8.41 \text{ kW}$$ 根据 p_0 与 n_1,由图 3-11 选用链号为 10A,并且也证实了原估计链工作在额定功率曲线凸峰左侧是正确的。 由表 3-1 查得链节距 p 为 15.875 mm	10A 链 $p = 15.875$ mm
5 验算链速 V $$V = \frac{Z_1 p n_1}{60 \times 1000} = \frac{21 \times 15.875 \times 970}{60 \times 1000} = 5.389 \text{ m/s}$$ 与原假定相符。	
6 计算实际中心距 a $$a = \frac{p}{4}\left[\left(L_p - \frac{Z_1 + Z_2}{2}\right) + \sqrt{\left(L_p - \frac{Z_1 + Z_2}{2}\right)^2 - 8\left(\frac{Z_2 - Z_1}{2\pi}\right)^2}\right]$$ $$= \frac{15.875}{4}\left[\left(124 - \frac{21+63}{2}\right) + \sqrt{\left(124 - \frac{21+63}{2}\right)^2 - 8\left(\frac{63-21}{2\pi}\right)^2}\right]$$ $$= 642 \text{ mm}$$ 实际中心距大于 550 mm,故原初取 $a_0 = 40p$ 合适。	$a = 642$ mm
7 作用在轴上的压力 Q 因载荷平稳,$Q = 1.2F$ 圆周力 $F = \dfrac{1000P}{V} = \dfrac{1000 \times 10}{5.389} \approx 1852 \text{ N}$ 故:$Q = 1.2 \times 1852 = 2222 \text{ N}$	$Q = 2222$ N
8 润滑方式 根据 v、p 由图 3-12 查出	油浴润滑

小　结

1. 本章主要内容

本章重点分析了链传动的运动不均匀性产生的原因和链传动的失效形式;阐明了功率曲线图的来历及使用方法;着重讨论了套筒滚子链的设计计算方法、步骤。

2. 本章重点、难点及学习注意事项

(1) 链传动中,由于刚性链节在链轮上呈多边形分布,在链条每转过一个链节时,链条前进的瞬时速度周期性地由小变到大,再由大变到小。链条沿垂直于运动方向的分速度也在作周期性变化,从而导致运动的不均匀性。

链传动运动不均匀性及链节和链轮啮合瞬间的相对速度引起的冲击,都必然要引起动载荷。传动中,链节不断地啮入轮齿,形成连续不断的冲击、振动和噪声,这种现象通常称为"多边形效应"。链的节距越大,链轮转速越高,"多边形效应"就越严重。因此在设计中,必须对链速加以限制,并且尽量选取小节距的链条。

(2) 确定滚子链传动的承载能力,通常以抗疲劳强度为中心的多种失效形式的功率曲线图为依据,见图3-10、图3-11;只有在恶劣的润滑状态下工作的链传动,磨损才作为限定其承载能力的依据。

图3-10是由各种失效形式决定的链条传动的极限功率曲线,许用功率曲线在各极限功率曲线的范围内。

图3-11所示的额定功率曲线图,是在特定条件下用国产10种型号的单列A系列滚子链作试验,在避免出现各种失效形式的前提下,按试验数据绘制而成的。它代表不同链节距(链号)的单列链条,在不同转速n_1和不同润滑条件下所能传递的功率,是滚子链传动设计的依据。图中功率曲线的最右端均有一垂直线,用以限定小链轮的最高转速。

(3) 要了解链轮齿数Z、链节距p和中心距a等参数对传动性能的影响,学会合理地选用,并掌握链传动的设计步骤。

思考题

(1) 与带传动相比,链传动有哪些优缺点?
(2) 为什么在一般情况下,链传动的瞬时传动比是不断变化的?
(3) 影响链传动速度不均匀性的主要参数是什么?
(4) 链轮齿数Z的多少和链节距p的大小对链传动的动载荷有何影响?
(5) 链传动的主要失效形式有哪几种?设计准则是什么?
(6) 链传动的实用功率曲线是在什么条件下得到的?在实际使用中要进行哪些项目的修正?
(7) 链轮齿数如何选择?为什么不能过少或过多?
(8) 为什么链节距p是决定链传动承载能力的重要参数?根据什么条件来确定它的大小?
(9) 发生脱链的主要原因有哪些?
(10) 安装布置链传动时应考虑哪些问题?
(11) 链传动常用哪些张紧方法?为什么要张紧?
(12) 低速链传动($V<0.6$ m/s)的主要失效形式及设计准则是什么?

习题

(3-1) 题3-1图所示为两级减速装置方案简图,有什么问题?为什么?
(3-2) 试设计一带式运输机的套筒滚子链传动。已知传递功率$P=5.5$ kW,$n_1=$

720 r/min，原动机为电动机，传动比 $i=3$，按规定条件润滑，工作平稳。

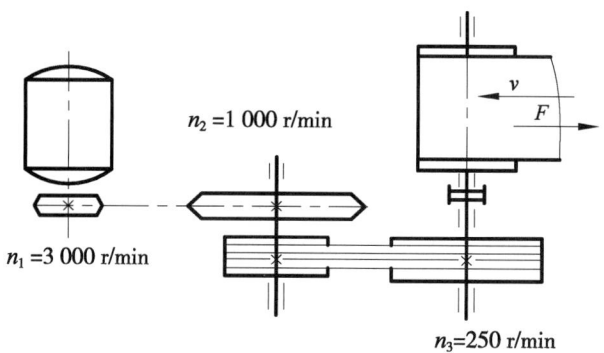

题 3-1 图

（3-3）如果题 2 设计出的链传动尺寸不变，仅将链条节距加大一号，该链所传递的功率将加大多少？为什么能增加？

第四章 齿轮传动

4.1 概 述

齿轮传动是现代机械中应用最广泛的一种传动,例如各种机床、汽车、拖拉机、矿山等机械中都应用着齿轮传动。

4.1.1 齿轮传动的特点

齿轮传动是依靠轮齿间的啮合来传递运动和动力的,因此,同其他机械传动相比,主要具有如下优点:一是能保证恒定的瞬时传动比,传动平稳;二是承载能力高,尺寸紧凑;三是传动效率高,这对长期运转的大功率传动尤其重要;四是使用寿命长,可靠性高;五是适用范围广,目前齿轮传动传递功率可达数万 kW,圆周速度高达 300 m/s。

齿轮传动的主要缺点:一是制造及安装精度要求较高,否则传动的噪声及振动较大;二是不宜用在两轴间距离较大的场合,否则要增加惰轮,使机器结构复杂。

4.1.2 齿轮传动的分类

按相互啮合的两齿轮轴线的相对位置,齿轮传动可分为以下几种。

1. 圆柱齿轮

在两根相互平行的轴间传动〔图 4-1 (a)、图 4-1 (b)、图 4-1 (c)、图 4-1 (d)〕。人字齿轮〔图 4-1 (c)〕多用于重载传动。外啮合圆柱齿轮由于制造、安装均很方便,承载能力高,是用得最多的一种。内啮合齿轮传动〔图 4-1 (d)〕由于加工不方便,应用较少。

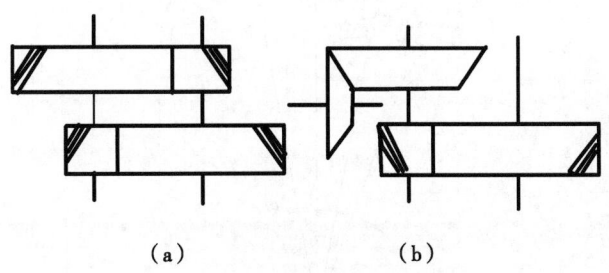

图 4-1 齿轮传动的主要型式

2. 圆锥齿轮

在相交轴间进行传动。常用的是直齿和曲齿圆锥齿轮。

3. 齿轮、齿条将旋转运动变成移动或反之。

4.1.3 齿轮传动应满足的基本要求

齿轮传动中经常遇到的问题有冲击、振动、噪声、断齿、齿面点蚀、磨损、胶合等。为了使传动能平稳而持久地工作,必须使所设计的齿轮传动满足两项基本要求:

(1) 瞬时传动比恒定:以消除冲击、振动和噪声,使得传动平稳。

(2) 足够的承载能力:以保证在预定的使用期限内不出现断齿、齿面点蚀、磨损等失效现象。即要求所设计的齿轮尺寸小、重量轻、强度高、耐磨性好。

关于第一个基本要求,已在第七章及《公差与技术测量》课程中作了详细讨论。本章围绕第二个基本要求进行讨论,即通过对齿轮传动的运动分析、受力分析、失效形式分析等,得出满足承载能力的设计公式及方法。

4.2 齿轮传动的失效形式及设计准则

4.2.1 齿面间的运动分析

如图 4-2 所示的一对渐开线直齿圆柱齿轮传动,轮 1 为主动轮,$\overline{N_1N_2}$ 为理论啮合线。在入啮点 B_2,主动轮齿根与从动轮齿顶相接触,齿廓 1 在 B_2 点的速度 v_1 垂直于 $\overline{O_1B_2}$,齿廓 2 在 B_2 点的速度 v_2 垂直于 $\overline{O_2B_2}$,在连续啮合传动中,两齿廓在接触点处沿啮合线方向的分速度相等,且 $v_2 = v_1 + v_{21}$,其中,v_{21} 是齿廓 2 相对于齿廓 1 的切向滑动速度。此外,两齿廓在接触点处还有相对滚动,相对滚动的角速度为 $\omega_1 + \omega_2$。

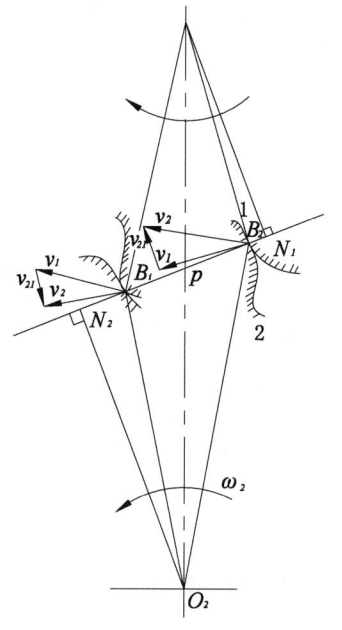

图 4-2 齿面间的运动分析

在节点 P 啮合时，$v_1 = v_2$，两齿廓间只有相对滚动，没有相对滑动。

过了节点以后，齿廓间相对滑动速度 v_{21} 逐渐增大，到脱啮点 B_1 时达到最大。不难看出，在节点前后，齿廓间的相对滑动速度方向相反其大小也随啮合位置不同而变化。然而在整个啮合过程中，相对滚动角速度始终不变。

在入啮点 B_2，从动轮齿顶与主动轮齿根相啮合，由图看出 $v_2 > v_1$，即从动轮齿顶的速度大于主动轮齿根的速度；在脱啮点 B_1，主动轮齿顶与从动轮齿根相啮合，由图看出，$v_1 > v_2$，即主动轮齿顶的速度大于从动轮齿根的速度。

由以上分析，可以得出：

第一，一对齿廓在啮合过程中，齿面间既有相对滑动（节点除外），又有相对滚动，这种"连滚带滑"，可称为滚辗。

第二，节点前后，相对滑动速度相反，节点处相对滑动速度为零。

第三，凡是齿顶速度都高，凡是齿根速度都低，不论其是主动轮还是从动轮。

4.2.2 直齿圆柱齿轮受力分析

进行齿轮传动的强度计算时，首先要知道轮齿上所受的力，这就需要对齿轮传动做受力分析。当然，对齿轮传动进行受力分析也是计算安装齿轮的轴及轴承时所必需的。

一对齿轮传递动力时，齿面间既有正压力又有摩擦力，但齿轮传动一般均加以润滑，齿面间的摩擦力比正压力小得多，为了简便起见，在力分析时忽略不计，只考虑正压力。

齿面间的正压力为一沿接触线的分布力，为了简便，把它简化为一集中力，且作用在齿宽中间平面内。

沿啮合线作用在齿面上的正压力 F_n 垂直于齿面，将正压力 F_n 在节点 P 处分解为两个互相垂直的分力，即切于节圆的圆周力 F_t 和半径方向的径向力 F_r，如图 4-3 所示。

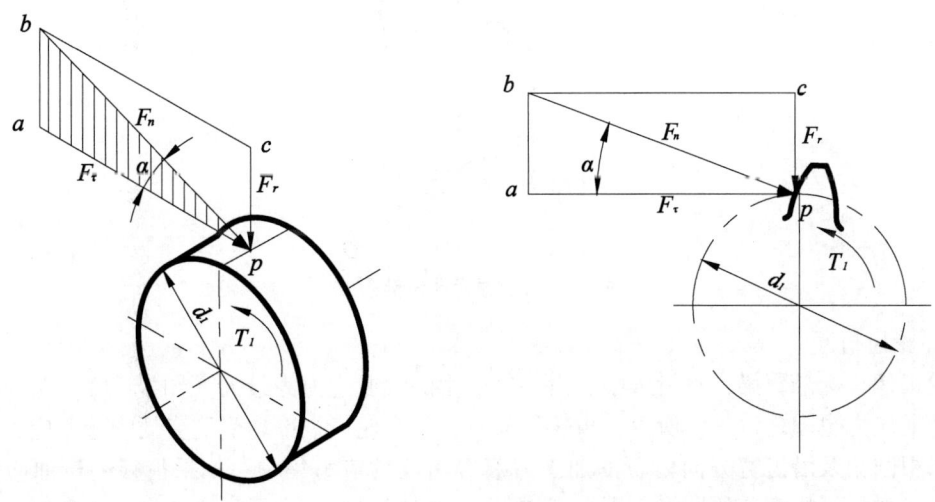

图 4-3 直齿圆柱齿轮轮齿的受力分析

由此可得：

$$\left.\begin{array}{l}F_t = \dfrac{2T_1}{d_1} \\ F_r = F_t \operatorname{tg}\alpha \\ F_n = F_t/\cos\alpha\end{array}\right\} \qquad (4-1)$$

式中：T_1——小齿轮传递的转矩，N·mm；

d_1——小齿轮的节圆直径，对于标准齿轮即为分度圆直径，mm；

α——啮合角，对于标准齿轮，$\alpha = 20°$。

根据作用力与反作用力的关系：作用在主动轮和从动轮上的各对力大小相等，方向相反。各轮的受力方向是：主动轮上的圆周力与其回转方向相反；从动轮上的圆周力与其回转方向相同；径向力分别指向各自轮心；正压力通过节点与基圆相切。

4.2.3 齿轮传动的失效形式

齿轮传动的失效主要是轮齿的失效。至于齿轮的其他部分（如齿圈、轮辐、轮毂等），除大型齿轮外，通常是按经验设计，所定的尺寸对强度和刚度来说均较富裕，实践中极少失效。因此，我们仅讨论轮齿的失效。

国家标准 GB3481—83 中，将轮齿的失效形式分为 5 大类：轮齿折断、齿面磨损、齿面点蚀、胶合及塑性变形（图 4-4）。

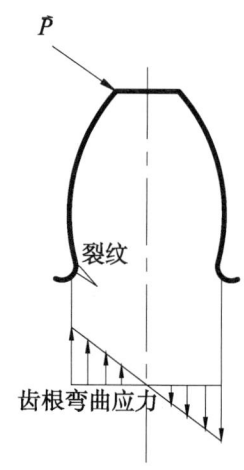

图 4-4 齿根弯曲疲劳裂纹

1. 轮齿折断

轮齿像一个悬臂梁，轮齿入啮后齿根处产生的弯曲应力为最大（图 4-4），轮齿脱啮后，弯曲应力也随之消失。所以，齿轮传动时，每个轮齿根部均受到变动的弯曲应力。再加上齿根圆角及沿齿宽方向留下的加工刀痕等引起的应力集中，如果齿根的弯曲应力较大，超过材料抵抗疲劳的性能，则在工作了一定时间以后，齿根就会产生疲劳裂纹。裂纹不断扩展，最后导致轮齿折断，称为疲劳折断。

用脆性材料（如铸铁、整体淬火钢）制成的齿轮，受到冲击或突然过载时，轮齿可能发生脆性折断。

在斜齿轮传动中，轮齿的接触线为一斜线（图 4-5），轮齿受冲击载荷时，就会发生局部折断。若制造及安装不良或轴的弯曲变形过大,轮齿局部受载过大时,即使是直齿轮,也会发生局部折断。

轮齿折断是齿轮失效最危险的一种形式,它不仅导致传动能力丧失,而且轮齿折断的碎片往往还会损伤机器中其他零件。增大齿根圆角半径,消除该处的加工刀痕,可以降低应力集中作用;增大轴及支承的刚度,可以减小齿面上载荷分布不均匀程度;采用适当的材料及热处理方法等,使轮齿芯部韧性好、表面硬;以及在齿根处施加适当的强化措施(如喷丸)等,都可以提高轮齿的抗折断能力。

2. 齿面磨损

在第二节中已讨论过,两齿廓在啮合过程中,除了在节点处外,都要产生相对滑动;同时轮齿啮合传力时,齿面接触部位产生很高的接触应力。因此,齿轮在传动时两齿面必定会产生磨损。如果润滑不良或是开式传动(不用箱体把齿轮封闭起来),灰砂、杂物进入齿面,就会加剧磨损。齿面严重磨损后,渐开线齿廓被破坏,就会使传动不平稳,加上磨损后轮齿变薄,到一定程度就会承受不了载荷发生折断。

磨损是开式齿轮传动的主要失效形式。提高齿面硬度,减小接触应力可以减轻磨损。尤其是改为闭式传动(用箱体把传动封闭起来)并加良好的润滑是避免磨损最有效的办法。不过仍要注意定期检查和换油,清除混入油中的金属屑或其他杂质。特别是一对新齿轮跑合后,必须清洗齿面并换油。

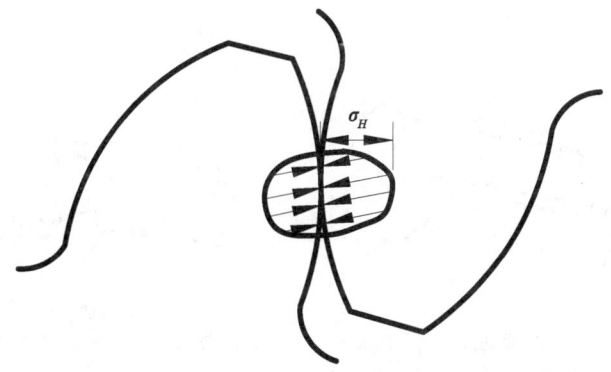

图 4-5 齿面接触应力

3. 齿面点蚀

这是大多数闭式传动的主要失效形式。轮齿在啮合传力时,齿面接触处产生很大的接触应力 σ_H(图 4-5)。脱开后齿面接触应力即告消失。对齿廓工作面上某一固定点来说,受到的是按脉动循环变化的接触应力。当接触应力及其重复的次数超过一定限度时,齿面上就会产生微小的疲劳裂纹。随着循环次数的增加,裂纹逐步扩展,许多裂纹蔓延以致相互汇合起来,使几条裂纹之间的小粒金属脱落下来,形成一个个麻点,称为点蚀。当出现的麻点较大、较多时,会严重影响传动的平稳性,并产生振动与噪声,使齿轮传动不能继续正常工作。

轮齿在啮合过程中,齿面间的相对滑动起着形成润滑油膜的作用,而且相对滑动速度越高,齿面间形成润滑油膜的作用越显著,润滑也就越好。当轮齿在靠近节线啮合时,由于相对滑动速度低,形成油膜的条件差,润滑不良,摩擦力大,特别是直齿轮传动,通常这时只有一对齿啮合，轮齿受力也最大，因此，裂纹首先出现在节线附近。

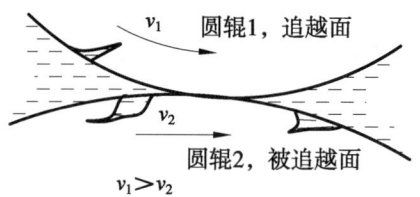

图 4-6 润滑油对表面裂纹扩展的作用

表面疲劳裂纹扩展，与润滑油有关。如果接触表面 1 的速度 V_1 大于表面 2 的速度 V_2（图 4-6），速度高的表面 1 称为追越表面，速度低的表面 2 称为被追越表面。当被追越表面上裂纹进入接触区时，裂纹开口迎向高压油波，产生液体冲击。两表面接触时，追越表面将裂纹口堵住，并压挤裂纹，封在裂纹中的油压进一步升高，裂纹将扩展，最终超过材料强度而剥落。反之，追越表面上的疲劳裂纹则不易扩展。在第二节中已讨论过："凡是齿顶速度都高，凡是齿根速度都低。"由上所述可知，靠近节线的齿顶面上裂纹不易扩展，而齿根面上裂纹在润滑油的挤胀力作用下迅速扩展，显然，点蚀首先出现在靠近节线的齿根面上。从相对意义上说，以靠近节线的齿根面抵抗点蚀能力最差。

实践证明，润滑油黏度愈低，点蚀的发展也愈迅速。所以对速度不高的齿轮传动，宜用黏度较大的润滑油。

开式齿轮传动，由于齿面磨损较快，很少出现点蚀。

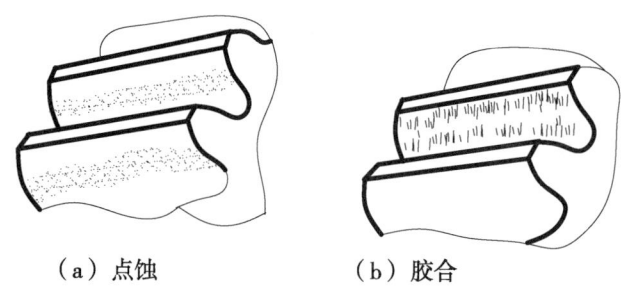

（a）点蚀　　　（b）胶合

图 4-7 齿面点蚀与胶合

4. 胶合

对于重载高速的齿轮传动，齿面间的压力和相对滑动速度均很大，瞬时温度高，润滑效果差，当瞬时温度过高时，相啮合的两齿面就会发生粘在一起的现象，由于轮齿继续相对运动，较软的齿面上的小块材料被撕下，黏着在较硬的齿面上，形成微小的凸块，然后这些微小的凸块又去擦伤另一个轮齿的摩擦表面。结果在齿面上留下沿着滑动方向的伤痕〔图 4-7（b）〕。这种齿面损伤的形式称为胶合。

减小模数，降低齿高，降低滑动系数；提高齿面硬度和加工光洁度；采用抗胶合能力强的润滑油（如硫化油）等，均可防止或减轻轮齿的胶合。

5. 塑性变形

重载、低速的齿轮传动，齿面上的摩擦力很大，如果轮齿的材料较软，齿面表层的材料就容易沿着摩擦力的方向产生塑料变形。

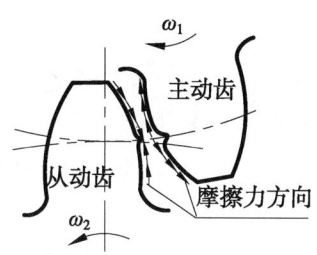

图 4-8 齿面的塑性变形

在 4.2 节中已讨论过"节点前后，相对滑动速度方向相反"。由前图 4-2 所作的齿面间相对运动分析可知，一对齿廓在啮合过程中齿面上受到的摩擦力方向如图 4-8 所示。由于主动轮上所受的摩擦力方向背离节线，分别朝向齿顶及齿根，因此，主动轮齿面材料被摩擦力的拉拽作用向齿顶和齿根流动，在节线附近形成凹沟，从动轮上所受的摩擦力方向分别由齿顶及齿根朝向节线，其齿间材料被摩擦力的推挤作用向节线流动，在节线附近形成凸背，这就破坏了正确的渐开线齿形。

提高齿面硬度，采用黏度较大的润滑油，可以防止或减轻齿面的塑性流动。

4.2.4 设计准则

目前设计一般使用的齿轮传动时，通常只按保证齿根弯曲疲劳强度及保证齿面接触疲劳强度两准则进行计算。至于抵抗其他失效的能力，目前虽然一般不进行计算，但通常采用相应的措施，来增强轮齿抵抗这些失效的能力。

轮齿的失效形式虽然很多，但对于某一具体情况来说，这些失效形式并不一定会同时发生，必须抓住主要矛盾，对具体情况进行具体分析。

对于开式齿轮传动，由于磨损（磨料磨损）严重，在齿面还没有来得及形成疲劳点蚀以前，这一表面层已被磨掉。故开式齿轮传动主要失效形式是齿面磨损和轮齿折断。由于工程上还没有适用于齿轮传动的磨损计算方法，因此，目前仅以保证齿根弯曲疲劳强度作为设计准则。为了考虑磨损这一因素，常将所求得的模数适当增大（即留出一定的磨损裕量）。对于闭式齿轮传动，当齿面硬度较低（$HB \leq 350$）时，齿面易于出现疲劳点蚀破坏。设计时，就应该首先考虑满足齿面的接触疲劳强度要求。当齿面硬度较高（$HB \geq 350$）时，轮齿抗弯曲疲劳能力相对地弱于齿面的抗疲劳点蚀能力，易于出现的损坏形式是齿的折断。因此，在这种情况下，就应该考虑首先满足轮齿的抗弯曲疲劳强度要求。

功率超过 75 kW 的闭式齿轮传动，发热量大，易于导致润滑不良及轮齿胶合损伤等，为了控制温升，还应做散热能力计算（计算准则及办法参看第五章）。

4.3 齿轮材料的选择

由轮齿的失效形式可知，对轮齿材料性能的基本要求为：齿面要硬，齿芯要韧。

常用的齿轮材料有钢、铸铁和非金属材料。

4.3.1 钢

因为钢的强度高，韧性好、耐冲击，还可通过热处理或化学处理改善其机械性能及提高齿面的硬度，所以机械中大多数齿轮都采用钢。

钢制齿轮齿面按其硬度不同，一般可分为软齿面及硬齿面。

1. 一般应用

可选软齿面（HB≤350），热处理后切齿。常用钢号有：45（或40、50）、40Cr（或30CrMnSi、35SiMn、38SiMnMo、ZG310—570，ZG340—640）等。为了便于切齿，切齿刀具刀刃不致迅速变钝，齿轮毛坯经过正火（常化）或调质处理后的硬度，一般不宜超过HB280~300。降低轮坯硬度后切齿，齿面精度一般为8级，精切可达7级。由于在一般齿轮传动中，小齿轮轮齿根部较弱，并且在单位时间内小齿轮的接触承载次数也比大齿轮多。因此，在选择材料时，为了使大小齿轮的寿命比较接近，小齿轮齿面硬度应比大齿轮高出HB30—50，齿轮传动齿面间存在硬度差还有利于跑合，磨损均匀，接触良好。

2. 重要应用

选用硬齿面（HB>350）。热处理——切齿——表面硬化处理——精加工。

高速、重载或精密机械要求齿轮轮齿具有高强度、高硬度及高精度。齿轮加工顺序为，首先进行降低毛坯硬度的正火或调质处理后切齿，再做表面硬化处理，最后进行消除因热处理变形的磨齿等精加工，精度一般可达5级或4级。

对于重载齿轮，常用优质低碳钢或低碳合金钢如20Cr、18CrMnTi、12Cr2Ni4、20Cr2Ni4等钢材进行渗碳淬火。

对于高速或精密齿轮传动，可采用中等含碳量的优质碳素钢或合金钢如45、40Cr、40CrNi等用中频或高频感应电流进行表面淬火。此外，也可用35CrAlA、38CrMoAlA等进行表面氮化或氰化作为齿轮材料。

常用的齿轮材料及其机械性能如表4-1所示。一般根据载荷大小、性质、转速高低，应用场合等工作情况来选择。

4.3.2 铸铁

普通灰铸铁容易铸成形状复杂的毛坯，便于加工，成本低，且所含的石墨能起润滑作用，但抗弯强度和耐冲击性能较差。灰铸铁齿轮常用于低速、载荷不大、冲击小、润滑条件不好的开式传动中。常用铸铁的牌号有HT250、HT300、HT350等。球墨铸铁有较好的机械性能，有时被用来代替铸钢。

4.3.3 非金属材料

对高速、轻载及精度不高的齿轮传动，为了降低噪声，常用非金属材料（如塑料、夹布塑胶、尼龙等）做小齿轮，由于非金属材料的导热性差以及有胶合损伤的危险，故应与具有足够硬度的钢或铸铁齿轮配对使用。钢齿轮应淬硬并进行精加工以提高齿面光洁度（表4-1）。

表 4-1 常用齿轮材料及其机械特性

材料牌号	热处理方法	强度极限 σ_B (MPa)	屈服极限 σ_S (MPa)	硬度 (HBS) 齿芯部	硬度 (HBS) 齿面
HT250		250		170~241	
HT300		300		187~255	
HT350		350		197~269	
QT500-5		500		147~241	
QT600-2		600		229~302	
ZG310-570	常化	580	320	156~217	
ZG340-640		650	350	169~229	
45		580	290	162~217	
ZG340-640		700	380	241~269	
45		650	360	217~255	
30CrMnSi	调质	1 100	900	310~360	
35SiMn		750	450	217~269	
38SiMnMo		700	550	217~269	
40Cr		700	500	241~286	
45	调质后表面淬火			217~255	40~50HRC
40Cr				241~286	48~55HRC
20Cr		650	400		
20CrMnTi	渗碳后淬火	1 100	850	300	58~62HRC
12Cr2Ni4		1 100	850	320	
20Cr2Ni4		1 200	1100	350	
35CrA1A	调质后氮化（氮化层厚 $\delta \geq 0.3、0.5$ mm）	950	750	255~321	>850HV
38CrMoA1A		1 000	850		
夹布塑胶		100		25~35	

注：40Cr 钢可用 40MnB 或 40MnVB 钢代替；20Cr、18CrMnTi、20CrMnTi 钢可用 20Mn2B 或 20MnVB 钢代替

4.4 齿轮传动的计算载荷

本章第二节中对直齿圆柱齿轮作受力分析求啮合力 F_n 时，没有考虑原动机和工作机的特性、齿轮的制造误差引起的附加动载荷、轴及轴承等的变形引起的载荷沿齿宽分布不均匀以及重合度对轮齿上载荷影响，因此称为名义载荷。为了使齿轮传动的承载能力计算能尽量接近实际工作状况，圆柱齿轮承载能力计算的国标中采用了一系列的系数来修正名义载荷。修正后的载荷称为计算载荷 F_{ca}：

$$F_{ca} = F_n \cdot K_A \cdot K_v \cdot K_\beta \cdot K_\alpha = F_n K \quad (4-2)$$

式中：K_A——工作情况系数；

K_v——动载荷系数；

K_β——载荷分布不均系数；

K_α——齿对间载荷分配系数；

K——载荷系数，$K = K_A \cdot K_v \cdot K_\beta \cdot K_\alpha$。

4.4.1 工作情况系数 KA

工作情况系数 K_A 是用来表征原动机及工作机器的性能对轮齿实际受力的影响。在一般情况下，如无实测数据，可根据表 4-2 选取。

表 4-2 工作情况系数 K_A

载荷状态	工作机器	原动机			
		电动机、均匀运转的蒸汽机、燃气轮机	蒸汽机、燃气轮机液压装置	多缸内燃机	单缸内燃机
均匀平稳	发电机、均匀传送的带式输送机或板式输送机、螺旋输送机、轻型升降机、（电动葫芦）、包装机、机床进给机构、通风机、（透平鼓风机、透平压缩机、）均匀密度材料搅拌机	1.00	1.10	1.25	1.50
轻微冲击	不均匀传送的带式输送机或板式输送机、机床的主传动机构、重型升降机、工业与矿用风机、重型离心机、变密度材料搅拌机等	1.25	1.35	1.50	1.75
中等冲击	橡胶挤压机、橡胶和塑料作间断工作的搅拌机、轻型球磨机、木工机械、钢坯初轧机、提升装置、单缸活塞泵等	1.50	1.60	1.75	2.00
严重冲击	挖掘机、重型球磨机、橡胶揉和机、破碎机、重型给水泵、旋转式钻探装置、压砖机、带材冷轧机、压坯机等	1.75	1.85	2.00	2.25 或更大

注：表中所列 K_A 值仅适用于减速传动；若为增速传动，K_A 值约为表值的 1.1 倍

4.4.2 动载荷系数 Kv

齿轮传动不可避免地会有制造及装配的误差，轮齿受载后也会产生弹性变形。这些误差及变形实际上将使主、从动轮齿的法节 P_{b1} 与 P_{b2} 不相等（图 4-9），将使下述两种情况产生附加动载荷。

1. 提前啮合

如图 4-9（a）所示，主动轮的基节 P_{b1} 小于从动轮的基节 P_{b2}。此时，第二对齿将提前在啮合线之外的 A' 点进入啮合，使节点在此瞬间由 C 点变为 C'，瞬时传动比为：

$$i = \frac{\omega_1}{\omega_2} = \frac{r_2 - \Delta r}{r_1 + \Delta r} < \frac{r_2}{r_1}$$

此时，由于主动轮的角速度 ω_1 保持不变，因而从动轮的角速度 ω_2 突然增大，使其以齿的另一侧冲向主动轮，产生冲击载荷，如图 4 – 9 (b) 所示。如此反复不已，就使轮齿不断受到动载荷。

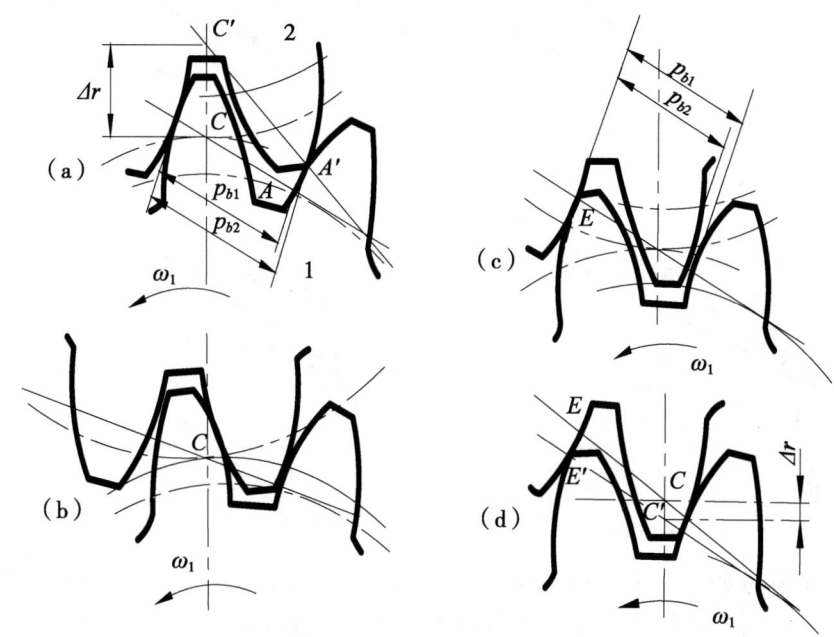

图 4 – 9　产生内部附加动载荷的说明

2. 滞后啮合

图 4 – 9 (c) 所示情况为 $P_{b1} > P_{b2}$。在前一对齿应该终止啮合（即在主动轮的齿顶圆和啮合线的交点 E 啮合）的时候，由于侧隙（$P_{b1} - P_{b2}$）的存在，后一对齿未能进入啮合，使第一对齿仍保持接触，直到第二对齿走过了它们的间隙以后，主动轮的第二个齿才碰上从动轮的第二个齿，第一对齿才在 E' 点［图 4 – 9 (d)］脱离啮合。在 E 到 E' 之间，接触点都不在啮合线上，节点也不是理论上的 C 点。在 E' 点啮合时，瞬时传动比为：

$$i = \frac{\omega_1}{\omega_2} = \frac{r_2 + \Delta r}{r_1 - \Delta r} > \frac{r_2}{r_1}$$

显然，ω_2 降低了。随后，由于第二对齿进入正常啮合，必将使 ω_2 又骤然增大，于是产生动载荷和冲击。

轮齿的制造精度及圆周速度对轮齿啮合过程中产生动载荷的大小影响很大。提高制造精度，减小齿轮直径以降低圆周速度，均可降低动载荷。

对于一般齿轮传动的动载荷系数 K_V，可参考图 4 – 10 选用。若为直齿圆锥齿轮传动，应按图 4 – 10 (a) 中低一级的精度线及 $V_m Z_1 / 100$ 值查取 K_V 值，此处 V_m 为圆锥齿轮平均分度圆处的圆周速度，单位为 m/s。

4.4.3　载荷分布不均匀系数 K_β

如图 4 – 11 所示，当轴承相对于齿轮作不对称配置时，受载后轴产生弯曲变形，轴上的齿轮也就随之偏斜，如轮齿是绝对刚体，则一对轮齿啮合为点接触［图 4 – 11 (a)］，

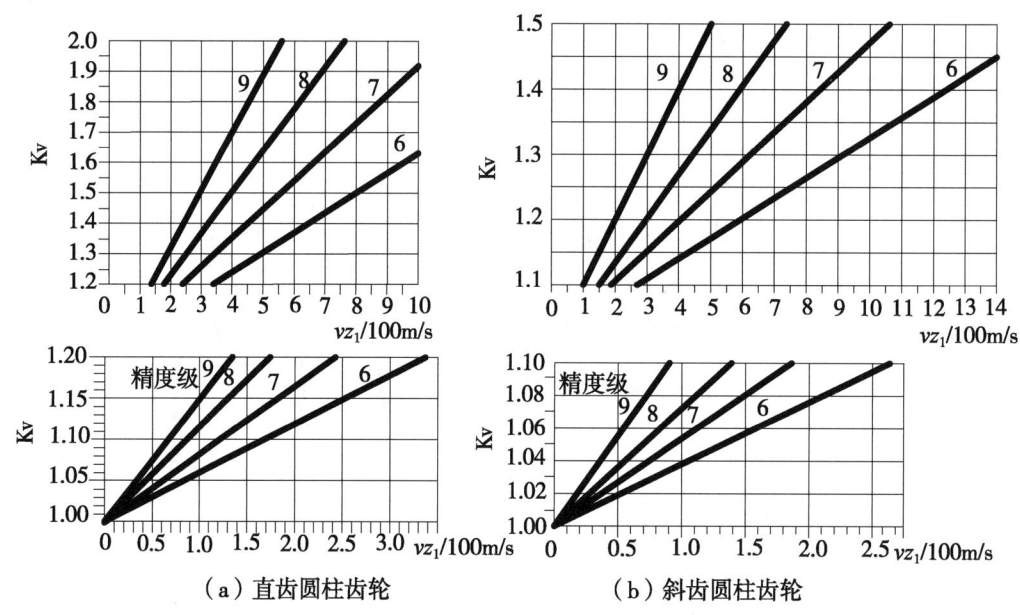

(a)直齿圆柱齿轮 (b)斜齿圆柱齿轮

图4-10 动载系数 K_v 值

实际上由于轮齿的变形，即使轴线略有偏斜，轮齿仍可能沿整个齿宽接触。但因轮齿沿齿宽的变形程度不同，载荷沿齿宽的分布也就不均匀[图4-11（b）]。当然轴的扭转变形、轴承、支座的变形以及制造、装配的误差等也是使齿面上载荷分布不均匀的因素。

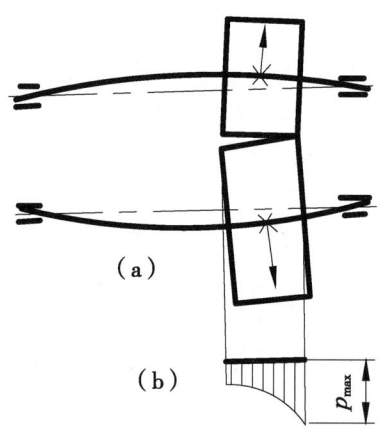

图4-11 轮齿所受的载荷分布不均

反映上述影响因素的载荷分布不均匀系数 K_β 可由图4-12查取。其中 $K_{H\beta}$ 为按齿面接触疲劳强度计算时所用的系数，而 $K_{F\beta}$ 为按齿根弯曲疲劳强度计算时所用的系数。

图4-12上方所示各传动支承结构的序号对应于线图上各条曲线的序号。1和2虽均属悬臂装置，但由于1用球轴承支承，2用滚子轴承支承，因此1的支承刚性低于2的支承刚性，轴的挠曲变形大。3和5虽均属偏置跨装支承结构，但3位于高速级，轴上扭矩小，因此，轴的直径相对于5的结构要细得多，挠曲变形量也大得多，因此图中齿轮的 K_β 值较5的大。

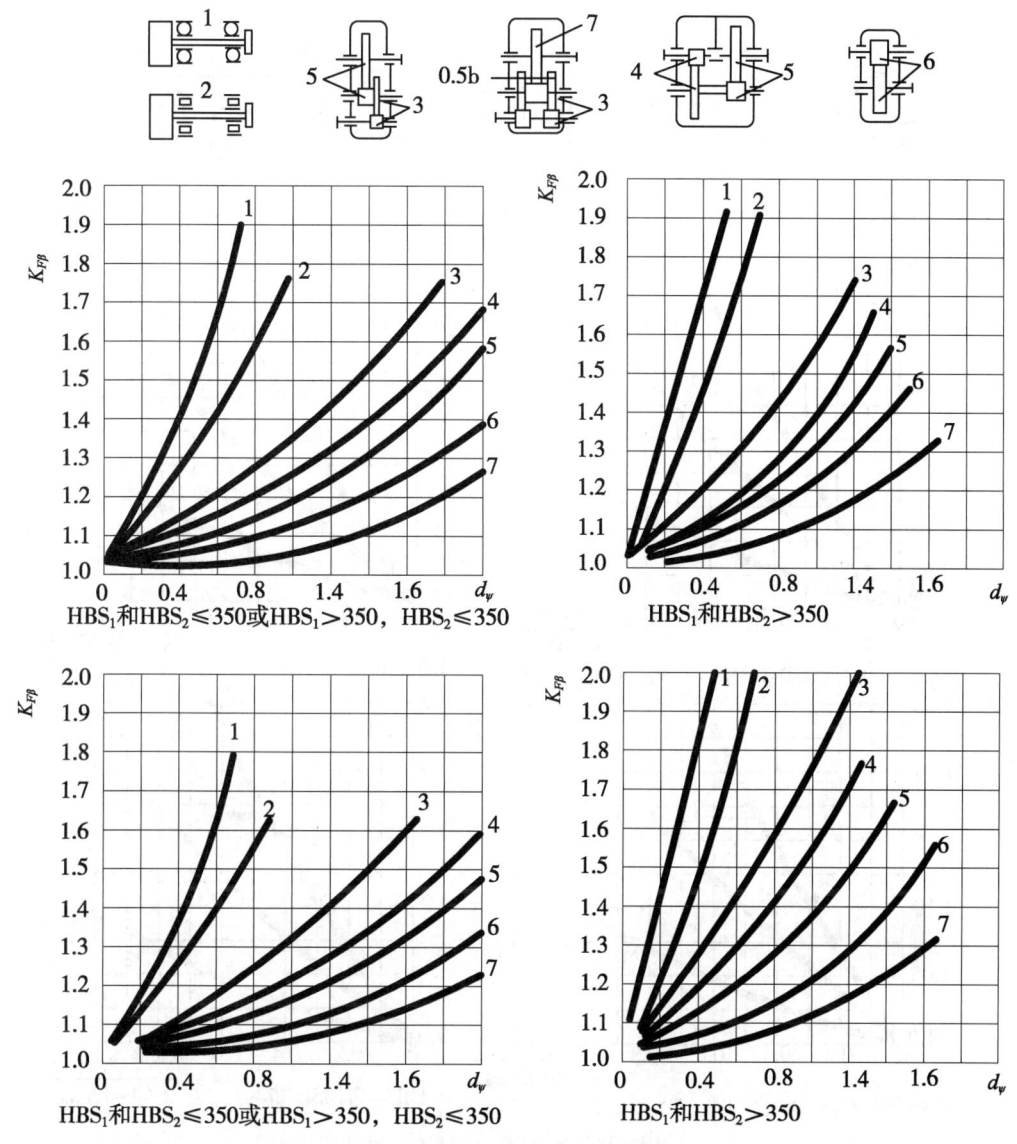

图 4-12 圆柱齿轮传动的载荷分布不均系数 K_β

(曲线上的序号与简图中所示的标号相对应)（下同）

为了改善载荷沿接触线分布不均匀的程度，可采用增大轴、轴承及支座的刚度，对称布置轴承以及适当地限制轮齿宽度等措施。同时应尽可能避免齿轮作悬臂布置（即两个支承皆在齿轮的一旁）。

图 4-13 是用于圆锥齿轮传动的 K_β 值，分析的观点同上，在此一并介绍。

4.4.4 啮合齿对间载荷分配系数 Kα

一般的齿轮传动，其端面重合度 ε_α 均大于 1。当 $1 < \varepsilon_\alpha < 2$ 时，表示啮合过程中时而有两对齿接触，时而有一对齿接触；当 $\varepsilon_\alpha > 2$ 时，则会有几对齿参加啮合。对理想制造精

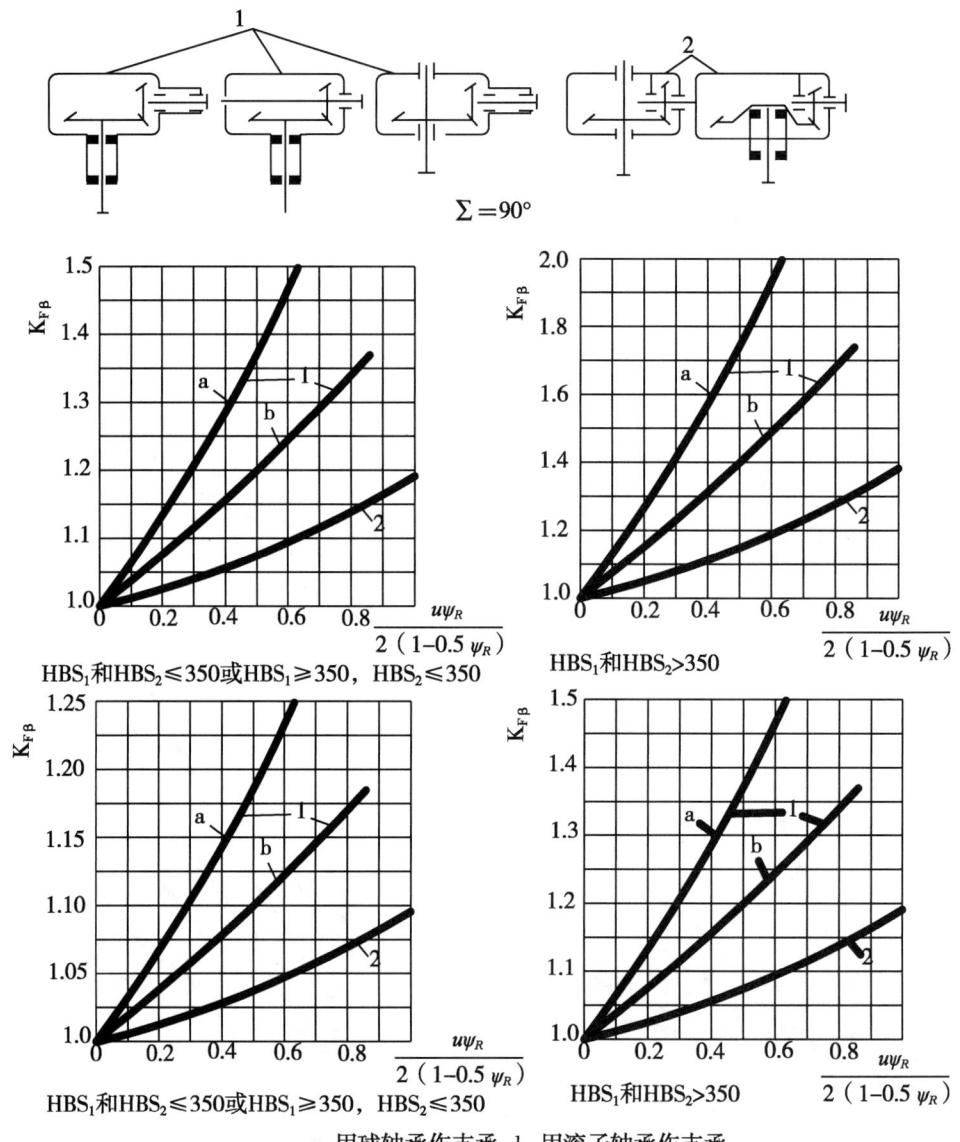

图 4-13 圆锥齿轮传动的载荷分布不均系数 $K_β$

度的绝对刚性齿轮，工作载荷会均匀分配在同时参与啮合的齿对上。但实际上由于齿轮制造误差和轮齿弹性变形的影响，载荷不可能在同时啮合的各对齿之间均匀分配，为此，在计算载荷中要引入齿对间载荷分配系数 $K_α$，其值可用以下方法确定：$K_{Hα}$ 对直齿轮和窄斜齿轮（即纵向重合度 $ε_β ≤ 1$ 的齿轮传动），为了考虑安全，均假定啮合区中只有一对齿啮合，故其 $K_α = 1$。

对宽斜齿轮（即纵向重合度 $ε_β > 1$ 的齿轮传动），在进行齿面接触强度计算时取 $K_α = K_{Hα}$，其值可按图 4-14 选取（当齿轮的圆周速度 v 为未知时，可暂设一个圆周速度值，待初步完成后再进行校核）。当进行齿根弯曲疲劳强度计算时，$K_α = K_{Fα}$，其值可按下式计算：

$$K_{F\alpha} = 1 + \frac{(n-5)(\varepsilon_\alpha - 1)}{4} \qquad (4-3)$$

式中，ε_α 为齿轮传动的端面重合度；n 为接触精度等级。用上式进行计算时，若精度等级 n 高于 5 级时，取 $n=5$；低于 9 级时，取 $n=9$。

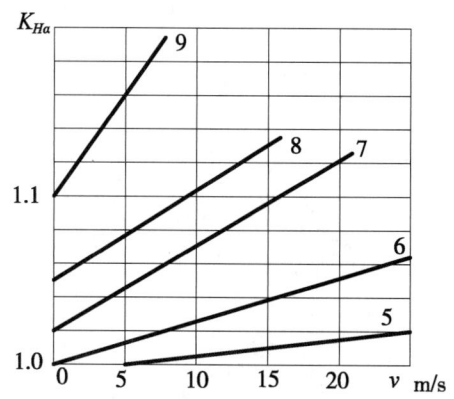

图 4-14　斜齿轮传动的啮合齿对间载荷分配系数

4.5　直齿圆柱齿轮传动的强度计算

齿轮传动的强度计算主要是齿根弯曲疲劳强度计算和齿面接触疲劳强度计算。

4.5.1　齿根弯曲疲劳强度计算

轮齿的弯曲疲劳强度，通常以齿根处为最弱。计算齿根强度时，首先应按齿轮的实际工作情况，确定出齿根承受最大弯矩时的啮合位置。对于精度高（6、5、4 级精度）的齿轮传动，制造误差小，可以认为在双齿对啮合区啮合时，由两对轮齿平均分担载荷，齿根所受的弯矩并不是最大，而是单齿对啮合区啮合时，仅有一对轮齿承担全部载荷，齿根所受的弯矩为最大。故对精度高的齿轮传动，应按载荷作用于单齿对啮合的最高点来计算齿根的弯曲强度。对于制造精度较低的齿轮传动（如 7、8、9 级精度），制造误差大，实际上多由在齿顶处啮合的轮齿分担较多的载荷，为了便于计算，通常按全部载荷作用于齿顶来计算齿根的弯曲强度。当然，采用这样的算法，轮齿的弯曲强度比较富裕。

下面仅介绍低精度齿轮传动的弯曲强度计算方法。

轮齿在齿顶啮合时的受载情况如图 4-15 所示。它可以看作为一宽度为 b（齿宽）的悬臂梁，其危险截面可用 30°切线法来确定，作与齿廓对称中心线成 30°夹角，并与齿根圆角相切的斜线，过两切点所作的截面即为危险截面。

将法向力 F_{ca} 沿齿廓对称中心线及垂直于齿廓对称中心线分解为两个分力 $F_{ca}\sin\gamma$ 及 $F_{ca}\cos\gamma$（γ 为齿顶啮合角），力 $F_{ca}\cos\gamma$ 使齿根面上产生弯曲应力 σ_F，力 $F_{ca}\sin\gamma$ 使齿面上产生压应力 σ_c，因压应力 σ_c 仅为弯曲应力的百分之几，故通常略去不计。危险截面的弯曲应力为：

$$\sigma_{F0} = \frac{M}{W} = \frac{F_{ca}\cos\gamma \cdot h}{\dfrac{bs^2}{6}} = \frac{6F_{ca}\cos\gamma \cdot h}{bs^2}$$

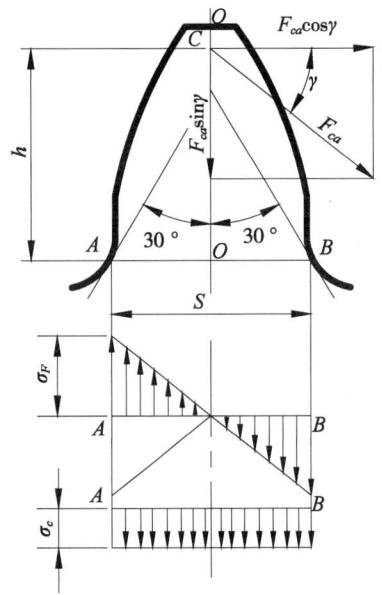

图 4-15 齿顶啮合受载和齿根应力图

取 $h = K_h m$，$S = K_s m$，并将（4-1）、（4-2）两式代入，得：

$$\sigma_{F0} = \frac{6KF_t\cos\gamma \cdot K_h m}{b \cdot \cos\alpha \cdot (K_s m)^2} = \frac{KF_t}{bm} \cdot \frac{6K_h \cos\gamma}{K_s^2 \cos\alpha}$$

令：$Y_{Fa} = \dfrac{6K_h \cos\gamma}{K_s^2 \cos\alpha}$

Y_{Fa} 为载荷作用于齿顶时的齿形系数（数值列于表 4-3）。得：

$$\sigma_{F0} = \frac{KF_t}{bm} Y_{Fa}$$

表 4-3 齿形系数 Y_{Fa} 及应力校正系数 Y_{sa}

$z(z_v)$	17	18	19	20	21	22	23	24	25	26	27	28	29
Y_{Fa}	2.97	2.91	2.85	2.80	2.76	2.72	2.69	2.65	2.62	2.60	2.57	2.55	2.53
Y_{sa}	1.52	1.53	1.54	1.55	1.56	1.57	1.575	1.58	1.59	1.595	1.60	1.61	1.62
$z(z_v)$	30	35	40	45	50	60	70	80	90	100	150	200	∞
Y_{Fa}	2.52	2.45	2.40	2.35	2.32	2.28	2.24	2.22	2.20	2.18	2.14	2.12	2.06
Y_{sa}	1.625	1.65	1.67	1.68	1.70	1.73	1.75	1.77	1.78	1.79	1.83	1.865	1.97

注：①基准齿形的参数为 $\alpha = 20°$、$h_a^* = 1$、$c^* = 0.25$、$\rho = 0.38m$，（m 为齿轮模数）；
②内齿轮的齿形系数及应力校正系数可近似地取为 $z = \infty$ 时的齿形系数及应力校正系数

计入齿根危险剖面处的过渡圆角所引起应力集中作用，得齿轮齿根弯曲强度的校核公式为：

$$\sigma_F = \sigma_{F0} \cdot Y_{sa} = \frac{KF_t}{bm} Y_{Fa} Y_{sa} \leqslant [\sigma]_F \quad \text{MPa} \tag{4-4}$$

式中 Y_{sa} 为载荷作用于齿顶时，计入齿根过渡圆角处应力集中作用的应力校正系数。

令：$\varphi_d = b/d_1$

φ_d 称为齿宽系数（数值推荐于表 4-5），并将 $F_t = \frac{2T_1}{d_1}$ 及 $m = \frac{d_1}{z_1}$ 代入式 (4-4)，得

$$\sigma_F = \frac{2KT_1 Y_{Fa} Y_{sa}}{\varphi_d m^3 z_1^2} \leqslant [\sigma]_F \tag{4-5}$$

于是得设计公式为：

$$m \geqslant \sqrt[3]{\frac{2KT_1}{\varphi_d z_1^2} \left(\frac{Y_{Fa} Y_{sa}}{[\sigma]_F} \right)} \quad (\text{mm}) \tag{4-6}$$

4.5.2 齿面接触疲劳强度计算

在齿轮传动的失效形式（4.2 节）中，已经讨论了齿面点蚀的主要原因：轮齿工作时在齿面上产生的接触应力 σ_H 超过了材料抵抗接触疲劳的能力，即超过了轮齿材料的许用接触应力 $[\sigma]_H$。齿面疲劳点蚀是闭式齿轮传动的主要失效形式之一，因此，需进行齿面接触疲劳强度计算。

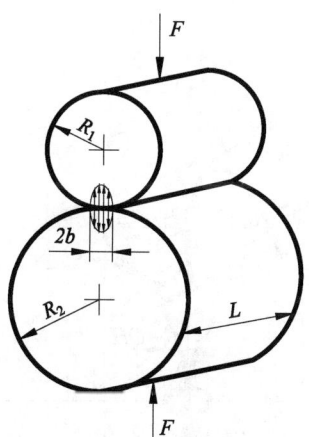

图 4-16　两圆柱体接触

1. 轴线平行的两圆柱体接触应力的计算

图 4-16 所示为半径各为 R_1 和 R_2 的两个圆柱体接触，在压力 F 作用下，在接触处将形成 $2bL$ 的狭长方形接触面积，此处 b 为接触带宽度之半，L 为圆柱体长度。该面上的压力分布是不均匀的，作用在接触面中线上的最大接触应力 σ_H 为：

$$\sigma_H = \sqrt{\frac{F}{\pi} \cdot \frac{\frac{L_1}{R_1} + \frac{1}{R_2}}{\frac{L_1 - \mu_1^2}{E_1} + \frac{1 - \mu_2^2}{E_2}}} \tag{4-7}$$

式中：E_1、E_2——两圆柱体材料的弹性模量；

μ_1、μ_2——两圆柱体材料的泊松比。

2. 齿面接触应力及强度计算

当一对轮齿在节点 P 啮合时（图 4 – 17），其接触情况与半径分别为 ρ_1 和 ρ_2 的两平行圆柱体（宽度为 b）的接触相类似，因而在节点的最大接触应力 σ_H 为：

$$\sigma_H = \sqrt{\frac{F_{ca}}{\pi L} \cdot \frac{\frac{1}{\rho_1} + \frac{1}{\rho_2}}{\frac{1-\mu_1^2}{E_1} + \frac{1-\mu_2^2}{E_2}}} \tag{4-8}$$

下面我们分别将齿轮传动的有关参数代入上式，就可求得齿面接触应力 σ_H 的计算公式。

由式（4 – 1）及式（4 – 2）得：

$$F_{ca} = KF_n = \frac{KF_t}{\cos\alpha} \tag{4-8a}$$

当一对轮齿在节点 P 啮合时（图 4 – 17），根据渐开线特性，齿廓 1 在 P 点曲率半径 $\rho_1 = \overline{N_1 P}$，齿廓 2 在 P 点曲率半径 $\rho_2 = \overline{N_2 P}$。一对齿廓在啮合过程中，接触点沿啮合线移动。在不同位置，两齿廓的曲率半径 ρ_1、ρ_2 均不同，综合曲率 $\frac{1}{\rho_\Sigma} = \frac{1}{\rho_1} + \frac{1}{\rho_2}$ 沿实际啮合线 $\overline{B_2 B_1}$ 变化的情况则如图 4 – 17 所示。

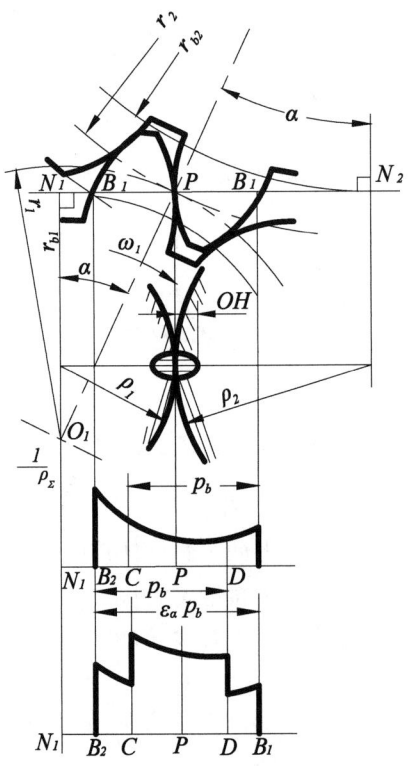

图 4 – 17 齿面上的接触应力

此外，接触线长度 L 也在变化，在单齿对啮合区内，接触线长度为一个齿宽 b，在双齿对啮合区内，接触线总长度理论上为 $2b$。将各个啮合位置的综合曲率 $\frac{1}{\rho_\Sigma}$ 及接触线长度 L 代入式（4-8），可得接触应力 σ_H 沿啮合线各点的变化情况（图4-17）。由图可见，以齿轮1单齿对啮合的最低点（图中 C 点）产生的接触应力为最大，一般情况下（$Z_1 >$ 20），按单齿对啮合的最低点所计得的接触应力与按节点啮合计得的接触应力极为相近。为便于计算，国标中选择节点作为危险点进行齿面接触强度计算，这也符合点蚀首先出现在节点附近齿根面上的实际情况。

由图4-17，当一对齿廓在节点 P 啮合时，两齿廓曲率半径为：

$$\rho_1 = \overline{N_1 P} = \frac{d_1}{2}\sin\alpha$$

$$\rho_2 = \overline{N_2 P} = \frac{d_2}{2}\sin\alpha$$

$$\frac{1}{\rho_\Sigma} = \frac{1}{\rho_1} + \frac{1}{\rho_2} = \frac{\rho_2 + \rho_1}{\rho_1 \rho_2} = \frac{\frac{\rho_2}{\rho_1} + 1}{\rho_2} = \frac{\frac{d_2}{d_1} + 1}{\frac{d_1}{2}\sin\alpha \frac{d_2}{d_1}} = \frac{2}{d_1 \sin\alpha} \cdot \frac{u+1}{u} \tag{4-8b}$$

式中：$u = \dfrac{d_2}{d_1} = \dfrac{Z_2}{Z_1}$（齿数比，减速传动时即为传动比）。

将式（4-8a）、式（4-8b）及 $L = b$（b 为齿轮的设计工作宽度，即相啮合的两齿轮中大齿轮的宽度）代入式（4-8）得：

$$\sigma_H = \sqrt{\frac{KF_t}{b\cos\alpha} \cdot \frac{2}{d_1\sin\alpha} \cdot \frac{u+1}{u}} \cdot \sqrt{\frac{1}{\pi\left(\dfrac{1-\mu_1^2}{E_1}\dfrac{1-\mu_2^2}{E_2}\right)}}$$

取 $Z_E = \sqrt{\dfrac{1}{\pi\left(\dfrac{1-\mu_1^2}{E_1}\dfrac{1-\mu_2^2}{E_2}\right)}}$

$$Z_H = \sqrt{\frac{2}{\cos\alpha \cdot \sin\alpha}}$$

代入上式可得齿面接触应力为：

$$\sigma_H = \sqrt{\frac{KF_t}{bd_1} \cdot \frac{u+1}{u}} \cdot Z_H \cdot Z_E \leq [\sigma]_H \tag{4-9}$$

式中：Z_H——区域系数，标准直齿轮 $\alpha = 20°$ 时，$Z_H = 2.5$；
Z_E——材料的弹性系数，查表4-4。

将 $F_t = \dfrac{2T_1}{d_1}$、$\varphi_d = \dfrac{b}{d_1}$ 代入上式得：

$$\sqrt{\frac{2KT_1}{\varphi_d d_1^3} \cdot \frac{u+1}{u}} Z_H \cdot Z_E \leq [\sigma]_H$$

表 4-4 弹性影响系数 Z_E ($\sqrt{\text{MPa}}$)

齿轮材料	弹性模量 E (MPa)	配对齿轮材料				
		灰铸铁	球墨铸铁	铸钢	锻钢	夹布塑胶
		11.8×10^4	17.3×10^4	20.2×10^4	20.6×10^4	0.785×10^4
锻钢		162.0	181.4	188.9	189.8	56.4
铸钢		161.4	180.5	188.0		
球墨铸铁		156.6	173.9			
灰铸铁		143.7	—			

注：表中所列夹布塑胶的泊松比 μ 为 0.5，其余材料的 μ 均为 0.3。

于是得：

$$d_1 \geq \sqrt[3]{\frac{2KT_1}{\varphi_d} \cdot \frac{u+1}{u} \left(\frac{Z_H \cdot Z_E}{[\sigma]_H}\right)^2} \text{ mm} \qquad (4-10)$$

若将 $Z_H = 2.5$ 代入式（16-9）及式（4-10）得

$$\sigma_H = 2.5 Z_E \sqrt{\frac{KF_t}{bd_1} \cdot \frac{u+1}{u}} \leq [\sigma]_H \qquad (4-9a)$$

$$d_1 \geq 2.32 \sqrt[3]{\frac{KT_1}{\phi_d} \cdot \frac{u+1}{u} \left(\frac{Z_E}{[\sigma]_H}\right)^2} \text{ mm} \qquad (4-10a)$$

式（4-10）、式（4-10a）为设计公式；式（4-9）、式（4-9a）为校核公式。

4.5.3 齿轮传动的强度计算说明

第一，按齿根弯曲疲劳强度设计齿轮传动时将 $[\sigma]_{F1}/Y_{Fa1}Y_{sa1}$ 或 $[\sigma]_{F2}/Y_{Fa2}Y_{sa2}$ 中较小的数值代入设计公式（即（4-6）式）进行计算。

第二，因配对齿轮的接触应力皆一样，即 $\sigma_{H1} = \sigma_{H2}$。而 $Z_E/[\sigma]_H$ 的值却可能不同，因此若按齿面接触疲劳强度设计直齿轮传动时，应将 $[\sigma]_{H1}$ 或 $[\sigma]_{H2}$ 中较小的数值代入设计公式进行计算。

第三，当配对齿轮的齿面均属硬齿面时，两轮的材料、热处理方法及硬度均可取成一样的。设计这种齿轮传动时，可分别按齿根弯曲疲劳强度及齿面接触疲劳强度的设计公式分别进行计算，并取其中较大者作为设计结果。

第四，当用设计公式初步计算齿轮的分度圆直径 d_1（或模数 m）时，动载系数 K_v 及啮合齿对间载荷分配系数 K_α 不能预先确定，此时可试选一载荷系数 K_t[①]（如取 $K_t = 1.2 \sim 1.4$），则算出来的分度圆直径（或模数）也是一个试算值 d_{1t}（或 m_t），然后按 d_{1t} 计算齿轮的圆周速度，查取动载系数 K_v 及啮合齿对间载荷分配系数 K_α，计算载荷系数 K。若算得的 K 值与试选的 K_t 值相差不多，就不必修改原计算；若二者相差较大时，应按下式校正试算所得的分度圆直径 d_{1t}（或模数 m_t）：

$$d_1 = d_{1t} \sqrt[3]{K/K_t} \qquad (4-11a)$$

或

$$m_n = m_{nt} \sqrt[3]{K/K_t} \qquad (4-11b)$$

下标 t 表示试选或试算值，下同。

4.5.4 齿轮传动的许用应力

齿轮的许用应力$[\sigma]$按下式计算：

$$[\sigma] = \frac{K_N \sigma_{\lim}}{S} \tag{4-12}$$

式中：S——疲劳强度安全系数。对接触疲劳强度计算，由于点蚀破坏发生后只引起噪声，振动增大，并不立即导致不能继续工作的后果，故取$S = S_H = 1$，但是，如果一旦发生断齿，就会引起严重的事故，因此在进行齿根弯曲疲劳强度计算时取$S = S_F = 1.25 \sim 1.5$；

K_N——考虑应力循环次数影响的系数，称为寿命系数。弯曲疲劳寿命系数K_{FN}查图4-18；接触疲劳寿命系数K_{HN}查图4-19。

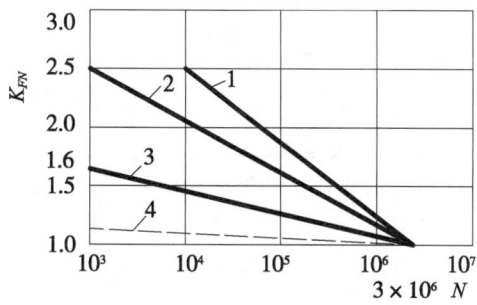

1—碳钢经常化、调质、球墨铸铁；
2—碳钢经表面淬火、渗碳；
3—氮化钢气体氮化，灰铸铁；
4—碳钢调质后液体氮化

图4-18 弯曲疲劳寿命系数 K_{FN}

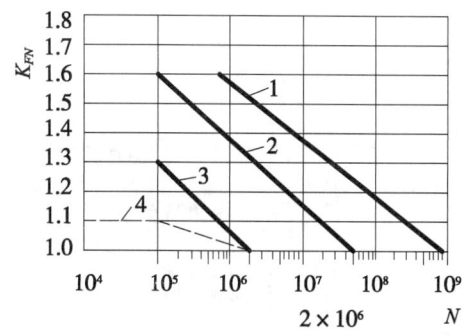

1—碳钢经常化、调质、表面淬火及渗碳，球墨铸铁（允许一定的点蚀）；
2—同1，不允许出现点蚀；
3—碳钢调质后气体氮化、氮化钢气体氮化，灰铸铁；
4—碳钢调质后液体氮化

图4-19 接触疲劳寿命系数 K_{HN}

设n为齿轮的转速，r/mm；j为齿轮每转一圈时，同一齿面的啮合次数；L_h为齿轮的工作寿命，h，则齿轮的工作应力循环次数N按下式计算：

$$N = 60njL_h \tag{4-13}$$

$\sigma_{\lim}$——齿轮的疲劳极限。弯曲疲劳极限值$\sigma_{F\lim}$查图4-20；接触疲劳强度极限$\sigma_{H\lim}$查图4-21（e）。图4-20、图4-21所示的极限应力值，对一般设计建议取框内中偏下之值；使用图4-20（c）及图4-21（c）时，若齿面硬度超出图中荐用的范围，可大体按外插法查取相应的$\sigma_{\lim}$值。图4-20所示为脉动循环应力时的极限应力。对称循环的极限应力值仅为脉动循环应力的70%。

夹布塑胶的弯曲疲劳许用应用$[\sigma]_F = 50$ MPa，接触疲劳许用应力$[\sigma]_H = 110$ MPa。

4.5.5 齿轮传动设计参数的选择

1. 小齿轮齿数Z_1的选择

为使齿轮免于根切，对于$\alpha = 20°$的标准直齿圆柱齿轮，应取$Z_1 \geq 17$。开式传动的尺

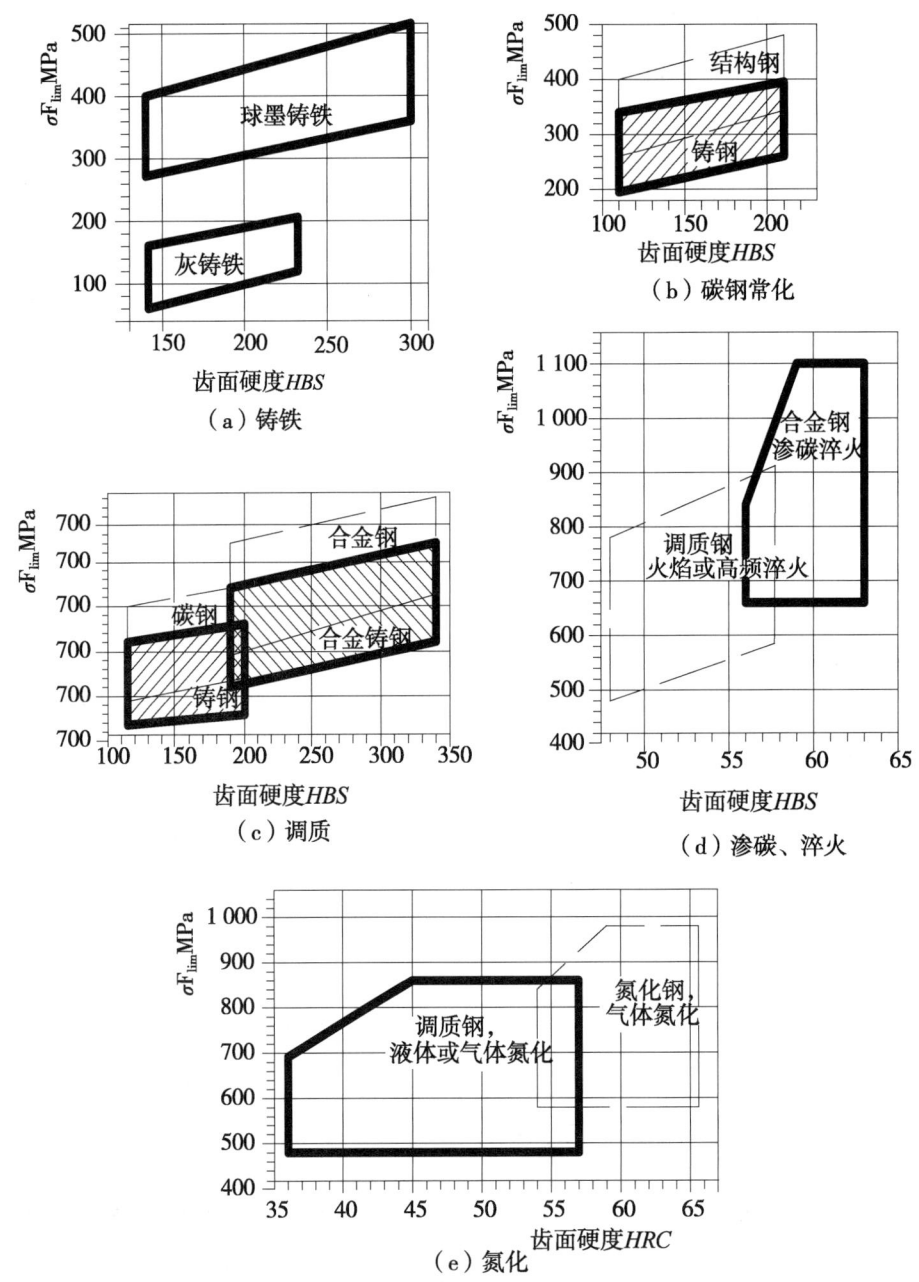

图 4-20 齿轮的弯曲疲劳强度极限 $\sigma_{F\lim}$

寸主要取决于轮齿的弯曲疲劳强度，故齿数 Z_1 不宜过多，一般可取 $Z_1 = 17 \sim 20$。闭式齿轮传动，若为软齿面，传动的尺寸主要取决于齿面接触疲劳强度，齿数可取多一些。这是因为：闭式传动一般转速较高，选取较多的齿数可以增大重合度，提高传动的平稳性，减小冲击振动；在保持传动中心距 a 不变时，增加齿数，可以减小模数，降低齿高，因而减小金属切削量，节省制造费用。另外，降低齿高还能减小滑动速度，减少磨损及胶合的可能性。一般可取 $Z_1 = 20 \sim 40$。若为硬齿面，传动尺寸有时决定于轮齿弯曲疲劳强度，这

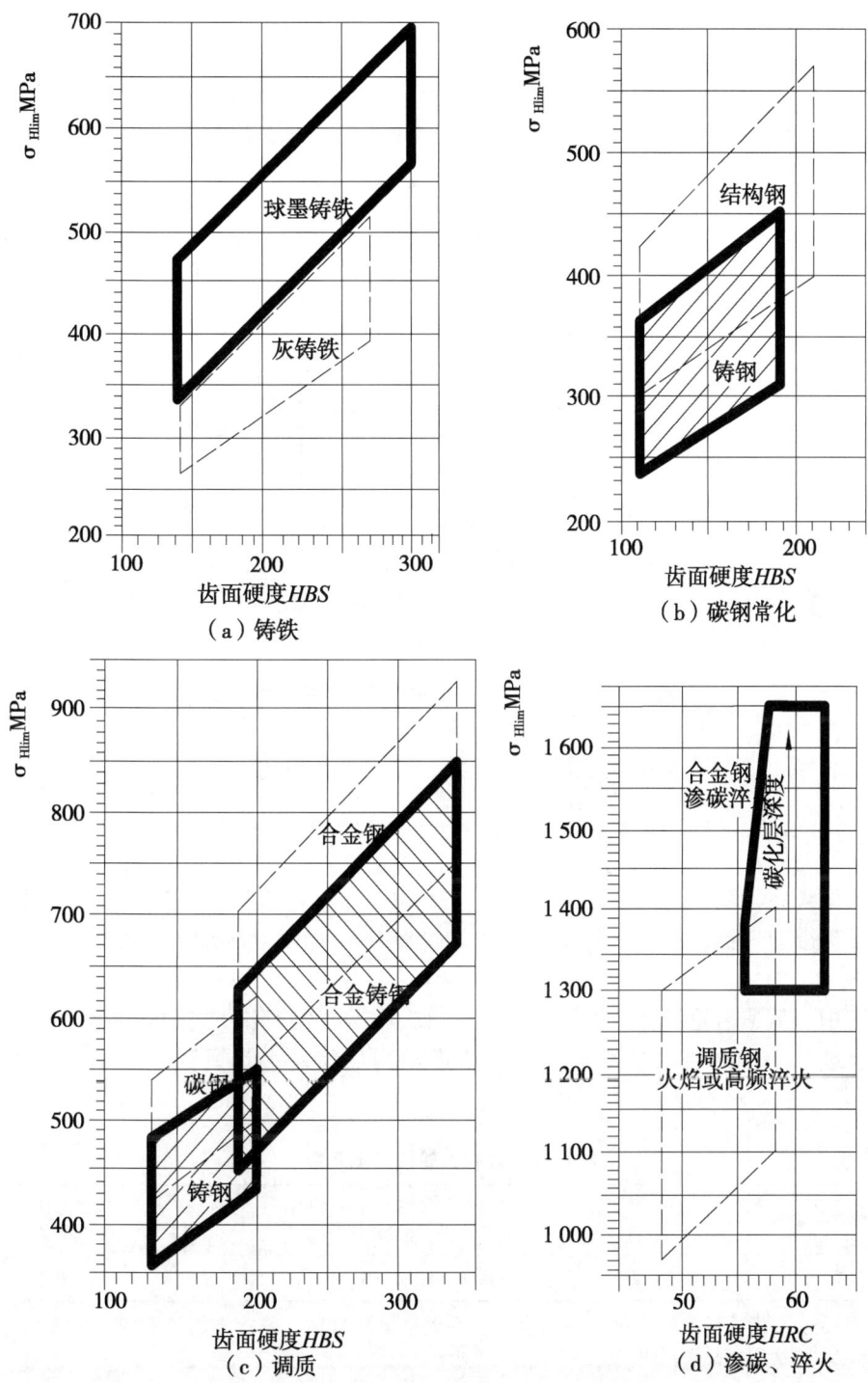

图4-21（Ⅰ） 齿轮的接触疲劳强度极限 $\sigma_{H\lim}$

时齿数不宜取得太多。

2. 齿宽系数 φ_d 的选择

轮齿愈宽，承载能力愈高，但载荷分布不均现象愈严重。圆柱齿轮的齿宽系数 φ_d 荐

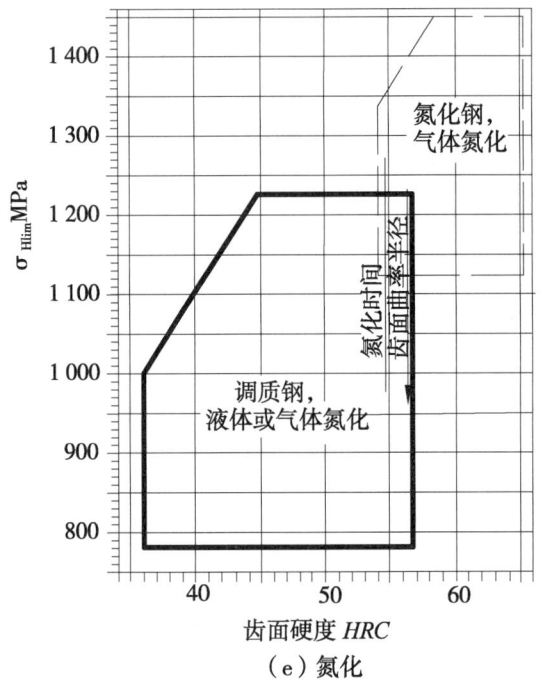

上接图 4-21（Ⅱ）　齿轮的接触疲劳强度极限 $\sigma_{H\lim}$

用值列于表 4-5。对于标准圆柱齿轮减速器，齿宽系数取为 $\varphi_d = \dfrac{b}{a} = \dfrac{b}{0.5d_1(1+u)}$，对于外啮合齿轮传动，$\varphi_d = \dfrac{b}{d_1} = 0.5(1+u)\varphi_a$。　　　　　　　　　　　　　　　　　　(4-14)

φ_a 的值规定为 0.2、0.25、0.3、0.4、0.5、0.6、0.8、1.0、1.2。运用设计计算公式时，对于标准减速器，可先选取 φ_a 后再用式（5-14）计算出相应的 φ_d 值。

3. 模数

对于中、低速齿轮传动，模数可取 $m = (0.01 \sim 0.02)a$（式中 a 为中心距）。软齿面齿轮、载荷平稳时可取较小值。对于传递动力的齿轮，其模数一般不应小于 1.5～2 mm。

表 4-5　圆柱齿轮的齿宽系数 φ_d

装置状况	两支承相对小齿轮作对称布置	两支承相对小齿轮作不对称布置	小齿轮作悬臂布置
φ_d	0.9~1.4（1.2~1.9）	0.7~1.15（1.1~1.65）	0.4~0.6

注：①大、小齿轮皆为硬齿面时，φ_d 应取表中偏下限的数值；若皆为软齿面或仅大齿轮为软齿面时，φ_d 可取表中偏上限的数值；
②括号内的数值用于人字齿轮，此时 b 为人字齿轮的总宽度；
③金属切削机床的齿轮传动，若传递的功率不大时，φ_d 可小到 0.2；
④非金属齿轮可取 $\varphi_d \approx 0.5 \sim 1.2$。

4.6 齿轮传动的精度

4.6.1 精度要求

根据齿轮使用的要求,对齿轮的制造精度提出以下3个方面的要求。

(1) 传递运动的准确性:要求加工出来的齿轮,在传动时从动轮在一转的范围内,其回转角误差的最大值不超过允许的限度。仪表及机床分度机构中的齿轮传动以本要求为主。

(2) 传动的平稳性:要求加工出来的齿轮,在传动时瞬时传动比的变化不超过允许的限度。机床主轴箱中的齿轮传动以本要求为主。

(3) 载荷分布的均匀性:要求加工出来的齿轮,在传动时齿面上的实际接触面积符合传递动力大小的要求。轧钢机、锻压机中的低速重载齿轮传动,以本要求为主。

4.6.2 精度等级及侧隙

1. 精度等级

GB 10095—88 和 GB 11365—89 标准对圆柱齿轮和圆锥齿轮规定了 12 个精度等级,1 级精度最高,依次降低,其中,1、2 级为有待于工艺发展的远景级,12 级为非加工级,一般机械制造常用 6~9 级。

2. 公差组

根据齿轮各项误差对齿轮传动性能的影响,将控制误差的公差或极限偏差分成 3 个公差组,见表 4-6。

表 4-6 齿轮公差分组表

公差组	公差与极限偏差	对性能的主要影响
I	F'_i、F''_i、E_p(F_{pk})、F_r、F_W	传递运动的准确性
II	f_i、f''_i、f_f、f_{pt}、f_{pb}、$f_{f\beta}$	传动的平稳性
III	接触斑点、F_β、F_{px}	载荷分布的均匀性

注:表中公差与极限偏差的代号说明,请参阅有关手册。

3. 精度的选择方法

选择齿轮精度时,应根据齿轮传动的用途、工作条件、传递功率及圆周速度的大小,并以主要的精度要求作为选择的依据。也可以参考现有同类机械进行选择。另外在选择精度时,还要考虑加工条件及经济性,在满足使用条件的前提下,不盲目追求高精度以造成不必要的浪费。

按载荷及速度推荐的齿轮传动精度等级如图 4-22 所示。圆锥齿轮传动精度等级的表示方法同圆柱齿轮。

4. 齿厚的极限偏差及侧隙

为了防止齿轮传动中由于轮齿的制造误差、弹性变形和热膨胀等使啮合轮齿卡死,同

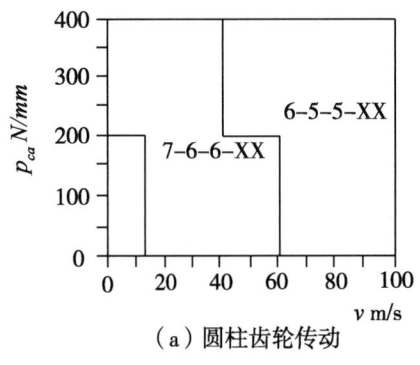
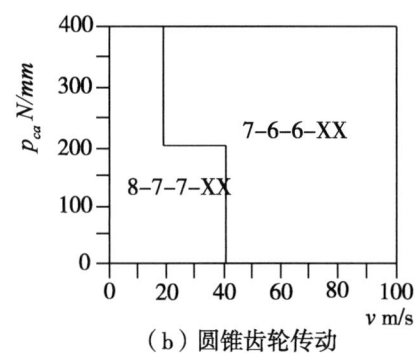

（a）圆柱齿轮传动　　　　　　（b）圆锥齿轮传动

图 4-22　齿轮传动的精度选择

时也为了在啮合轮齿间存留润滑剂等，所以要留一定的侧隙。

JB179—83 中对侧隙的大小用规定齿厚的上、下极限偏差来保证。标准中对齿厚的极限偏差规定有 C～S 共 14 种，齿厚的上、下偏差，即由选定的两种齿厚极限偏差来确定。如选取极限偏差为 F 及 K，则齿厚的上偏差为 F，下偏差为 K。偏差的具体数值可查标准。

圆锥齿轮传动的侧隙用侧隙结合形式的代号表示，结合形式的种类、名称、代号及应用举例见表 4-7。

表 4-7　圆锥齿轮传动侧隙结合形式的种类、名称、代号及应用举例

侧隙的结合形式		应用举例
名称	代号	
零保证侧隙	D	仪器中的读数齿轮机构
较小保证侧隙	D_b	常正反转，但转速不高的齿轮传动
标准保证侧隙	D_c	一般齿轮传动
较大保证侧隙	D_e	速度或温度较高的齿轮传动；重型机器中的开式齿轮传动

齿轮传动的精度等级和齿厚的极限偏差（侧隙的结合形式）是分别按齿轮传动的要求单独选定的，二者无必然联系。

5. 精度等级与侧隙的标注

在齿轮工作图上应用数字、字母代号标出齿轮的精度等级和齿厚上下偏差。

当 3 个公差的精度等级相同，例如同为 8 级，则可写为 8—GMJB179—83。通用减速器的齿轮精度，一般可选择 8—7—7GJ JB179—83 或 8—8—7GJ JB179—83。

例题 4-1　如图 4-23 所示，试设计此带式运输机减速器的高速级齿轮传动。已知：功率 $P=5$ kW，小齿轮转速 $n_1=960$ r/min；齿数比 $u=4.8$。该机器每日工作两班，每班 8 小时，工作寿命为 15 年（每年 300 工作日）。带式运输机工作平稳，转向不变。

解　一是选定齿轮类型、精度等级、材料及齿数。

（1）按图 4-23 所示的传动方案，选用直齿圆柱齿轮传动。

（2）运输机为一般工作机器，速度不高，故齿轮选用 8 级精度。

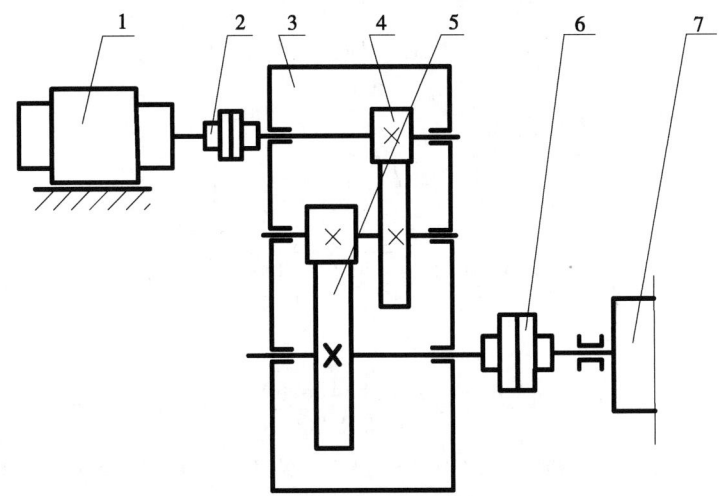

1. 电动机 2、6. 联轴器 3. 减速器 4. 高速级齿轮传动 5. 低速级齿轮传动
7. 运输机滚筒

图 4－23　带式运输机传动简图

（3）齿轮选用便于制造且价格便宜的材料。由表 16－1 选取小齿轮材料为 45 钢（调质），$HBS_1=240$；大齿轮材料为 45 钢（常化），$HBS_2=200$。

（4）选取小齿轮齿数 $Z_1=24$；大齿轮齿数 $Z_2=uZ_1=4.8\times24=115$。

因系齿面硬度小于 $350HBS$ 的闭式传动，所以按齿面接触疲劳强度设计，然后校核齿根弯曲疲劳强度。

二是按齿面接触疲劳强度设计。

由式（4－10a）得设计公式为：

$$d_{1t}\geq2.32\sqrt[3]{\frac{KT_1}{\varphi_d}\cdot\frac{u+1}{u}\left(\frac{Z_E}{[\sigma]_H}\right)^2}\text{mm}$$

1. 确定公式内各参数数值

（1）试选载荷系数 $K_t=1.3$；

（2）计算小齿轮传递的转矩：

$$T_1=95.5\times10^5\frac{P}{n_1}=95.5\times10^5\times\frac{5}{960}=49\ 800\ \text{Nmm}$$

（3）由表 4－5 选取齿宽系数 $\varphi_d=0.8$；

（4）由表 4－4 查得弹性影响系数 $Z_E=189.8\ \sqrt{\text{MPa}}$；

（5）由图 4－21c 查得接触疲劳强度极限 $\sigma_{H\lim1}=590$ MPa；由图 4－21b 查得接触疲劳强度极限 $\sigma_{H\lim2}=470$ MPa；

（6）由式（4－13）计算应力循环次数：

$N_1=60n_1jL_h=60\times960\times1\times(8\times2\times300\times15)=41.4\times10^8$

$N_2=N_1/u=41.4\times10^8/4.8=8.62\times10^8$

（7）由图 4－19 查得寿命系数 $K_{HN1}=K_{HN2}=1$；

（8）计算接触疲劳许用应力。取失效概率为 1%，安全系数 $S=1$，由式（4－12）得：

$$[\sigma]_{H1} = K_{HN1} \cdot \sigma_{H\lim 1} = 590 \text{ MPa}$$
$$[\sigma]_{H2} = K_{HN2} \cdot \sigma_{H\lim 2} = 470 \text{ MPa}$$

2. 计算

(1) 试算小齿轮分度圆直径 d_{1t}：

$$d_{1t} \geqslant 2.32 \sqrt[3]{\frac{K_t T_1}{\varphi_d} \cdot \frac{u+1}{u} \cdot \left(\frac{Z_E}{[\sigma]_H}\right)^2}$$

$$= 2.32 \times \sqrt[3]{\frac{1.3 \times 49\,800}{0.8} \times \frac{5.8}{4.8} \times \left(\frac{189.8}{470}\right)^2} = 58.4 \text{ mm}$$

(2) 计算圆周速度：

$$V = \frac{\pi d_{1t} n_1}{60 \times 1\,000} = \frac{\pi \times 58.4 \times 960}{60 \times 1\,000} = 2.94 \text{ m/s}$$

(3) 计算载荷系数。根据 $V \cdot Z_1 / 100 = 2.94 \times 24 / 100 = 0.706$ m/s，由图 4 – 10a 查得 $K_V = 1.08$；因是直齿圆柱齿轮，取 $K_\alpha = 1$；同时由表 4 – 2 查得 $K_A = 1$；由图 4 – 12 查得 $K_{H\beta} = 1.12$；$K_{F\beta} = 1.25$。故载荷系数：

$$K = K_A \cdot K_V \cdot K_\alpha \cdot K_{H\beta} = 1.08 \times 1 \times 1 \times 1.12 = 1.21$$

(4) 按实际的载荷系数校正所计得的分度圆直径，由式（4 – 11a）得：

$$d_1 = d_{1t} \sqrt[3]{K/K_t} = 58.4 \times \sqrt[3]{1.21/1.3} = 57 \text{ mm}$$

(5) 计算模数：

$$m = d_1 / Z_1 = 57 / 24 = 2.375 \text{ mm}$$

取模数为标准值，$m = 2.5$ mm。

(6) 计算分度圆直径：

$$d_1 = Z_1 m = 24 \times 2.5 = 60 \text{ mm}$$
$$d_2 = Z_2 m = 115 \times 2.5 = 287.5 \text{ mm}$$

(7) 计算中心距：

$$a = (d_1 + d_2)/2 = (60 + 287.5)/2 = 173.75 \text{ mm}$$

(8) 计算齿轮宽度：

$$b = \varphi_d \cdot d_1 = 0.8 \times 60 = 48 \text{ mm}$$

圆整，取 $b_2 = 50$ mm；$b_1 = 55$ mm。

三是校核齿根弯曲疲劳强度。

由式（16 – 4）得校核公式为：

$$\sigma_F = \frac{KFtYFaYsa}{bm} \leqslant [\sigma]_F \quad \text{MPa}$$

1. 确定公式内的各参数数值

(1) 计算圆周力：

$$F_t = \frac{2T_1}{d_1} = \frac{2 \times 49\,800}{60} = 1\,660 \text{ N}$$

(2) 查取应力校正系数：由表 4 – 3 查得：

$Y_{Fa1} = 2.65$；$Y_{sa1} = 1.58$；$Y_{Fa2} = 2.17$；$Y_{sa2} = 1.8$。

(3) 计算载荷系数：

$$K = K_A \cdot K_V \cdot K_\alpha \cdot K_{F\beta} = 1 \times 1.08 \times 1 \times 1.25 = 1.35$$

（4）查取弯曲疲劳强度极限及寿命系数：由图 4 – 20（c）查得 $\sigma_{F\lim1} = 450$ MPa；由图 4 – 20（b）查得 $\sigma_{F\lim2} = 390$ MPa；由图 4 – 19 查得 $K_{FN1} = K_{FN2} = 1$。

（5）计算弯曲疲劳许用应力：取弯曲疲劳安全系数 $S = S_F = 1.4$，由式（4 – 12）得：

$$[\sigma]_{F1} = \frac{K_{FN1} \cdot \sigma_{F\lim1}}{S_F} = \frac{1 \times 450}{1.4} = 321.43 \text{ MPa}$$

$$[\sigma]_{F2} = \frac{K_{FN2} \cdot \sigma_{F\lim2}}{S_F} = \frac{1 \times 390}{1.4} = 278.57 \text{ MPa}$$

2. 校核计算

$$\sigma_{F1} = \frac{KF_t}{b_2 m} Y_{Fa1} Y_{Sa1} = \frac{1.35 \times 1\,660 \times 2.65 \times 1.58}{50 \times 2.5} = 75.06 \text{ MPa} \leq [\sigma]_{F1}$$

$$\sigma_{F2} = \sigma_{F1} \frac{Y_{Fa2} Y_{sa2}}{Y_{Fa1} Y_{sa1}} = 75.06 \times \frac{2.17 \times 1.8}{2.65 \times 1.58} = 70.02 \text{ MPa} \leq [\sigma]_{F2}$$

四是结构设计（从略）。

4.7 斜齿圆柱齿轮传动的强度计算

4.7.1 轮齿的受力分析

和直齿轮一样，在初步受力分析时略去齿面间的摩擦力，只考虑正压力 F_n；正压力 F_n 本是沿齿宽的分布力，我们简化为一集中力作用在齿宽中央。而且为了便于讨论，我们再令一对齿正好在齿宽中央的平面内啮合于节点 P（即在图 4 – 24 所示的节圆柱的轮宽中点 P 来分析力），正压力 F_n 的方向是沿着一对牙齿工作侧面相互接触处的公法线方向的，因此先要找出齿的工作侧面及其接触处的公法线方向，才能确定正压力的作用方向并对它进行分析。

图 4 – 24 所示的齿轮为主动轮，它作逆时针转动，所以齿的左侧面为工作面，我们使其左侧面在齿宽中央处正好与对方啮合于节点 P，然后来找出这个侧面在这个接触点上的公法线，因为法线总是在法面内，所以根据螺旋角 β 作轮齿的法向截面，在法面中过 P 点作直线与左边齿廓曲线成正交（也就是与过 P 点的分度圆柱上的切平面成 α_n 角），这就是所求的法向方向。这样我们就可以根据螺旋角 β 及法面压力角 α_n 找到法向力 F_n。

将力 F_n 在法面内分解成沿径向的分力（径向力）F_r 和在 $Pa'ae$ 面内的分力 F'，然后再将 F' 在 $Pa'ae$ 面内分解成沿周向的分力（圆周力）F_t 及沿轴向的分力（轴向力）F_a。其中圆周力可以通过齿轮所传递的扭矩 T 和分度圆直径 d 计算出来，而其余各力可以通过 F_t 来计算。

$$F_t = \frac{2T_1}{d_1} = \frac{2T_2}{d_2}$$

$$F_a = F_t tg\beta$$

$$F_r = F' tg\alpha_n = \frac{F_t}{\cos a} tg\alpha_n$$

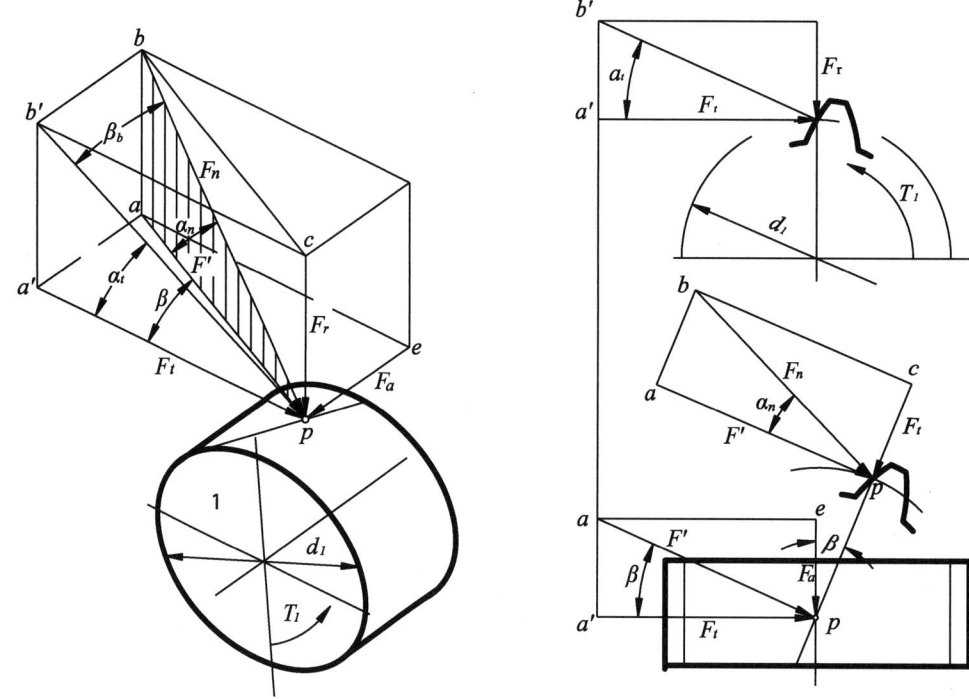

图 4-24 斜齿轮的轮齿受力分析

$$F_n = F'/\cos\alpha_n = F_t/\cos\beta\cos\alpha_n = F_t/\cos\beta_b\cos\alpha_t \qquad (4-15)$$

圆周力 F_t 的方向在主动轮上与其转向相反，在从动轮上与其转向相同；径向力 F_r 分别指向各自轮心；轴向力 F_a 的方向可用主动轮"左、右手定则"来判断：主动轮是右旋时，右手握齿轮轴线，四指指向主动轮的转向和四指垂直的拇指指向即为主动轮上的轴向力方向；主动轮为左旋时，则以左手来判断。

值得强调指出：一是用上述方法来判断齿轮上所受的轴向力方向仅限于主动轮；二是斜齿轮上所受的轴向力方向随轮的转向、齿的旋向、主或从动轮三者之一的改变而改变。

4.7.2 斜齿轮齿根弯曲疲劳强度计算

如图 4-25 所示，斜齿轮的接触线为斜直线。受载时，轮齿的失效形式为局部折断。和直齿轮相比：一是斜齿轮的危险截面变了；二是力臂变了；三是接触线是倾斜的，而且其总长度随啮合位置和 ε_a 而变化，所以，弯曲应力的计算比直齿轮要复杂的多，很难用解析法进行精确计算。但是，由于：①斜齿轮传动的重合度比直齿轮大，同时啮合的齿对数多，单位长度上所受的载荷小；②斜齿轮的接触线是倾斜的，逐渐入啮、逐渐脱啮比直齿轮沿全齿宽突然入啮，突然脱啮传动平稳，动载荷小；③直齿轮接触线全部在齿顶（计算时按一对齿在齿顶啮合，承担全部载荷），斜齿轮的接触线一半在齿顶、一半在齿根，较直齿轮产生的弯曲应力要小一些。因此，斜齿轮的弯曲强度比直齿轮高。

由当量齿轮的定义及前面的轮齿受力分析知，斜齿轮在法面内的齿形参数（模数、压力角）与总压力和当量齿轮完全相同，所以，斜齿轮的强度计算公式首先由直齿轮公式写出当量齿轮公式，然后将当量齿轮参数转化为斜齿轮参数最后考虑斜齿轮由于螺旋角

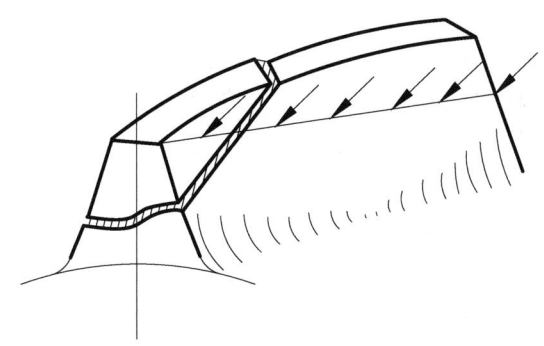

图 4-25　斜齿圆柱齿轮轮齿受载及折断

β 存在使得重合度增大，逐渐进入、脱离啮合，传动平稳等特点引入系数进行修正得到。

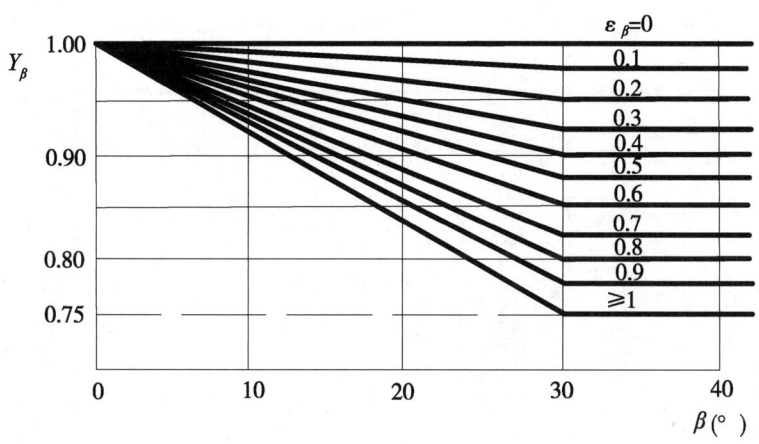

图 4-26　螺旋角影响系数 Y_β

斜齿轮轮齿的弯曲疲劳校核计算公式为：

$$\sigma_F = \frac{KF_t Y_{Fa} Y_{sa} Y_\beta}{bm_n \varepsilon_\alpha} \leqslant [\sigma]_F \quad \text{MPa} \tag{4-16}$$

设计计算公式为：

$$m_n \geqslant \sqrt[3]{\frac{2KT_1 Y_\beta \cos^2\beta}{\varphi_d Z_1^2 \varepsilon_\alpha}\left(\frac{Y_{Fa} Y_{sa}}{[\sigma]_F}\right)} \quad \text{mm} \tag{4-17}$$

式中：Y_{Fa}——斜齿轮的齿形系数，按当量齿数 $Z_v = z/\cos^3\beta$ 由表 4-3 查取。

Y_{sa}——斜齿轮的应力校正系数，按当量齿数 Z_v 由表 4-3 查取。

Y_β——螺旋角影响系数，数值查图 4-26，图中的 ε_β 为纵向重合度，可按下述公式计算：

$\varepsilon_\beta = b\sin\beta/\pi m_n = 0.318\varphi_d Z_1 \mathrm{tg}\beta$

ε_α——斜齿轮传动的端面重合度，可按《机械原理》所述公式计算，或由图 4-27 查取。

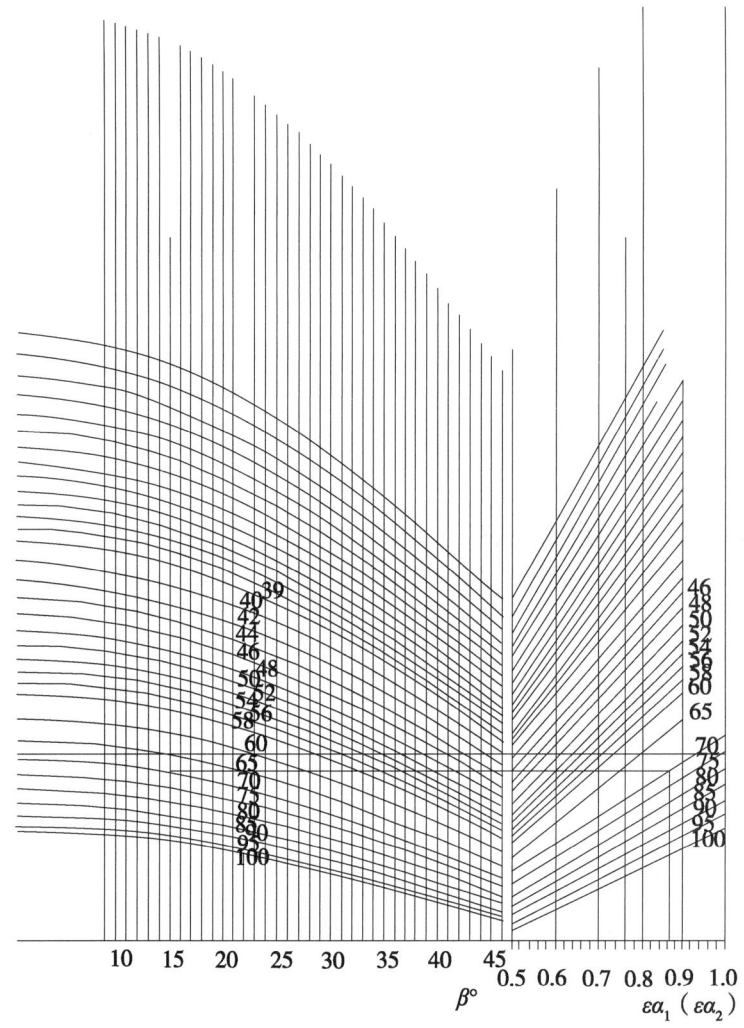

用法举例：已知 $z_1=22$，$z_2=70$，$\beta=14°$，求 ε_α 之值。

〔解〕：由图分别查得 $\varepsilon\alpha_1=0.765 \varepsilon\alpha_2=0.87$，得

$$\varepsilon_\alpha = \varepsilon\alpha_1 + \varepsilon\alpha_2 = 0.765 + 0.87 = 1.635$$

图 4-27　标准圆柱齿轮传动的端面重合度 ε_α

4.7.3　斜齿圆柱轮齿面接触疲劳强度计算

斜齿圆柱齿轮的齿面接触应力计算仍以式（4-17）为依据：

$$\sigma_H = \sqrt{\frac{F}{\pi L} \frac{\dfrac{1}{R_1} \dfrac{1}{R_2}}{\dfrac{1-\mu_1^2}{E_1} \dfrac{1-\mu_2^2}{E_2}}}$$

得：
$$\sigma_H = \sqrt{\frac{KF_t}{bd_1 \varepsilon_\alpha} \cdot \frac{u+1}{u}} \cdot Z_H \cdot Z_E \leqslant [\sigma]_H \quad \text{MPa} \qquad (4-18)$$

式中 Z_H 称为区域系数，见图 4-28。

同前理，由上式可得设计计算公式为：

$$d_1 \geq \sqrt[3]{\frac{2KT_1}{\varphi_d \varepsilon_\alpha} \cdot \frac{u+1}{u} \left(\frac{Z_H \cdot Z_E}{[\sigma]_H}\right)^2} \quad \text{mm} \qquad (4-19)$$

注：斜齿圆柱齿轮许用接触应力 $[\sigma]_H$ 取 $[\sigma]_{H1}$ 与 $[\sigma]_{H2}$ 的平均值，当 $[\sigma]_H >$ 1.23 $[\sigma]_{H2}$ 时，取 $[\sigma]_H = 1.23 [\sigma]_{H2}$

图 4-28 区域系数 Z_H （$\alpha_n = 20°$）

4.7.4 螺旋角 β 的选取

螺旋角 β 愈大，则传动愈平稳，承载能力也随之提高；但是轴向力也增大，影响轴承结构及尺寸。若 β 角太小，则将失去斜齿轮的优点。一般应使 β 角处于 8°~20° 范围内。

人字齿轮由于轴向力可抵消，β 角可取得大一些，一般为 25°~40°，有时可达 45°。

例题 4-2 将例题 4-1 的标准直齿圆柱齿轮传动改为标准斜齿圆柱齿轮传动。已知条件同例题 4-1。

解 一是选定齿轮精度等级、材料及齿数。

(1) 同例 4-1，初选 8 级精度。

(2) 同例 4-1，选取小齿轮材料为 45 钢（调质），$HBS_1 = 240$；大齿轮材料为 45 钢（常化），$HBS_2 = 200$。

(3) 同例 4-1，选取小齿轮齿数 $Z_1 = 24$，大齿轮齿数 $Z_2 = uZ_1 = 4.8 \times 24 = 115$。同例 4-1，因是齿面硬度小于 350HBS 的闭式齿轮传动，所以按齿面接触疲劳强度设计，然后校核齿根弯曲疲劳强度。

二是按齿面接触疲劳强度设计。

由式（4-19）得设计公式为：

$$d_{1t} \geq \sqrt[3]{\frac{2K_t T_1}{\varphi_d \varepsilon_\alpha} \cdot \frac{u+1}{u} \cdot \left(\frac{Z_H \cdot Z_E}{[\sigma]_H}\right)^2} \quad (\text{mm})$$

1. 确定公式内各参数数值

(1) 同例 4-1，试选 $K_t = 1.3$。

(2) 同例 4-1，$T_1 = 49\,800$（N·mm）。
(3) 同例 4-1，选 $\varphi_d = 0.8$。
(4) 初取 $\beta = 14°$。
(5) 由图 4-27 查得 $\varepsilon_{\alpha 1} = 0.77$，$\varepsilon_{\alpha 2} = 0.84$，则 $\varepsilon_\alpha = \varepsilon_{\alpha 1} + \varepsilon_{\alpha 2} = 0.77 + 0.84 = 1.61$。
(6) 由图 4-28 查得区域系数 $Z_H = 2.43$。
(7) 同例 4-1，$Z_E = 189.8\sqrt{\text{MPa}}$。
(8) 由例 4-1 知，$[\sigma]_{H1} = 590$（MPa），$[\sigma]_{H2} = 470$ MPa，所以斜齿轮的许用接触应力为。

$[\sigma]_H = ([\sigma]_{H1} + [\sigma]_{H2})/2 = (590 + 470)/2 = 530$（MPa）

2. 计算
(1) 试算 d_{1t}

$$d_{1t} \geq \sqrt[3]{\frac{2 \times 1.3 \times 49\,800}{0.8 \times 1.61} \cdot \frac{5.8}{4.8} \cdot \left(\frac{2.43 \times 189.8}{530}\right)^2}$$
$$= 45.14\ (\text{mm})$$

(2) 计算圆周速度：

$$V = \frac{\pi d_{1t} n_1}{60 \times 1\,000} = \frac{e \times 45.14 \times 960}{60 \times 1\,000} = 2.27\,(\text{m/s})$$

(3) 计算载荷系数：由表 4-2 查得 $K_A = 1$，按 $\dfrac{Z_1 V}{100} = \dfrac{24 \times 2.27}{100} = 0.545$ 由图 4-10b 查得 $K_V = 1.036$；$\varepsilon_\beta = 0.318$，由图 4-14 得 $K_\alpha = K_{H\alpha} = 1.064$；由图 4-12 得 $K_{H\beta} = 1.12$；由式（4-12）得：

$$K = K_A \cdot K_V \cdot K_\alpha \cdot K_\beta = 1 \times 1.036 \times 1.064 \times 1.12 = 1.235$$

(4) 校正所得的分度圆直径：

$$d_1 = d_{1t} \sqrt[3]{\frac{K}{K_t}} = 45.14 \sqrt[3]{\frac{1.235}{1.3}} = 44.37\ (\text{mm})$$

(5) 计算模数：

$$m_n = \frac{d_1 \cos\beta}{Z_1} = \frac{44.37 \times \cos 14°}{24} = 1.794\,(\text{mm})$$

取模数为标准值 $m_n = 2$（mm）
(6) 计算中心距：

$$a = \frac{m_n(Z_1 + Z_2)}{2\cos\beta} = \frac{2(24 + 115)}{2\cos 14°} = 143.25\,(\text{mm})$$

因所取标准模数已大于按强度计算的模数值，故可向下圆整取 $a = 143$ mm。
(7) 按圆整后的中心距修正螺旋角：

$$\beta = \arccos\frac{(Z_1 + Z_2)m_n}{2a} = \arccos\frac{(24 + 115) \times 2}{2 \times 143} = 13°35'1''$$

因 β 值改变不多，故参数 ε_α、K_α、Z_H 不必修正。
(8) 计算大、小齿轮的分度圆直径：

$$d_1 = \frac{m_n Z_1}{\cos\beta} = \frac{2 \times 24}{\cos 14°} = 49.381\,(\text{mm})$$

$$d_2 = \frac{m_n Z_2}{\cos\beta} = \frac{2 \times 115}{\cos 14°} = 236.619 \text{(mm)}$$

(9) 计算齿轮宽度：

$$b = \varphi_d \cdot d_1 = 0.8 \times 49.381 = 39.5 \text{ (mm)}$$

圆整取 $B_2 = 40$ mm，$B_1 = 45$ mm。

三是按齿根弯曲疲劳强度校核。

由式（4-16）得：

$$\sigma_F = \frac{K F_t Y_{Fa} Y_{sa} Y_\beta}{b m_n \varepsilon_\alpha} \leq [\sigma]_F$$

1. 确定公式内各参数数值

(1) 计算载荷系数：由图4-12查得 $K_{F\beta} = 1.25$；由式（4-3）计算：

$$K_{F\alpha} = 1 + \frac{(n-5)(\varepsilon_\alpha - 1)}{4} = 1 + \frac{(8-5)(1.61-1)}{4} = 1.458$$

$$K = K_A \cdot K_V \cdot K_{F\alpha} \cdot K_{F\beta} = 1 \times 1.036 \times 1.458 \times 1.25 = 1.89$$

(2) 计算圆周力：

$$F_t = \frac{2 T_1}{d_1} = \frac{2 \times 49\,800}{49.381} \approx 2\,017 \text{ N}$$

(3) 计算当量齿数：

$$Z_{v1} = \frac{Z_1}{\cos^3\beta} = \frac{24}{\cos^3 14°} = 26.27$$

$$Z_{v2} = \frac{Z_2}{\cos^3\beta} = \frac{115}{\cos^3\beta} = 125.89$$

(4) 查取齿形系数：由表4-3查得 $Y_{Fa1} = 2.60$；$Y_{Fa2} = 2.16$。
(5) 查取应力校正系数：由表4-3查得 $Y_{sa1} = 1.595$，$Y_{sa1} = 1.81$。
(6) 计算纵向重合度系数 ε_β，查取螺旋角影响系数 Y_β：

$$\varepsilon_\beta = 0.318 \varphi_d Z_1 tg\beta = 0.318 \times 0.8 \times 24 \times tg 14° = 1.522$$

查图4-26得 $Y_\beta = 0.88$。

(7) 同例4-1，$[\sigma]_{F1} = 321.43$ MPa，$[\sigma]_{F2} = 278.57$ MPa

2. 校核计算

$$[\sigma]_{F1} = \frac{1.89 \times 2\,017 \times 2.60 \times 1.595 \times 0.88}{40 \times 2 \times 1.61} = 108.01 \text{ MPa} \leq [\sigma]_{F1}$$

$$[\sigma]_{F2} = [\sigma]_{F1} \frac{Y_{Fa2} Y_{sa2}}{Y_{Fa1} Y_{sa1}} = 108.01 \frac{2.16 \times 1.81}{2.60 \times 1.595} = 101.83 \text{ MPa} \leq [\sigma]_{F2}。$$

四是结构设计（略）。

4.8 标准圆锥齿轮传动的强度计算

由于工作要求的不同，圆锥齿轮传动可设计成不同的形式。本节着重讨论最常用的轴交角 $\Sigma = 90°$ 的标准直齿圆锥齿轮传动的强度计算。

4.8.1 设计参数计算

由第七章知，圆锥齿轮的两个端面大小是不相等的，一端大，一端小，相应地称为大端和小端。圆锥齿轮的各个线性尺寸（分度圆直径、齿顶圆直径、齿厚、齿高、模数等）在大端较大、小端较小。为了计算和测量的方便，通常以大端的参数来称呼，即以大端的分度圆直径（齿顶圆直径等）为圆锥齿轮的分度圆直径（齿顶圆直径等），以大端的模数为标准模数。

圆锥齿轮各剖面齿廓的大小与其到锥顶的距离成正比，大端轮齿刚度大，小端轮齿刚度小，所以圆锥齿轮载荷沿齿宽分布是不均匀的，为了全面地反映齿宽上各处的情况，在作力分析和强度计算时，既不能按大端来计算，也不能按小端计算，而应按齿宽中央的尺寸来计算。设以 d_m 表示齿宽中央的分度圆直径，则它与大端分度圆直径 d_1 的关系由图 4-29 得公式：

$$\frac{d_{m1}}{d_1} = \frac{R - \frac{B}{2}}{R} = 1 - \frac{B}{2R}$$

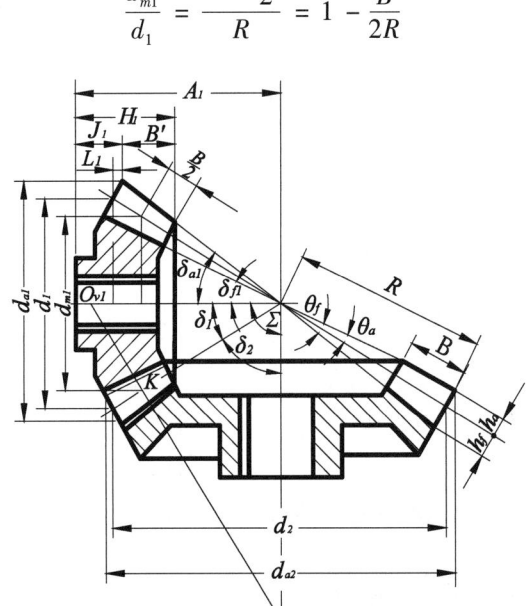

图 4-29 直齿圆锥齿轮传动的几何参数

令 $\varphi_R = \frac{B}{R}$，称为圆锥齿轮传动的齿宽系数，通常取 $\varphi_R = 0.25 \sim 0.35$，最常用的值为 $\varphi_R = \frac{1}{3}$。于是，

$$d_{m1} = d_1(1 - 0.5\varphi_R) \qquad (4-20a)$$

由上式可得平均模数与大端模数的关系为：

$$m_m = m(1 - 0.5\varphi_R) \qquad (4-20b)$$

由图 4-32 得：

$$R = \sqrt{\left(\frac{d_1}{2}\right)^2 + \left(\frac{d_2}{2}\right)^2} = d_1 \frac{\sqrt{(d_2/d_1)^2 + 1}}{2} = \frac{d_1}{2}\sqrt{u^2 + 1} \qquad (4-20c)$$

$$u = \frac{Z_2}{Z_1} = \frac{d_2}{d_1} = \mathrm{ctg}\delta_1 = \mathrm{tg}\delta_2$$

我们知道，与分度圆锥成正交的圆锥叫背锥，背锥上的齿形非常接近于圆锥齿轮的真实齿形，我们把齿宽中点的背锥母线剪开、摊平，得到一个扇形齿轮，补充为完整的圆柱齿轮，即为齿宽中央的当量齿轮。也就是说，齿宽中央的当量齿轮是以齿宽中点的背锥锥距为分度圆半径，以平均模数 m_m 为模数，以标准压力角 α 为压力角（圆锥齿轮沿全齿宽的压力角均为标准压力角 $\alpha = 20°$）的一个标准直齿圆柱齿轮。由图4-32可知，齿宽中点的当量直齿圆柱齿轮的分度圆半径 $r_{v1} = O_{v1}K$，$r_{v2} = O_{v2}K$，它们与平均分度圆直径 d_{m1}、d_{m2} 的关系分别为：

$$\left.\begin{array}{l} r_{v1} = \dfrac{d_{m1}}{2\cos\delta_1} \\ \\ r_{v2} = \dfrac{d_{m2}}{2\cos\delta_2} \end{array}\right\} \qquad (4-20d)$$

则当量齿数 Z_{v1}、Z_{v2} 分别为：

$$\left.\begin{array}{l} Z_{v1} = \dfrac{d_{v1}}{m_m} = \dfrac{2r_{v1}}{m_m} = \dfrac{d_{m1}}{\cos\delta_1 \cdot m_m} = \dfrac{Z_1}{\cos\delta_1} \\ \\ Z_{v2} = \dfrac{d_{v2}}{m_m} = \dfrac{2r_{v2}}{m_m} = \dfrac{d_{m2}}{\cos\delta_2 \cdot m_m} = \dfrac{Z_2}{\cos\delta_2} \end{array}\right\} \qquad (4-20e)$$

标准圆锥齿轮不发生根切的最少齿数为

$$Z_1 = Z_{v1}\cos\delta_1 = Z_{v\min}\cos\delta_1 = 17\cos\delta_1$$

$$u_v = \frac{Z_{v2}}{Z_{v1}} = \frac{Z_2}{Z_1} \cdot \frac{\cos\delta_1}{\cos\delta_2} = u \cdot \frac{\frac{d_2}{2}}{\frac{d_1}{2}} = u^2 \qquad (4-20f)$$

4.8.2 轮齿的受力分析

圆锥直齿轮的受力分析方法同圆柱直齿轮一样，略去齿面间的摩擦力，只考虑正压力；并且将沿齿宽的分布力看作是一个集中力 F_n 作用在平均分度圆上，即在齿宽中央的法向剖面 N—N（$Pabc$ 平面内）内（图4-30）。我们知道齿面间的正压力 F_n 沿着公法线方向作用在齿廓上，而公法线又在法面内，所以为了找出正压力 F_n 的方向，我们在齿宽中点作轮齿的法向截面 N—N〔图4-30（b）〕，在法面过 P 点作齿廓曲线的正交线，即为 F_n 的方向。在法面内 F_n 可分解为切于分度圆锥面的周向分力（圆周力）F_t 及垂直于分度圆锥母线的分力 F'，再将力 F' 分解为径向分力 F_{r1} 及轴向分力 F_{a1}。各力的大小分别为：

$$\left.\begin{array}{l} F_{t1} = \dfrac{2T_1}{d_{m1}} \\ F' = F_t \mathrm{tg}\alpha \\ F_n = F_t/\cos\alpha \\ F_{r1} = F'\cos\delta_1 = F_t \mathrm{tg}\alpha\cos\delta_1 \\ F_{a1} = F'\sin\delta_1 = F_t \mathrm{tg}\alpha\sin\delta_1 \end{array}\right\} \quad (4-23)$$

各力的方向（图 4-30）如下：

圆周力 F_t：主动轮和转向相反，从动轮和转向相同；

径向力 F_r：指向本身轴线；

轴向力 F_a：指向大端。

对于标准圆锥齿轮传动，因两齿轮的轴线互相垂直，1 轮的径向就是 2 轮的轴向，1 轮的轴向就是 2 轮的径向，所以存在有 3 对等值反向的力，即

$$F_{t1} = -F_{t2} \, \text{、} \quad F_{r1} = -F_{a2} \, \text{、} \quad F_{a1} = -F_{r2} \, \text{。}$$

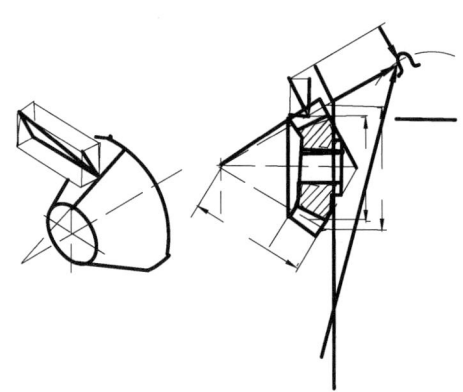

图 4-30 直齿圆锥齿轮的轮齿受力分析

4.8.3 齿根弯曲疲劳强度计算

由前面讨论可知，圆锥齿轮传动的受力情况与平均齿形参数和齿宽中点处分度圆锥法向剖面内的当量齿轮（称为平均当量齿轮）完全相同。通常借助于平均当量齿轮来计算圆锥齿轮的强度。具体来说，根据圆柱齿轮强度计算公式写出平均当量齿轮的强度计算公式（即将圆柱齿轮传动的强度计算公式中的参数均换成平均当量齿轮的相应参数），然后按平均当量齿轮与圆锥齿轮之间的几何关系将平均当量齿轮强度计算公式中的各参数替换为圆锥齿轮的大端参数，就可得出圆锥齿轮传动的强度计算公式。

由式（4-4）得平均当量齿轮的齿根弯曲疲劳强度校核公式为：

$$\sigma_F = \dfrac{KF_t Y_{Fa} Y_{sa}}{b m_m} \leqslant [\sigma]_F \ \mathrm{MPa}$$

式中 Y_{Fa}、Y_{sa} 分别为齿形系数及应力校正系数，按当量齿数 Z_V 查表 4-3。

引入式（b）得圆锥齿轮的齿根弯曲疲劳强度校核公式为：

$$\sigma_F = \dfrac{KF_t Y_{Fa} Y_{sa}}{b m (1 - 0.5\varphi_R)} \leqslant [\sigma] \ \mathrm{MPa} \quad (4-22)$$

引入式（c）得：

$$b = R\varphi_R = d_1 \cdot \varphi_R \frac{\sqrt{u^2+1}}{2} = mZ_1\varphi_R \frac{\sqrt{u^2+1}}{2}$$

并将 $F_t = \frac{2T_1}{d_{m1}} = \frac{2T_1}{m_m Z_1} = \frac{2T_1}{m(1-0.5\varphi R)Z_1}$

代入式（4-24），可得设计公式为：

$$m \geqslant \sqrt[3]{\frac{4KT_1}{\varphi R(1-0.5\varphi R)^2 Z_1^2 \sqrt{u^2+1}} \left(\frac{Y_{Fa}Y_{sa}}{[\sigma]_F}\right)} \quad \text{mm} \qquad (4-23)$$

4.8.4 齿面接触疲劳强度计算

圆锥齿轮齿面接触疲劳强度也可仿照齿根弯曲疲劳强度那样，利用平均当量齿轮来导出校核公式与设计公式，这里不再进行推导。

齿面接触疲劳强度的校核公式为：

$$\sigma_H = 5Z_E \sqrt{\frac{KT_1}{\varphi R(1-0.5\varphi R)^2 d_1^3 u}} \leqslant [\sigma]_H \quad \text{MPa} \qquad (4-24.1)$$

齿面接触疲劳强度的设计公式为：

$$d_1 \geqslant 2.92 \sqrt[3]{\left(\frac{Z_E}{[\sigma]_H}\right)^2 \frac{KT_1}{\varphi R(1-0.5\varphi R)^2 u}} \quad \text{mm} \qquad (4-24.2)$$

例题4-3 如图4-31所示，试设计此带式运输机减速器的圆锥齿轮传动。已知条件同例题4-1。

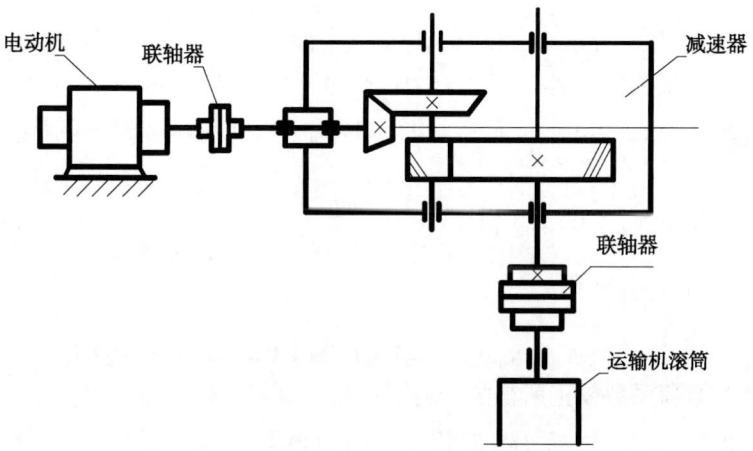

图4-31 带式运输机减速的圆锥齿轮传动

解 一是选定精度等级、材料及齿数。

(1) 同例4-1，选用8级精度。

(2) 同例4-1，选取小齿轮材料为45钢（调质），$HBS_1=240$；大齿轮材料45钢（常化），$HBS_2=200$。

(3) 同例4-1，选取小齿轮齿数 $Z_1=24$；大齿轮齿数 $Z_2=uZ_1=4.8\times24=115$。

同例 4-1，因系齿面硬度小于 350HBS 的闭式齿轮传动，所以按齿面接触疲劳强度设计，然后校核齿根弯曲疲劳强度。

二是按齿面接触疲劳强度设计。

由式（4-26）得设计公式为：

$$d_t \geqslant 2.92 \sqrt[3]{\left(\frac{Z_E}{[\sigma]_H}\right)^2 \frac{KT_1}{\varphi_R(1-0.5\varphi_R)^2 u}} \text{ mm}$$

1. 确定公式内各计算数值

(1) 同例 4-1，试选 $K_t = 1.3$

(2) 由例 4-1 得 $T_1 = 49\,800$ N·mm

(3) 由例 4-1 得 $Z_E = 189.8 \sqrt{\text{MPa}}$

(4) 选取齿宽系数 $\varphi_R = \frac{1}{3}$

(5) 由例 4-1 得：$[\sigma]_{H1} = 590$ MPa，$[\sigma]_{H2} = 470$ MPa

2. 计算

(1) 试算 d_{1t}：

$$d_{1t} \geqslant 2.92 \sqrt[3]{\left(\frac{189.8}{470}\right)^2 \times \frac{1.3 \times 49\,800}{\frac{1}{3} \times \left(1-0.5 \times \frac{1}{3}\right)^2 \times 4.8}} = 61.85 \text{ mm}$$

$$d_{m1t} = d_{1t}(1-0.5\varphi_R) = 61.85 \times \left(1-0.5 \times \frac{1}{3}\right) = 51.54 \text{ mm}$$

(2) 计算平均圆周速度 V_m：

$$V_m = \frac{\pi d_{m1} n_1}{60 \times 1\,000} = \frac{\pi \times 51.54 \times 960}{60 \times 1\,000} = 2.59 \text{ m/s}$$

(3) 计算载荷系数：根据 $V_m \cdot Z_1/100 = 2.59 \times 24/100 = 0.62$ m/s 并按比 8 级精度低一级的 9 级精度由图 4-10b 查得 $K_V = 1.09$，取 $K_\alpha = 1$，同时由表 4-2 查得 $K_A = 1$，由图 4-13 查 $K_{H\beta} = 1.23$，$K_{F\beta} = 1.45$（根据 $\frac{u \cdot \varphi_R}{2(1-0.5\varphi_R)} = \frac{4.8 \times \frac{1}{3}}{2\left(1-0.5 \times \frac{1}{3}\right)} = 1.042$），故载荷系数：

$$K = K_A \cdot K_V \cdot K_\alpha \cdot K_{H\beta} = 1 \times 1.09 \times 1 \times 1.23 = 1.340\,7$$

(4) 按实际载荷系数校正所得的分度圆直径。由式（4-11a）得：

$$d_1 = d_{1t} \sqrt[3]{\frac{K}{K_t}} = 61.85 \sqrt[3]{\frac{1.340\,7}{1.3}} = 62.49 \text{ mm}$$

(5) 计算模数：

$$m = \frac{d_1}{Z_1} = \frac{62.49}{24} = 2.6 \text{ mm}$$

取模数为标准值 $m = 2.75$ mm。

(6) 计算分度圆直径：

$$d_1 = mZ_1 = 2.75 \times 24 = 66 \text{ mm}$$

$$d_2 = mZ_2 = 2.75 \times 115 = 316.25 \text{ mm}$$

(7) 计算锥距：

$$R = \frac{d_1}{2}\sqrt{u^2 + 1} = \frac{66}{2}\sqrt{4.8^2 + 1} = 161.801 \text{ mm}$$

(8) 计算齿宽：

$$b = \varphi_R \cdot R = \frac{1}{3} \times 161.801 = 53.934 \text{ mm}$$

取 $b_1 = b_2 = 55$ mm。

(9) 计算分度圆锥角 δ_1、δ_2：

由 $u = \mathrm{tg}\delta_2$ 得：

$$\delta_2 = \mathrm{tg}^{-1}u = \mathrm{tg}^{-1}4.8 = 78°13'55''$$
$$\delta_1 = 90° - \delta_2 = 90° - 78°13'55'' = 11°46'5''$$

三是校核齿根弯曲疲劳强度。

由式（4-24）得：

$$\sigma_F = \frac{KF_t Y_{Fa} Y_{sa}}{bm(1 - 0.5\varphi R)} \leq [\sigma]_F$$

1. 确定公式内各参数

(1) 计算圆周力：

$$F_t = \frac{2T_1}{d_{m1}} = \frac{2 \times 49\,800}{51.54} = 1\,810.91 \text{ N}$$

(2) 计算当量齿数 Z_{v1}、Z_{v2}：

$$Z_{v1} = \frac{Z_1}{\cos\delta_1} = \frac{24}{\cos 11°46'5''} = 24.52$$

$$Z_{v2} = \frac{Z_{v2}}{\cos\delta_2} = \frac{115}{\cos 78°13'55''} = 563.87$$

(3) 查取齿形系数及应力校正系数：按当量齿数 Z_{v1}、Z_{v2} 由表 4-3 查得：

$$Y_{Fa1} = 2.635 \quad Y_{sa1} = 1.585$$
$$Y_{Fa2} = 2.06 \quad Y_{sa2} = 1.97$$

(4) 计算弯曲疲劳许用应力：

由例 16-1 得 $[\sigma]_{F1} = 321.43$ MPa $\quad [\sigma]_{F2} = 278.57$ MPa

(5) 计算载荷系数 $k = k_A \cdot K_v \cdot K_\alpha \cdot k_\beta = 1 \times 1.09 \times 1 \times 1.45 = 1.58$

2. 校核计算

$$\sigma_{F1} = \frac{1.58 \times 1\,810.91 \times 2.635 \times 1.585}{55 \times 2.75 \times \left(1 - 0.5 \times \frac{1}{3}\right)} = 94.85 \text{ MPa} < [\sigma]_{F1}$$

$$\sigma_{F2} = \sigma_{F1} \frac{Y_{Fa2} Y_{sa2}}{Y_{Fa1} Y_{sa1}} = 94.85 \times \frac{2.06 \times 1.97}{2.635 \times 1.585} = 92.164 \text{ MPa} < [\sigma]_{F2}$$

四是结构设计。

内容从略。

4.9 齿轮的结构设计

通过齿轮传动的强度计算，只能确定出齿轮的主要尺寸，如齿数、模数、齿宽、螺旋角、分度圆直径等，而齿圈、轮辐、轮毂等的结构形式和尺寸大小，通常都是由结构设计而定。

齿轮的结构形式根据齿轮的直径确定，结构尺寸根据荐用的经验公式或数据来确定。

4.9.1 齿轮轴

直径较小的钢制齿轮（图 4-32），当为圆柱齿轮时，若齿根圆到键槽底部的距离 $e < 2m_t$（m_t 为端面模数）；当为圆锥齿轮，按齿轮小端尺寸计算而得的 $e < 1.6 \text{ m}$ 时，均应将齿轮和轴做成一体，叫做齿轮轴（图 4-33）。

4.9.2 实体齿轮

当 e 超过上述尺寸，从便于制造和节约贵重材料等方面考虑，应把齿轮和轴分开制造。

当齿顶圆直径 $d_a \leq 160 \text{ mm}$ 时，通常采用锻造的方法，制成实体齿轮（图 4-32 及图 4-34）。

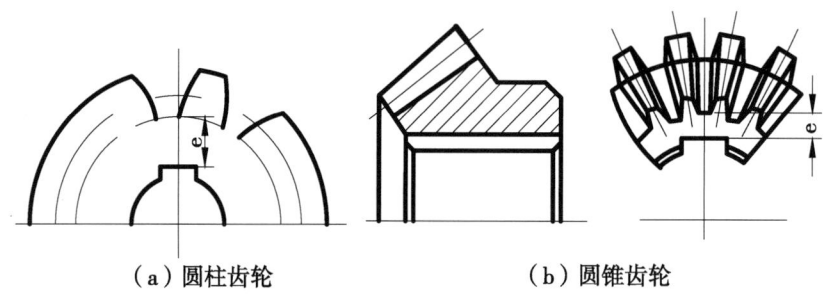

（a）圆柱齿轮　　　（b）圆锥齿轮

图 4-32　齿轮结构尺寸 e

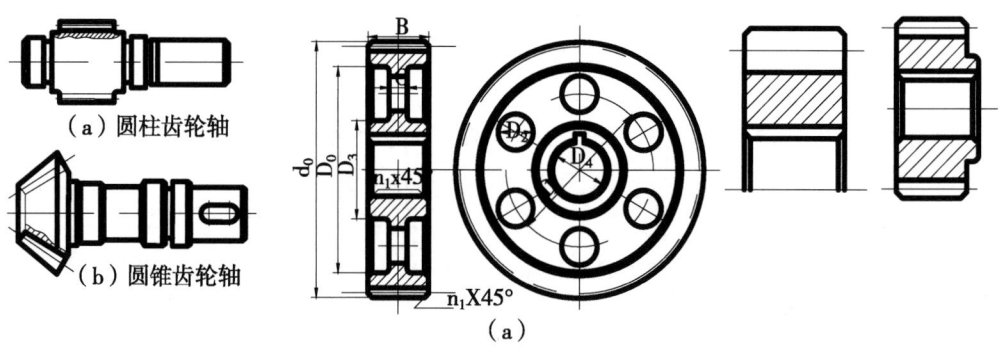

（a）圆柱齿轮轴

（b）圆锥齿轮轴

图 4-33　齿轮轴

图 4-34　实心结构的齿轮

4.9.3 腹板式齿轮

当 160 mm $\leq d_a \leq$ 500 mm 时,通常采用锻造或铸造的腹板式齿轮(图 4 – 35)。

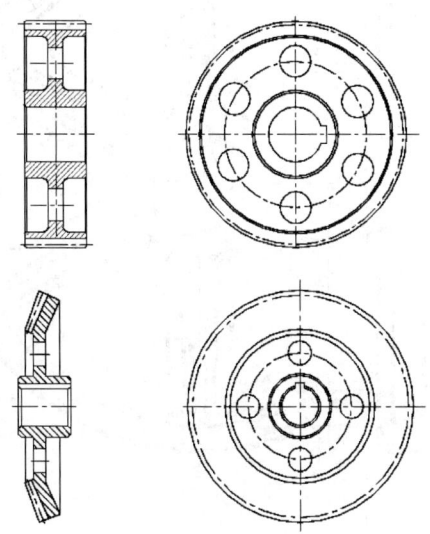

$d_a < 500$ mm;$D_1 \approx (D_0 + D_3)/2$;$D_2 \approx (0.25 \sim 0.35)(D_0 - D_3)$;
$D_3 \approx 1.6 D_4$(钢材);$D_3 \approx 1.7 D_4$(铸铁);$n_1 \approx 0.5 m_n$;$r \approx 5$ mm;
柱齿轮:$D_0 \approx d_a - (10 \sim 14) m_n$;$C \approx (0.2 \sim 0.3) B$;
圆锥齿轮:$l \approx (1 \sim 1.2) D_4$;$C \approx (3 \sim 4)$ m;尺寸 J 由结构设计而定;$\Delta_1 = (0.1 \sim 0.2) B$
常用齿轮的 C 值不应小于 10 mm,航空用齿轮可取 $C \approx 3 \sim 6$ mm

图 4 – 35 腹板式结构的齿轮($d_a < 500$ mm)

4.9.4 轮辐式齿轮

当齿顶圆直径 $400 < d_a < 1\,000$ mm 时,可做成轮辐剖面为"十"字形的轮辐式齿轮(图 4 – 36)。

4.9.5 组装齿圈齿轮

为了节约贵重金属,对于尺寸较大的圆柱齿轮,可以做成组装齿圈式齿轮(图 4 – 37)。齿圈用钢制,而轮芯用铸铁或铸钢。

4.10 齿轮传动的润滑

齿轮传动在工作时,由于啮合齿面间有相对滑动存在,故必将产生摩擦磨损。良好的润滑可以减少磨损和发热,同时还能防锈、防蚀、减小噪声,从而可以大大改善传动的工作状况。

4.10.1 润滑方式

开式及半开式齿轮传动,通常采用人工的周期性加油润滑,所用的润滑剂为润滑油或

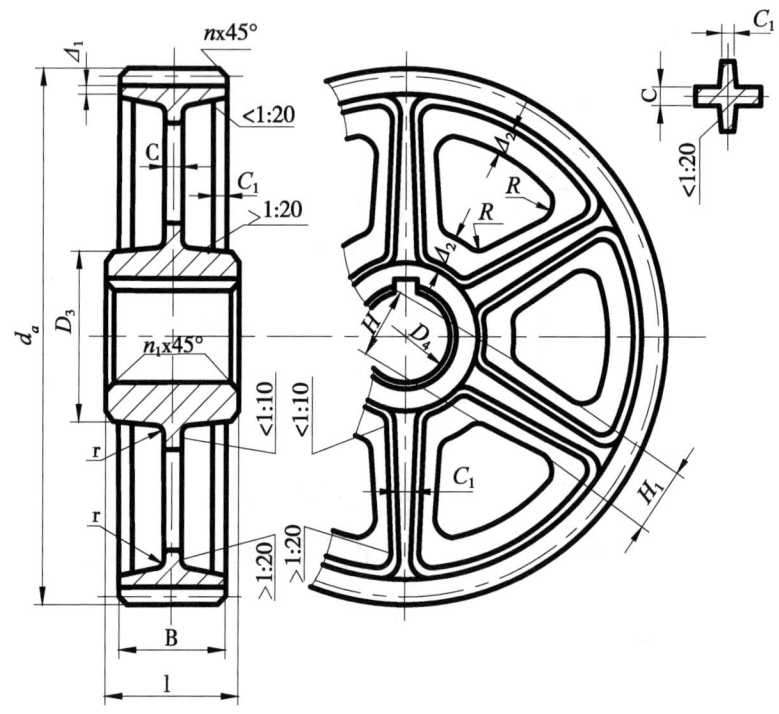

$d_a < 1\ 000$ mm;$B < 240$ mm;$D_3 \approx 1.6 D_4$(铸钢);$D_3 \approx 1.7 D_4$(铸铁);
$\Delta_1 \approx (3 \sim 4)\ m_n$,但不应小于 8 mm;$\Delta_2 \approx (1 \sim 1.2)\ \Delta_1$;$H \approx 0.8 D_4$(铸钢);
$H \approx 0.9 D_4$(铸铁);$H_1 \approx 0.8 H$;$C \approx H/5$;$C_1 \approx H/6$;$R \approx 0.5 H$;
$1.5 D_4 > l \geqslant B$;轮辐数常取为 6

图 4-36 轮辐式结构的齿轮

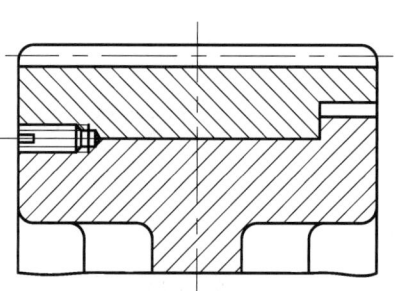

图 4-37 组装齿圈的结构

润滑脂。

闭式齿轮传动,其润滑方式视齿轮圆周速度大小而定。当齿轮的圆周速度 $V < 12$ m/s 时,常将大齿轮的轮齿浸入油池中进行浸油润滑(图 4-38)。借助齿轮本身将油从油池带入啮合齿面。轮齿浸入油中的深度,对于圆柱齿轮通常不宜超过一个齿高,但一般不应小于 10 mm,对圆锥齿轮应浸入全齿宽,至少应浸入齿宽的一半。在多级齿轮传动中,可借带油轮将油带到未浸入油池内的齿轮(图 4-39)。

当齿轮的圆周速度 $V > 12$ m/s 时,应采用喷油润滑(图 4-40)。润滑油通过油泵以

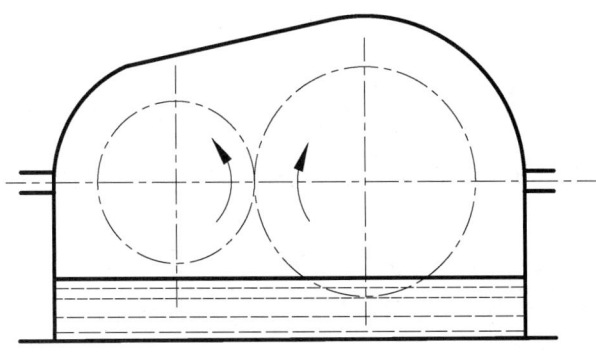

图 4-38 浸油润滑

一定的压力供给,并借喷嘴将油喷到啮合面上。当 $V \leq 25$ m/s 时,喷嘴位于轮齿啮入边或啮出边均可;当 $V > 25$ m/s 时,喷嘴应位于轮齿啮出的一边,以便除对齿轮进行润滑外,还可对刚脱啮的轮齿及时冷却。

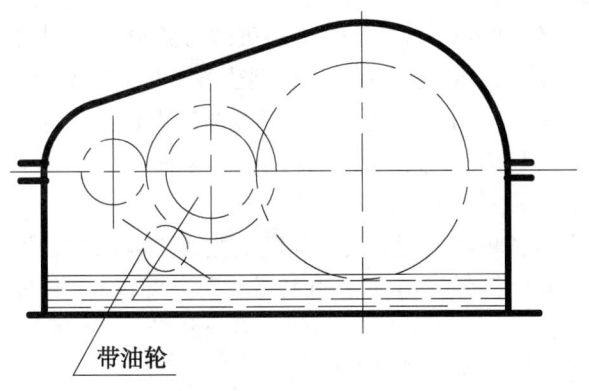

图 4-39 用带油轮带油

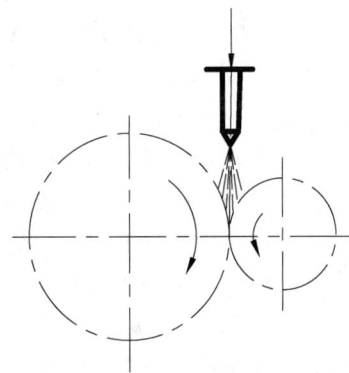

图 4-40 喷油润滑

4.10.2 润滑剂的选择

润滑油的黏度根据齿轮的圆周速度、材料及其机械性能按表 4-8 来选择。根据选定的黏度就可由机械设计手册里查出适用的润滑油牌号。

表 4-8 齿轮传动润滑油黏度荐用值

齿轮材料	强度极限 σ_B (MPa)	圆周速度 (m/s)						
		<0.5	0.5~1	1~2.5	2.5~5	5~12.5	12.5~25	>25
塑料、铸铁、青铜	—	24 (3)	16 (2)	11	8	6	4.5	—
钢	470~1 000	36 (4.5)	24 (3)	16 (2)	11	8	6	4.5
	1 000~1 250	36 (4.5)	36 (4.5)	24 (3)	16 (2)	11	8	6
渗碳或表面淬火的钢	1 250~1 580	60 (7)	36 (4.5)	36 (4.5)	24 (3)	16 (2)	11	8

注:①多级齿轮传动,采用各级传动圆周速度的平均值来选取润滑油黏度;
②对于 $\sigma_B > 800$ MPa 的镍铬钢制齿轮(不渗碳)的润滑油黏度应取高一档的数值。

小结

1. 本章主要内容、重点及学习要求

本章主要内容为渐开线圆柱直齿、斜齿圆柱齿轮以及圆锥齿轮传动的基本设计原理及强度计算方法。

本章重点为标准直齿圆柱齿轮传动的基本设计原理及强度计算方法。

本章的学习要求是：掌握不同条件下齿轮传动的失效形式、设计准则、基本设计原理、设计程序及强度计算方法。

2. 本章难点、特点及学习注意事项

本章的难点是如何针对不同条件恰当地确定设计准则和选用相应的设计公式及参数。

本章的特点是：内容较多，涉及的知识较广，设计程序较繁，所用的参数、系数、公式、图表等也较多，内容繁杂。

鉴于本章特点，学习时需注意以下几点：

第一，本章仍是沿着：工作情况分析（运动分析、力分析）→失效形式分析→设计准则→（由基本设计原理导出）设计计算公式→参数选择→设计举例这条主线来讨论的。

第二，掌握设计准则是正确进行设计的关键。开式传动：只按弯曲强度设计，考虑到磨损，将求得的模数 m（轮齿高度、厚度等尺寸）放大。闭式传动：软齿面—按接触强度设计，弯曲强度校核；硬齿面—按弯曲强度设计，接触强度校核。

第三，由式（4-4）、式（4-9）看出，影响齿根弯曲疲劳强度的主要影响因素是齿宽 b、模数 m 和许用弯曲应力 $[\sigma]_F$；影响齿面接触疲劳强度的主要因素是齿宽 b、分度圆直径 d 和许用接触应力 $[\sigma]_H$，因此在设计中，选定齿宽（系数）及材料后，按弯曲强度设计是求模数（轮齿尺寸），按接触强度设计是求分度圆直径 d。

第四，尽管齿轮有圆柱直齿轮、斜齿轮以及圆锥齿轮等类型，齿面有软齿面，硬齿面，防护形式有开式、闭式，设计计算比较繁杂，但只要抓住按设计准则选公式这个主要矛盾，按选材料、精度及参数（齿数 Z、螺旋角 β 等）→定公式求模数（或分度圆直径）→算尺寸→校强度→结构设计这条主线进行就可做到杂而不乱。无论是设计还是校核，其方法步骤均为：写公式（由设计准则）→找（查或求）参数→算结果。至于公式内的各参数的查找顺序无所谓，不必强求和设计举例一致。

思考题

（1）常见的齿轮失效有哪些形式？失效的原因是什么？可采取哪些措施来减缓失效的发生？

（2）有哪些因素影响齿轮实际承受载荷的大小？它们是怎样影响的？又如何减少它们的影响？

（3）设计齿轮传动时，应采用哪些措施来改善载荷沿齿向分布不均匀的状况？

（4）K_β 和 K_α 两系数在本质上有何不同？

（5）齿轮强度设计准则是根据什么确定的？有哪些准则？为什么？

（6）如何具体分析确定计算齿根弯曲疲劳强度及齿面接触疲劳强度时的啮合位置，一般计算是如何处置的？

（7）为什么把 Y_{Fa} 叫做齿形系数？有哪些参数影响它的数值？为什么？

（8）提高齿的抗弯断能力和齿面抗点蚀能力有哪些可能的措施？

（9）试分析图 4–41 中惰轮的轮齿弯曲应力变化状态？如将其中惰轮改为主动，轮 1、轮 3 为从动，这时轮 2 的应力变化状态与应力循环次数有何变化？

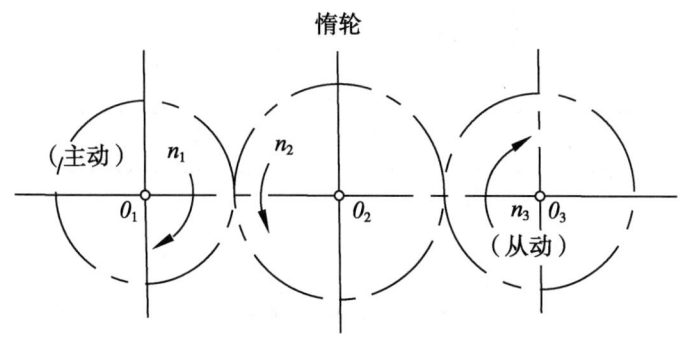

图 4–41　具有惰轮的齿轮转动

（10）有一对齿轮传动，$m = 6$ mm、$Z_1 = 20$，$Z_2 = 80$，$b = 40$ mm。为了缩小中心距，要改用 $m = 4$ mm 的一对齿轮来代替它。设载荷系数 K，齿数 Z_1、Z_2 及材料均不变。问：为了保持原有的接触强度，应取多大的齿宽 b？

（11）图 4–42 中的双级圆柱齿轮减速器具有两对斜齿轮，已知中间轴上齿轮 2 的轮齿旋向为左旋（图 4–42）。试确定其他各轮轮齿旋向，使作用于中间轴上的轴向力最小。

（12）图 4–43 中所示为圆锥——圆柱斜齿轮传动，斜齿轮的轮齿旋向如何设计才有利于轴及轴承？

（13）如何确定斜齿轮传动的许用接触应力？其道理何在？

（14）与直齿轮传动相比，为什么斜齿轮传动的强度高？

（15）斜齿轮的强度计算与直齿轮相比有何不同之处？

（16）直齿圆锥齿轮与直齿圆柱齿轮的强度计算有何异同？

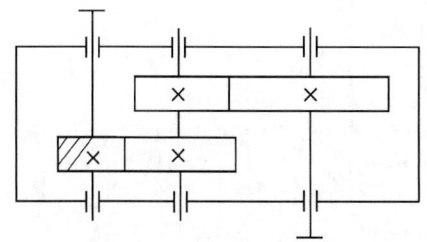

图 4–42　二级圆柱齿轮减速器图

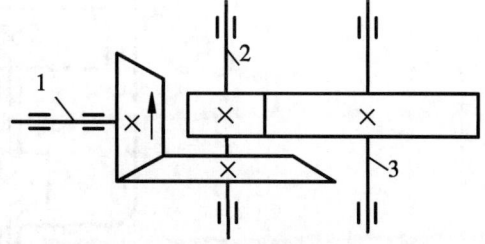

图 4–43　圆锥——圆柱斜齿轮传动

习题

（4-1）试分析题4-1图所示的齿轮传动各齿轮所受的力（用受力图表示出各力的作用位置及方向）。

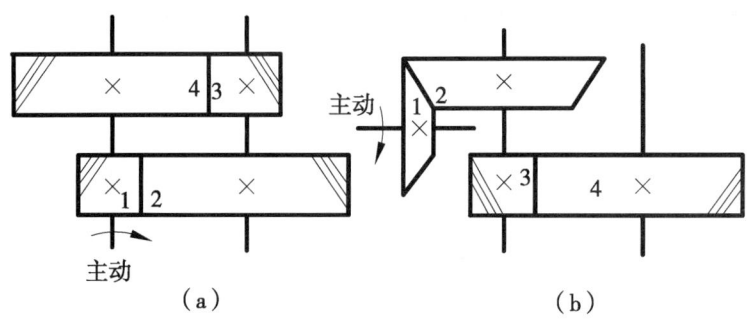

题4-1 齿轮传动力分析

（4-2）设计一用电动机驱动的筛砂机的开式圆柱齿轮传动。筛筒装于大齿轮轴上，小齿轮为悬臂布置（如题4-12中的2所示），已知驱动筛筒所需的转距为9 400 N·m，筛筒的转速为16.4 r/min，齿数比 $u=2.53$，一班制工作，寿命为8年（每年300工作日）。

（4-3）设计铣床的圆柱齿轮传动，已确定 $P_1=7.5$ kW，$n_1=1\,450$ r/min，$Z_1=26$，$Z_2=54$，寿命 $L_h=12\,000$ h，小齿轮为不对称布置（如题4-1中的3所示）。

（4-4）某齿轮减速器的斜齿圆柱齿轮传动，已知 $n_1=750$ r/min，两轮的齿数 $Z_1=24$，$Z_2=108$，$\beta=9°22'$，$m_n=6$ mm，$b=160$ mm，8级精度，小齿轮材料为38SiMnMo（调质），大齿轮材料为45号钢（调质），寿命20年（每年300工作日），每日两班制，小齿轮为对称布置（如图4-12中的6所示），试计算该齿轮传动所能传递的功率。

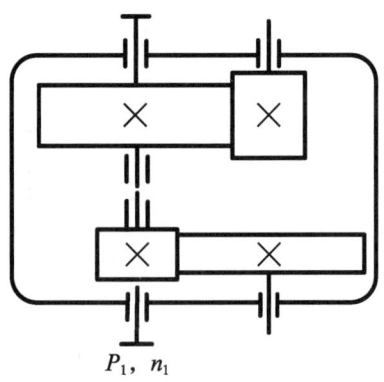

题4-2 两级圆柱齿轮转动

（4-5）设计题（4-2）图所示两级圆柱齿轮传动。已知输入功率 $P_1=20$ kW，$n_1=3\,000$ r/min，高速级减速比 $i_I=6.5$，低速级减速比 $i_{II}=3.7$，工作情况为轻微冲击，电动机驱动，总工作时间为 2 600 h，轴承均为滚动轴承，一对滚动轴承的效率为 $\eta_b \approx$ 0.995，一对齿轮的效率 $\eta_g = 0.98$。

（4-6）圆锥齿轮取何处的模数为标准模数？已知两轴交角为 90° 的直齿圆锥齿轮传动的大端模数 $m = 2.5$ mm，小轮分锥角 $\delta_1 = 26°34'$，小轮齿数 $Z_1 = 32$，齿宽系数 $\varphi_R = 0.3$，试求大齿轮齿数 Z_2，齿宽 b 和齿宽中点的平均模数 m_m。

（4-7）图 4-46 中，圆锥齿轮传动的齿数比 $u = 2.5$，压力角 $\alpha = 20°$，圆周力 $F_t = 5\ 600$ N，斜齿轮传动的螺旋角 $\beta = 11°36'$，圆周力 $F_t = 9\ 500$ N，试求 2 轴上的轴向力的数值和方向。

（4-8）设计一拉丝机的开式圆锥齿轮传动，已知 $\Sigma = 90°$，$u = 3$，$T_2 = 2\ 000$ N·m，$n_2 = 35$ r/min，一班制工作，寿命 10 年（每年 300 工作日），大齿轮作悬臂布置（如图 4-13 中的 1 所示），（用滚子轴承）。

（4-9）试设计用于机床的一直齿圆锥齿轮传动，已确定 $\Sigma = 90°$，$P_1 = 0.72$ kW，$n = 320$ r/min，$Z_1 = 20$，$Z_2 = 25$，工作寿命为 12 000 h，小齿轮作悬臂布置（如图 4-13 中的 1 所示，用球轴承）。

（4-10）设计开式直齿圆锥齿轮传动，小齿轮传递的功率 $P = 9.2$ kW，减速比 $i = 3$，小齿轮转速 $n_1 = 970$ r/min，电动机驱动，工作平稳。

第五章 蜗杆传动

蜗杆传动是用来传递空间垂直交错轴间的运动和动力的大传动比传动机构。本章主要介绍阿基米德蜗杆传动的主要参数、几何尺寸计算、承载能力及热平衡计算。

5.1 蜗杆传动的类型、特点和应用

蜗杆传动广泛应用于机床、冶金、矿山及起重设备等传动系统中。

按形状不同，蜗杆传动分为圆柱蜗杆传动、圆弧面蜗杆传动和圆锥蜗杆传动 3 类（图 5-1）。

图 5-1 3 种类型蜗杆传动

圆柱蜗杆传动又分为普通圆柱蜗杆传动和圆弧齿蜗杆传动两种。

5.1.1 普通圆柱蜗杆传动

普通圆柱蜗杆传动包括阿基米德蜗杆传动、渐开线蜗杆传动和延伸渐开线蜗杆传动等。其中最常用的是阿基米德蜗杆传动。

阿基米德蜗杆加工方法与普通梯形螺纹相同，刀尖夹角约等于 40°，刀具切削刃顶面与蜗杆轴线在同一平面内（图 5-2）。

通过蜗杆轴线并与蜗轮轴线垂直的平面称为主平面。对于阿基米德蜗杆传动，在主平面内，蜗杆与蜗轮的啮合相当于齿条与齿轮的啮合（图 5-3）。

5.1.2 圆弧齿蜗杆传动

圆弧齿蜗杆传动的螺旋面用刃边为凸圆弧的刀具切制，蜗轮用范成法加工，在主平面上蜗杆齿廓为凹圆弧，蜗轮齿廓为凸圆弧（图 5-4），这种蜗杆传动突出特点是效率高（可达 90% 以上），承载能力大（比普通蜗杆高 50%~150%）。

蜗杆传动主要特点如下。

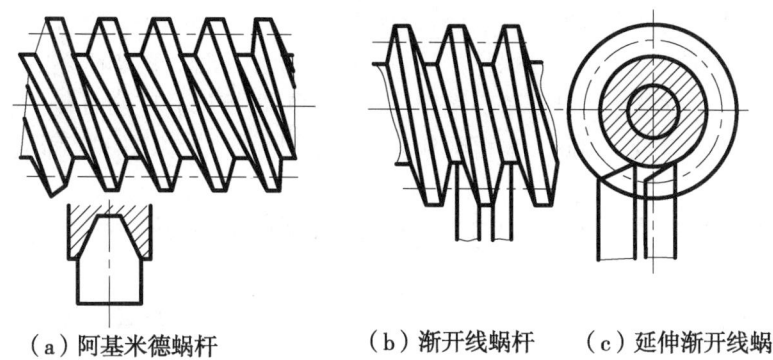

(a)阿基米德蜗杆　　(b)渐开线蜗杆　　(c)延伸渐开线蜗杆

图 5-2　蜗杆加工方法

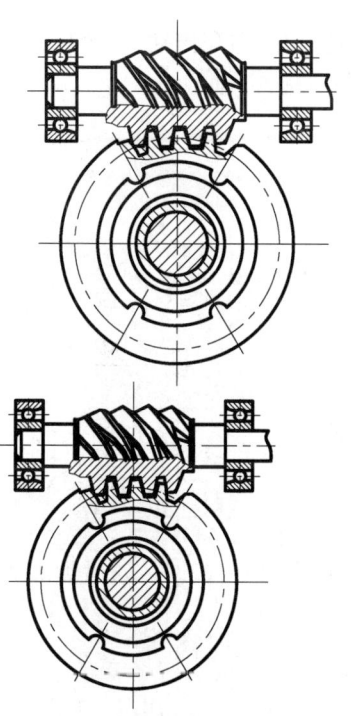

图 5-3　阿基米德蜗杆传动

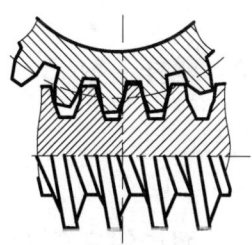

图 5-4　圆弧齿蜗杆传动

第一，实现大传动比。因为蜗杆头数最小时为 $Z_1=1$，故在同样尺寸下，可得大传动比。一般 $i_{12}=7\sim80$，在只要求传递运动的手动分度机构中可高达 1 000。

第二，传动平稳。因为蜗杆为连续不断的螺旋齿，蜗轮也为螺旋齿，同时啮合的齿数又多，故冲击载荷小，传动平稳，噪声低。

第三，具有自锁性。在蜗杆螺旋线升角小于当量摩擦角时，蜗杆传动自锁。

第四，效率低。由于啮合处相对滑动速度较大，摩擦损失多，效率低。具有自锁性的蜗杆传动，效率低至 40% 左右。

第五，承载能力大。蜗杆与蜗轮啮合时呈线性接触，同时进入啮合齿数多，与点接触的螺旋圆柱齿轮相比，承载能力大。

第六，在蜗杆传动中，特别是在较高速的动力传动中，为了减小摩擦、提高效率和使用寿命,蜗轮往往要用价格昂贵的青铜等减摩材料。

第七,不能任意互换啮合。在蜗杆传动中,用于切制蜗轮的滚刀的参数必须与工作蜗杆参数完全相同,不仅模数、齿形角要相同,而且滚刀与蜗杆分度圆直径、螺旋线条数、螺旋线升角也都要求相同,因此,仅模数和齿形角相同的蜗杆和蜗轮是不能任意互换的。

5.2 普通圆柱蜗杆传动的主要参数及几何尺寸计算

普通圆柱蜗杆传动的主要参数有模数 m、压力角 α、蜗杆头数 Z_1、蜗轮齿数 Z_2 和蜗杆特性系数 q 等。

5.2.1 模数和压力角

因为阿基米德蜗杆传动,在主平面内相当于齿条和齿轮的啮合传动,故取主平面内的模数和压力角为标准值。标准压力角 $\alpha = 20°$,标准模数见表 5-1。

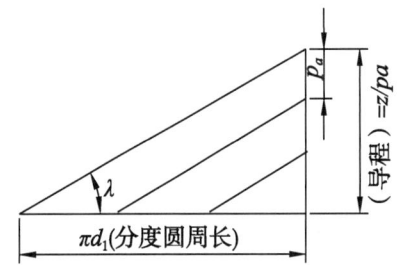

图 5-5 螺旋线升角与导程的关系

5.2.2 蜗杆头数 Z_1

单头蜗杆传动比大,但传动效率低;要提高效率,可加大 Z_1,但又会增加加工困难。一般取 $Z_1 = 1 \sim 4$。

5.2.3 螺旋线升角 λ

由图 5-5 知:

$$\text{tg}\lambda = \frac{Z_1 P_a}{\pi d_1} = \frac{Z_1 \pi m}{\pi d_1} = \frac{Z_1 m}{d_1}$$

λ 选用见表 5-2。

5.2.4 蜗杆特性系数 q

蜗轮采用对偶法加工,所以凡有一种尺寸的蜗杆,就需要有一种对应的蜗轮滚刀。由上式得:

$$d_1 = \frac{Z_1 m}{\text{tg}\lambda} \quad \text{mm}$$

表 5-1 普通圆柱蜗杆基本尺寸和参数及其与蜗轮参数的匹配

中心距 a (mm)	模数 m (mm)	分度圆直径 d_1 (mm)	$m^2 d_1$ (mm³)	蜗杆头数 z_1	直径系数 q	分度圆导程角 γ	蜗轮齿数 z_2	变位系数 x_2
40	1	18	18	1	18.00	3°10′47″	62	0
50							82	0
40	1.25	20	31.25	1	16.00	3°34′35″	49	-0.500
50		22.4	35		17.92	3°11′38″	62	+0.040
63							82	+0.440
50	1.6	20	51.2	1	12.50	4°34′26″	51	
				2		9°05′25″		
				4		17°44′41″		
63		28	71.68	1	17.50	3°16′14″	61	+0.125
80							82	+0.250
40	2	22.4	89.6	1	11.20	5°06′08″		
(50)				2		10°07′29″	29	-0.100
(63)				4		19°39′14″	(39)	(+0.100)
				6		28°10′43″	(51)	(+0.400)
80		35.5	142	1	17.75	3°13′28″	62	+0.125
100							82	
50	2.5	28	175	1	11.20	5°06′08″		
(63)				2		10°07′29″	29	-0.100
(80)				4		19°39′14″	(39)	(+0.100)
				6		28°10′43″	(53)	(-0.100)
100		45	281.25	1	18.00	3°10′47″	62	0
63	3.15	35.5	352.25	1	11.27	5°04′15″		
(80)				2		10°03′48″	29	-0.1349
(100)				4		19°32′29″	(39)	(+0.2619)
				6		28°01′50″	(53)	(-0.3889)
125		56	555.66	1	17.778	3°13′10″	62	-0.2063
80	4	40	640	1	10.00	5°42′38″	31	-0.500
(100)				2		11°18′36″	(41)	(-0.500)
(125)				4		21°48′05″	(51)	(+0.750)
				6		30°57′50″		
160		71	1136	1	17.75	3°13′28″	62	+0.125
100	5	50	1250	1	10.00	5°42′38″	31	-0.500
(125)				2		11°18′36″	(41)	(-0.500)
(160)				4		21°48′05″	(53)	(+0.500)
(180)				6		30°57′50″	(61)	(+0.500)
200		90	2250	1	18.00	3°10′47″	62	0
125	6.3	63	2500.47	1	10.00	5°42′38″	31	-0.6587
(160)				2		11°18′36″	(41)	(-0.1032)
(180)				4		21°48′05″	(48)	(-0.4286)
(200)				6		30°57′50″	(53)	(+0.2460)
250		112	4445.28	1	17.778	3°13′10″	61	+0.2937
160	8	80	5120	1	10.00	5°42′38″	31	-0.500
(200)				2		11°18′36″	(41)	(-0.500)
(225)				4		21°48′05″	(47)	(-0.375)
(250)				6		30°57′50″	(52)	(+0.250)

注：①本表中导程角 γ 小于 3°30′ 的圆柱蜗杆均为自锁蜗杆；
②括号中的参数不适用于蜗杆头数 $z_1 = 6$ 时；
③本表摘自 GB/T 10085—1988

表 5-2 λ 选用表

Z_1\\q	8	9	10	11	12	13
1	7°7′30″	6°20′25″	5°42′38″	5°11′40″	4°45′49″	4°23′55″
2	14°2′10″	12°31′44″	11°18′36″	10°18′17″	9°27′44″	8°44′46″
3	20°33′22″	18°26′6″	16°41′57″	15°15′18″	14°21′10″	12°59′41″
4	26°33′54″	23°57′45″	21°48′5″	19°58′59″	18°26′6″	17°6′10″

为了减少蜗轮滚刀的种类,人为规定 $\frac{Z_1}{\text{tg}\lambda}$(或 $\frac{d_1}{m}$)的比值为特定值 q,称为蜗杆特性系数。q 的选用见表 5-1。

5.2.5 蜗杆传动传动比

$$i_{12} = \frac{n_1}{n_2} = \frac{Z_2}{Z_1}$$

其中,Z_2 为蜗轮齿数,Z_1 为蜗杆头数。

5.2.6 蜗轮齿数 Z_2

蜗轮齿数过少,一则会产生根切,二则同时啮合齿数减少;Z_2 过大,蜗轮尺寸增大,使相啮合蜗杆跨度加大,刚度降低,影响正常啮合。一般 Z_1、Z_2 荐用值见表 5-3。若仅用于分度传动,则 Z_2 不受此表限制。

表 5-3 Z_1、Z_2 荐用值

$i = Z_2/Z_1$	Z_1	Z_2
≈5	6	29~31
7~15	4	29~61
14~30	2	29~61
29~82	1	29~82

5.2.7 蜗杆传动标准中心距及其变位的特点

$$a = \frac{1}{2}(d_1 + d_2) = \frac{1}{2}(q + Z_2)m$$

为了配凑中心距、提高蜗杆传动承载能力或传动效率,蜗杆传动也可采用变位传动。但必须强调的是,与齿轮变位不同,蜗杆传动变位时,蜗杆不能变位,只可对蜗轮变位。这是由于蜗轮独特的加工方法,为了保持蜗轮滚刀尺寸不变之故。图 5-6 表示蜗轮变位的几种情况。变位后,蜗轮的分度圆与节圆仍旧重合(这与变位齿轮不同)只是蜗杆在主平面上的节线有所改变,不再与其分度线重合了。

图中,(b) 为标准蜗杆传动,其余为变位蜗杆传动。

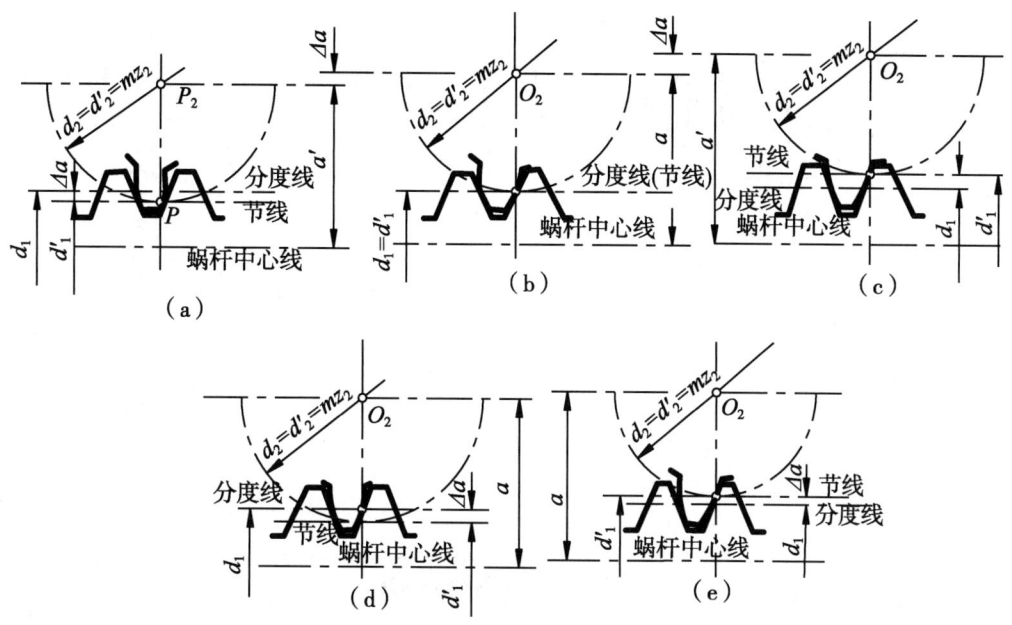

图 5-6 蜗杆传动的变位

变位前后，蜗轮齿数不变，中心距改变。如图（a），$x<0$，$a'<a$；图（c）$x>0$，$a'>a$

变位前后，中心距不变，蜗轮齿数改变，如图（e）$x>0$，$Z'_2<Z_2$，图（d）$x<0$，$Z'_2>Z_2$

$$\because \quad \frac{m}{2}(q+Z'_2+2x) = \frac{m}{2}(q+Z_2)$$

$$Z'_2+2x=Z_2$$

$$\therefore \quad x=\frac{Z_2-Z'_2}{2}$$

阿基米德蜗杆传动主要几何尺寸见图 5-7，可得以下计算公式。

$c=0.2\ m$

齿顶高 $h_a = m$

齿根高 $h_f = 1.2\ m$

齿全高 $h = 2.2\ m$

分度圆直径 $d_1 = mq$

      $d_2 = mZ_2$

齿顶圆直径 $d_{a1} = d_1 + 2\ m$

      $d_{a2} = d_2 + 2\ m$

（变位后） $d_{a2} = m(Z_2+2+2x)$

齿根圆直径 $d_{f1} = d_1 - 2.4\ m$

      $d_{f2} = d_2 - 2.4\ m$

（变位后） $d_{f2} = m(Z_2-2.4+2x)$

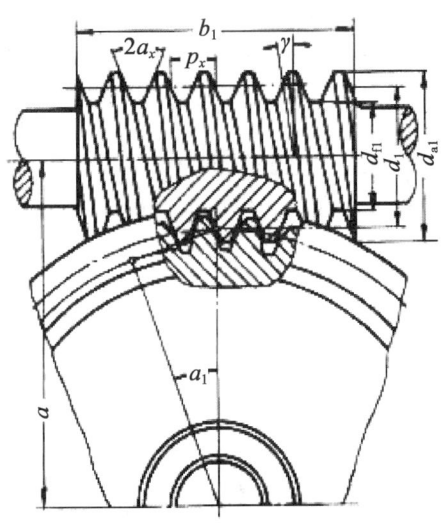
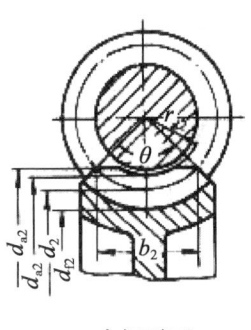

中间平面

图 5-7 阿基米德蜗杆传动的几何尺寸

蜗轮外圆直径 D_2，见表 5-4。

齿根圆弧面半径 $R_1 = \dfrac{d_{a1}}{2} + 0.2\ m$

齿顶圆弧面半径 $R_2 = \dfrac{d_{f1}}{2} + 0.2\ m$

蜗轮轮缘宽度 B 和蜗杆螺纹部分长度 L 见表 5-4。

包角 2γ $\sin\gamma = \dfrac{B}{d_{a1} - 0.5\ m}$

中心距 $a = \dfrac{1}{2}m(q + Z_2)$

表 5-4 蜗轮宽度 B、顶圆直径 D_2 及蜗杆齿宽 L 的计算公式

Z_1	B	D_2	x_2		L
1	$\leq 0.75 d_{a1}$	$\leq d_{a2} + 2\ m$	0 -0.5 -1.0	$\geq (11 + 0.06 Z_2)\ m$ $\geq (8 + 0.06 Z_2)\ m$ $\geq (10.5 + Z_1)\ m$	当变位系数 x_2 为中间值时，L 取 x_2 邻近两公式所求值的较大者。
2		$\leq d_{a2} + 1.5\ m$	0.5 1.0	$\geq (11 + 0.1 Z_2)\ m$ $\geq (12 + 0.1 Z_2)\ m$	经磨削的蜗杆，按左式所求的长度应再增加下列值： 当 $m < 10$ mm 时，增加 25 mm； 当 $m = 10 \sim 16$ mm 时，增加 35～40 mm； 当 $m > 16$ mm 时，增加 50 mm
4	$\leq 0.67 d_{a1}$	$\leq d_{a2} + m$	0 -0.5 -1.0 0.5 1.0	$\geq (12.5 + 0.09 Z_2)\ m$ $\geq (9.5 + 0.09 Z_2)\ m$ $\geq (10.5 + Z_1)\ m$ $\geq (12.5 + 0.1 Z_2)\ m$ $\geq (13 + 0.1 Z_2)\ m$	

5.3 蜗杆传动的工作情况分析

5.3.1 齿面间的相对滑动

蜗杆传动在齿面间会产生相当大的滑动速度 v_s（图 5-8）。其中，$v_s = \dfrac{v_1}{cos\lambda}$，由于 λ 较小（表 5-2），故 v_s 较大。

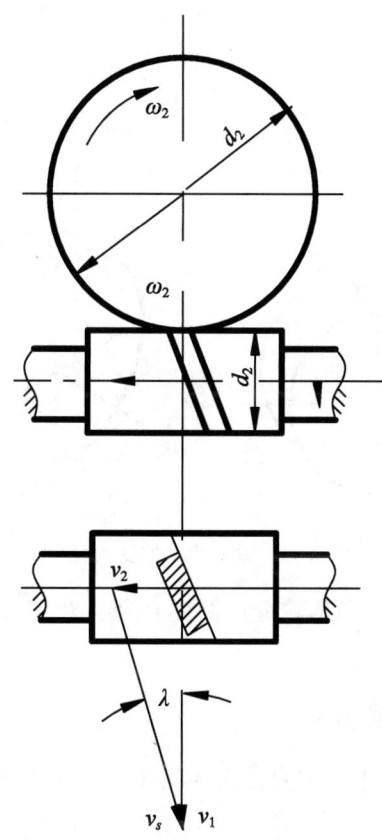

图 5-8　蜗杆传动的滑动速度

5.3.2 蜗杆传动的受力分析

蜗杆传动的受力分析与斜齿圆柱齿轮受力分析类似，也是先分析主动件的受力情况，然后按作用力与反作用力的关系来分析从动件的受力。

主动件蜗杆受径向力 F_{r1}，作用于啮合点，沿半径指向圆心，圆周力 F_{t1} 过啮合点沿切向与转向 ω_1 相反，轴向力过啮合点，其方向由转向和旋向共同确定，即伸出右手（右旋伸右手，左旋伸左手），假想握住蜗杆，让四指弯曲方向和蜗杆转动方向一致，则拇指指向为蜗杆所受轴向力的方向。

从动件蜗轮受力与蜗杆受力按作用力与反作用力确定，但必须强调指出的是，这里作用力与反作用力不一定是同名力（图5-9）。其中，$F_{r1} = -F_{r2}$，而 $F_{a2} = -F_{t1}$，$F_{a1} = -F_{t2}$，其大小为：

$$\begin{cases} F_{t1} = F_{a2} = \dfrac{2T_1}{d_1} \\ F_{a1} = F_{t2} = \dfrac{2T_2}{d_2} \\ F_{r1} = F_{r2} = F_{t2}\mathrm{tg}\alpha \\ F_n = \dfrac{2T_2}{d_2\cos\alpha_n\cos\lambda} \end{cases} \qquad (5-1)$$

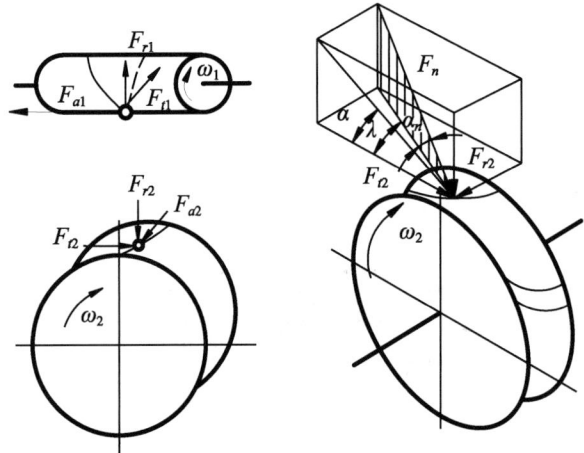

图5-9 蜗杆传动的受力分析

其中，d_1 和 d_2 分别为蜗杆和蜗轮分度圆的直径，T_1 和 T_2 分别为蜗杆和蜗轮所受的公称转矩。

5.3.3 蜗杆传动中的摩擦损失

蜗杆传动中的啮合摩擦损失，主要是齿面间相对滑动的功率损失，可近似按螺旋副效率计算确定。即

$$\eta = \frac{\mathrm{tg}\lambda}{\mathrm{tg}(\lambda + \rho_v)}$$

其中 λ（图5-8）为普通蜗杆分度圆柱面上的螺旋线升角。当量摩擦角 $\rho_v = \mathrm{tg}^{-1}f_v$，其值可由表5-5查取：

$$v_s = \frac{v_1}{\cos\lambda} = \frac{\pi d_1 n_1}{60 \times 1\,000\cos\lambda} \quad \mathrm{m/s} \qquad (5-2)$$

式中，d_1 为蜗杆分度圆直径 mm，n_1 为蜗杆转速 r/min，则摩擦损耗的功率近似为：

$$p_f = p(1-\eta) \quad \mathrm{kW}$$

5.3.4 蜗杆传动的自锁

当 $\lambda < \rho_v$ 时，蜗杆传动自锁。即只能由蜗杆带动蜗轮，而蜗轮不能带动蜗杆。

表5-5 不同材料的当量摩擦角

蜗轮齿圈材料	锡青铜				无锡青铜		灰铸铁			
蜗杆齿面硬度	≥HRC45		其他		≥HRC45		≥HRC45		其他	
滑动速度 $v_s^{①}$（m/s）	$f_v^{②}$	$\rho_v^{②}$	f_v	ρ_v	$f_v^{②}$	$\rho_v^{②}$	$f_v^{②}$	$\rho_v^{②}$	f_v	ρ_v
0.01	0.110	6°17′	0.120	6°51′	0.180	10°12′	0.180	10°12′	0.190	10°45′
0.05	0.090	5°09′	0.100	5°43′	0.140	7°58′	0.140	7°58′	0.160	9°05′
0.10	0.080	4°34′	0.090	5°09′	0.130	7°24′	0.130	7°24′	0.140	7°58′
0.25	0.065	3°43′	0.075	4°17′	0.100	5°43′	0.100	5°43′	0.120	6°51′
0.50	0.055	3°09′	0.065	3°43′	0.090	5°09′	0.090	5°09′	0.100	5°43′
1.0	0.045	2°35′	0.055	3°09′	0.070	4°00′	0.070	4°00′	0.090	5°09′
1.5	0.040	2°17′	0.050	2°52′	0.065	3°43′	0.065	3°43′	0.080	4°34′
2.0	0.035	2°00′	0.045	2°35′	0.055	3°09′	0.055	3°09′	0.070	4°00′
2.5	0.030	1°43′	0.040	2°17′	0.050	2°52′				
3.0	0.028	1°36′	0.035	2°00′	0.045	2°35′				
4	0.024	1°22′	0.031	1°47′	0.040	2°17′				
5	0.022	1°16′	0.029	1°40′	0.035	2°00′				
8	0.018	1°02′	0.026	1°29′	0.030	1°43′				
10	0.016	0°55′	0.024	1°22′						
15	0.014	0°48′	0.020	1°09′						
24	0.013	0°45′								

注：①如滑动速度与表中数值不一致时，可用插入法求得 f_v 和 ρ_v 值。
②蜗杆齿面经磨削或抛光并仔细跑合，正确安装，并采用粘度合适的润滑油进行充分润滑时

5.4 蜗杆传动的强度计算

5.4.1 蜗杆传动的失效形式及材料选择

蜗杆传动，由于蜗杆、蜗轮材料不同，结构不同，薄弱环节在蜗轮，往往蜗轮先失效。由上一节知，蜗杆传动相对滑动速度大，效率比较低，故其主要失效形式是蜗轮齿面胶合、点蚀和磨损。

选用蜗杆、蜗轮的材料，不仅要考虑强度问题，更主要的是要有良好的跑合性、耐磨性和抗胶合性。

蜗杆一般用碳钢或合金钢制造。高速重载蜗杆用15Cr或20Cr渗碳淬火，也可用40号、45号钢或40Cr淬火（硬度达HRC40~45）或氮化处理（硬度HRC55~62）。不太重要的低速中载蜗杆还可用40号、45号钢调质处理（硬度HB220~300）。

蜗轮常用材料有铸造锡青铜 ZQS_n10-1，ZQS_n6-6-3（$v_s \geq 4$ m/s）；铸造铝铁青铜

ZQAL9-4，ZQAL10-44（v_s<3 m/s）和灰铸铁 HT150、HT200（v_s<2 m/s）等。

由上述知，蜗杆传动的失效形式主要是蜗轮齿面胶合、点蚀和磨损。但目前对胶合和磨损还没有一套准确的计算方法，只能仿照斜齿圆柱齿轮进行齿面接触疲劳强度和齿根弯曲强度的条件性计算，而在选用许用应力时，把胶合与磨损的因素考虑进去。

5.4.2 蜗杆传动的计算载荷

和齿轮传动一样，蜗杆传动计算载荷等于公称载荷与载荷系数 K 的乘积。通常取蜗轮齿面接触线单位长度上的载荷进行计算，则计算载荷：

$$P_{ca} = \frac{KF_n}{L_0} \tag{5-3}$$

由于蜗轮轮齿沿齿宽以弧形包住蜗杆，且接触线长度 L_0 在啮合过程中是变化的（相当于斜齿轮），并考虑重合度的影响。

$$L_0 = \xi_{min}\varepsilon_\alpha \frac{\pi d_1 \cdot 2\gamma}{360° \cdot \cos\lambda}$$

取接触线长度变化系数 $\xi_{min} = 0.75$
端面重合度 $\varepsilon_\alpha = 2$
蜗轮包角 $2\gamma = 100°$

$$L_0 = \frac{1.31 d_1}{\cos\lambda} \tag{5-4}$$

将式（5-1）、（5-4）代入（5-3），并取 $\cos\alpha_n = \cos\alpha$ 得：

$$P_{ca} = \frac{1.53 K T_2}{d_1 d_2 \cos\alpha} \tag{5-5}$$

其中，载荷系数 $K = K_A \cdot K_\beta \cdot K_v$
工作情况系数 K_A 见表 5-6。

表 5-6 不同工作情况的系数 K_A 值

原动机	工作特点		
	平稳	中等冲击	严重冲击
电动机、透平	0.8~1.25	0.9~1.5	1~1.75
多缸内燃机	0.9~1.5	1~1.75	1.25~2
单缸内燃机	1~1.75	1.25~2	1.5~2.25

K_β 为载荷分布不均匀系数。当蜗杆在平稳载荷下工作时，$K_\beta = 1$；载荷变化较大，有冲击振动时，$K_\beta = 1.3 \sim 1.6$。

由于蜗杆传动比齿轮传动平稳，其动载荷系数低于齿轮传动，对于精确制造，且蜗轮圆周速度：

$$v_2 \leq 3 \text{ m/s}, \ k_v = 1 \sim 1.1$$
$$v_2 > 3 \text{ m/s}, \ k_v = 1.1 \sim 1.2$$

5.4.3 蜗轮齿面接触强度计算

阿基米德蜗杆传动在主平面内相当于齿轮齿条传动，蜗轮又相当于一个斜齿轮，故蜗轮齿面接触强度公式可仿照斜齿圆柱齿轮、齿条传动导出。由第十六章知：

$$\sigma_H = \sqrt{\frac{P_{ca}}{\rho_\Sigma}} Z_E \quad \text{MPa} \tag{5-6}$$

对阿基米德蜗杆传动，在主平面上，$\rho_1 \to \infty$，$\rho_2 = \dfrac{d_2 sin\alpha}{2cos\beta_{b2}}$，$tg\beta_{b2} = tg\beta_2 \cdot cos\alpha$，$\alpha = 20°$，$cos20° = 0.9397$，$\beta_{b2} = \beta_2 = \lambda$，$\rho_2 = \dfrac{d_2 sin\alpha}{2cos\lambda}$

$$\frac{1}{\rho_\Sigma} = \frac{1}{\rho_1} + \frac{1}{\rho_2} = \frac{1}{\rho_2} = \frac{2cos\lambda}{d_2 sin\alpha}$$

将 P_{ca}（5-5）ρ_Σ 代入（5-6）得：

$$\sigma_H = \sqrt{\frac{1.53 K T_2 \cdot 2cos\lambda}{d_1 d_2 cos\alpha \cdot d_2 sin\alpha}} \cdot Z_E$$

其中，$\alpha = 20°$，$\lambda = 5° \sim 25°$，$cos\lambda = 0.9962 \sim 0.9063$，取 $cos\lambda = 0.95$，Z_E 为弹性影响系数，当钢制蜗杆与铸铁或青铜蜗轮啮合时，取 $Z_E = 160 \text{ MPa}^{\frac{1}{2}}$，且 $d_1 = qm$，$d_2 = mZ_2$，则

$$\sigma_H = 480 \sqrt{\frac{KT_2}{qm^3 Z_2^2}} \leq [\sigma]_H \tag{5-7}$$

或

$$qm^3 \geq KT_2 \left(\frac{480}{Z_2 [\sigma]_H}\right)^2 \text{ mm}^3 \tag{5-8}$$

其中，蜗轮许用接触应力 $[\sigma]_H = K_{HN} [\sigma]'_H = \sqrt[8]{\dfrac{10^7}{N}} [\sigma]'_H$

寿命影响系数 K_{HN}，对于灰铸铁或铸铝铁青铜 $K_{HN} = 1$，对于锡青铜蜗轮 $K_{HN} = \sqrt[8]{\dfrac{10^7}{N}}$ 且 $N > 25 \times 10^7$ 时，取 $N = 25 \times 10^7$，$N < 2.6 \times 10^5$ 时，取 $N = 2.6 \times 10^5$

$[\sigma]'_H$ 为蜗轮基本许用接触应力，见表 5-7。单位为 MPa。

表 5-7　蜗轮的基本许用接触应力 $[\sigma]'_H$　　　　　　　　　　　　　　（单位：MPa）

灰铸铁及铸铝铁青铜蜗轮的许用接触应力（强度极限 $\sigma_B \geq 300$ MPa）							
材料		滑动速度 v (m/s)					
蜗杆	蜗轮	<0.25	0.25	0.5	1	2	3	4
20 或 20Cr 渗碳、淬火，45 钢淬火，齿面硬度大于 HRC45	灰铸铁 HT150	206	166	150	127	95	—	—
	灰铸铁 HT200	250	202	182	154	115	—	—
	铸铝铁青铜 ZCuAl10Fe3	—	—	250	230	210	180	160
45 号钢或 Q275	灰铸铁 HT150	172	139	125	106	79	—	—
	灰铸铁 HT200	208	168	152	128	96	—	—

(续表)

铸锡青铜蜗轮的基本许用接触应力 $[\sigma]'_H$（强度极限 $\sigma_B<300$ MPa）

蜗轮材料	铸造方法	蜗杆螺旋面的硬度	
		≤45HRC	>45HRC
铸锡磷青铜 ZCuSn10P1	砂模铸造	150	180
	金属模铸造	220	268
铸锡锌铅青铜 ZCuSn5Pb5Zn5	砂模铸造	113	135
	金属模铸造	128	140

注：锡青铜的基本许用接触应力为应力循环次数 $N=10^7$ 时之值，当 $N\neq10^7$ 时，需将表中数值乘以寿命系数 K_{HN}；当 $N>25\times10^7$ 时，取 $N=25\times10^7$；当 $N<2.6\times10^5$ 时，取 $N=2.6\times10^5$。

公式（5-7）用于强度校核，式（5-8）用于设计，求出 qm^3 后再按表 5-1 选 m。

5.4.4 蜗轮齿根弯曲强度计算

蜗轮齿形较复杂，精确计算齿根弯曲应力困难，将其近似视为斜齿圆柱齿轮，则仿照斜齿圆柱齿轮弯曲应力公式得：

$$\sigma_F = \frac{KFt_2}{bm_m}Y_{Fa2}\cdot Y_{sa2}\cdot Y_\varepsilon\cdot Y_\beta$$

$$= \frac{2KT_2}{bd_2m_m}Y_{Fa2}\cdot Y_{sa2}\cdot Y_\varepsilon\cdot Y_\beta \leq [\sigma]_F$$

其中，蜗轮齿弧长 $b=\frac{\pi d_1\cdot 2\gamma}{360°}$，$2\gamma=100°$，$m_n=m\cos\lambda$，$Y_{sa2}$ 为齿根应力校正系数，一并在 $[\sigma]_F$ 中考虑；弯曲疲劳强度重合度系数 $Y_\varepsilon=\frac{1}{\xi_{\min}\varepsilon\alpha}$，取 $\xi_{\min}=0.75$，$\varepsilon_\alpha=2$，$Y_\varepsilon=0.667$ 螺旋角影响系数 $Y_\beta=\cos^2\lambda$，代入上式得：

$$\sigma_F = \frac{1.53KT_2\cos\lambda}{d_1d_2m}Y_{Fa2} \leq [\sigma]_F \quad \text{MPa} \tag{5-9}$$

又 $d_1=mq$，$d_2=mZ_2$

$$qm^3 \geq \frac{1.53KT_2\cos\lambda}{Z_2[\sigma]_F}Y_{Fa2} \tag{5-10}$$

同式（5-7）和式（5-8）一样，这里公式（5-9）用于蜗轮弯曲强度校核，式（5-10）用于开式蜗杆传动设计。

其中，蜗轮齿形系数 Y_{Fa2} 按当量齿数 $Z_{v2}=\frac{Z_2}{\cos^3\lambda}$，由表 5-8 查出。

表 5-8　蜗轮齿形系数

$\lambda \backslash Z_{v2}$	20	24	26	28	30	32	35	37	40	45	56	60	80	100	150	300
4°	2.79	2.65	2.60	2.55	2.52	2.49	2.45	2.42	2.39	2.35	2.32	2.27	2.22	2.18	2.14	2.09
7°	2.75	2.61	2.56	2.51	2.48	2.44	2.40	2.38	2.35	2.31	2.28	2.23	2.17	2.14	2.09	2.05
11°	2.66	2.52	2.47	2.42	2.39	2.35	2.31	2.29	2.26	2.22	2.19	2.14	2.08	2.05	2.00	1.96
16°	2.49	2.35	2.30	2.26	2.22	2.19	2.15	2.13	2.10	2.06	2.02	1.98	1.92	1.88	1.84	1.79
20°	2.33	2.19	2.14	2.09	2.06	2.02	1.98	1.96	1.93	1.89	1.86	1.81	1.75	1.72	1.67	1.63
23°	2.18	2.05	1.99	1.95	1.91	1.88	1.84	1.82	1.79	1.75	1.72	1.67	1.61	1.58	1.53	1.49
26°	2.03	1.89	1.84	1.80	1.76	1.73	1.69	1.67	1.64	1.60	1.57	1.52	1.46	1.43	1.38	1.34
27°	1.98	1.84	1.79	1.75	1.71	1.68	1.64	1.62	1.59	1.55	1.52	1.47	1.41	1.38	1.33	1.29

蜗轮许用弯曲应力 $[\sigma]_F = K_{FN}[\sigma]'_F$，寿命系数 $K_{FN} = \sqrt[9]{\dfrac{10^6}{N}}$，$N = 60jn_2L_h$，$n_2$ 为蜗轮转速 rpm，L_h 为工作寿命，小时，j 为蜗轮每转中每个轮齿啮合次数。在 $N > 25 \times 10^7$ 时取 $N = 25 \times 10^7$，$N < 10^5$ 时，取 $N = 10^5$，$[\sigma]'_F$ 为计入齿根应力校正系数后蜗轮基本许用应力，可由表 5-9 查出。单位为 MPa。

表 5-9　蜗轮的基本许用弯曲应力 $[\sigma]'_F$（MPa）

蜗轮材料	铸造方法	$N=10^6$ 单侧工作 $[\sigma_0]'_F$	$N=10^6$ 双侧工作 $[\sigma_{-1}]'_F$
铸锡磷青铜 ZCuSn10P1	砂模铸造	40	29
	金属模铸造	56	40
铸锡锌铅青铜 ZCuSn5Pb5Zn5	砂模铸造	26	22
	金属模铸造	32	26
铸铝铁青铜 ZCuAl10Fe3	砂模铸造	80	57
	金属模铸造	90	64
灰铸铁 HT150	砂模铸造	40	28
灰铸铁 HT200	砂模铸造	48	34

注：表中各种青铜的基本许用弯曲应力为应力循环次数 $N = 10^6$ 时之值，当 $N \neq 10^6$ 时，需将表中数值乘以 K_{FN}；当 $N > 25 \times 10^7$ 时，取 $N = 25 \times 10^7$；$N < 10^5$ 时，取 $N = 10^5$

5.5　蜗杆传动的效率及热平衡计算

5.5.1　蜗杆传动的效率

闭式蜗杆传动效率包括啮合摩擦效率 η_1，轴承摩擦效率 η_2 和搅油效率 η_3。即总效率：

$$\eta = \eta_1 \cdot \eta_2 \cdot \eta_3$$

其中，轴承摩擦，搅油损耗不大，一般取 $\eta_2 \cdot \eta_3 = 0.95 \sim 0.96$，$\eta_1 = \dfrac{\mathrm{tg}\lambda}{\mathrm{tg}(\lambda + \rho v)}$

所以：$\eta = (0.95 \sim 0.96) \dfrac{\mathrm{tg}\lambda}{\mathrm{tg}(\lambda + \rho v)}$ （5-11）

设计蜗杆传动时，为了初定 T_2，η 估算如下。

蜗杆头数 Z_1 总效率 η　　10.7　　20.8　　30.85　　40.9

5.5.2 蜗杆传动的热平衡计算

蜗杆传动效率低，工作时发热量大，尤其闭式蜗杆传动散热困难，将会使润滑油升温变稀，影响润滑效果，轻则加大磨损，重则产生胶合，故蜗杆传动要进行热平衡计算，保证润滑油工作温度不超过80℃。

功率损耗产生的热量　$H_1 = 1\,000P(1-\eta)$

减速箱自然散热　$H_2 = K_d S(t_0 - t_a)$

由热平衡 $H_1 = H_2$ 得

$$t_0 = t_a + \dfrac{1\,000P(1-\eta)}{K_d S}℃ \leqslant 80℃ \quad (5-12)$$

其中，P 为蜗杆传递功率，KW；η 为蜗杆传动总效率；K_d 为箱体自然散热系数，$K_d = (8.15 \sim 17.45)\,W/m^2 \cdot c$，周围空气流通好时取大值；$S$：内为润滑油飞溅和到外即为周围空气冷却到的减速箱箱体面积，m^2；t_a：周围气温，一般取 $t_a = 20℃$。

经计算，若 $t_o > 80℃$，要进行强制冷却，其方法如下。

第一，箱体上加散热片1，增大 S。

第二，蜗杆轴端加装风扇3，加速周围空气流通。

第三，箱内加装循环冷却水管（图5-10）。

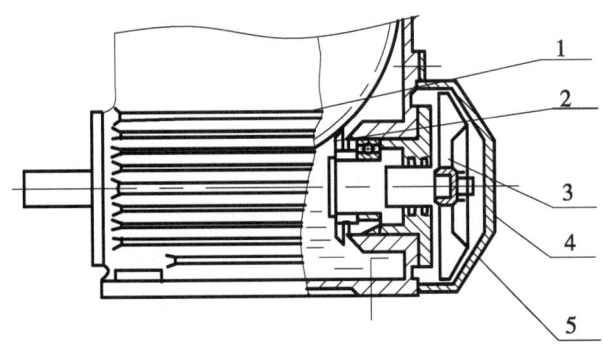

图5-10　箱内加装循环冷却水管

5.6　蜗杆和蜗轮的结构及零件工作图

蜗杆一般为整体式结构（图5-11至图5-13）。前者只能铣制，后者可车、可铣，但刚度不如（a）。只有当螺旋部分直径较大时，才将蜗杆与轴分开制作。

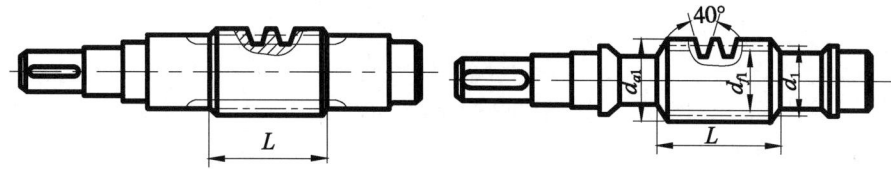

图 5-11 蜗杆的结构形式　　　图 5-12 蜗杆的结构形式

蜗轮结构形式见图 5-13。

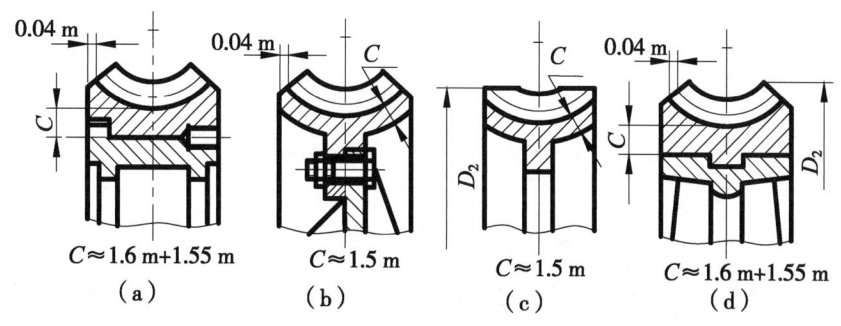

图 5-13 蜗轮的结构形式

第一，由青铜齿圈和铸铁轮芯制成，用 $\frac{H7}{r6}$ 配合，加装 4~6 个骑缝螺钉〔直径为 (1.2~1.5) m，m 为蜗轮模数〕，拧入深度为 (0.3~0.4) B，B 为蜗轮宽度，可将钻孔中心由配合缝向内偏移 2~3 mm，以利钻孔。这仅用于尺寸不大、工作温度变化较小的情况。

第二，用 B 或 C 级普通螺栓或铰制孔用螺栓连接，尺寸、数量由结构定，再适当校核。多用于尺寸较大和磨损较快的场合。

第三，整体浇铸。用于铸铁或尺寸很小的青铜蜗轮。

第四，在铸铁轮芯上加铸青铜齿圈，然后切齿用于成批制造。

对蜗杆、蜗轮工作图的要求与齿轮相同，在经过选材料、定基本参数、强度设计、校核计算几何尺寸、选择精度等级和粗糙度后再画工作图。蜗杆工作图和蜗轮工作图分别参看图 5-14 和图 5-15。

例　设计一搅拌机用闭式蜗杆传动，已知输入功率 P = 15 kW，蜗杆转速 n_1 = 1 450 r/min，传动比 i_{12} = 20，传动不反向，载荷平稳，但有不大的冲击。要求寿命 L_h = 12 000 h。

解

(1) 选材：功率不大，速度中等，蜗杆用 45 号钢，螺旋面淬火（HRC45~55），蜗轮用铸锡青铜 ZQS_n10-1 金属模铸造齿圈，轮芯用铸铁 HT100 制造。

(2) 确定主要参数：
由表 17-3 取 Z_1 = 2
$$Z_2 = i_{12} Z_1 = 20 \times 2 = 40$$

(3) 按齿面接触强度设计：

$$qm^3 \geqslant KT_2\left(\frac{480}{Z_2[\sigma]_H}\right)^2$$

$$K = K_A \cdot K_\beta \cdot K_v$$

由表 5-6 选 $K_A = 1.15$，$K_\beta = 1$，设 $v_2 \leqslant 3$ m/s，取 $K_v = 1.05$ $K = 1.15 \times 1 \times 1.05 = 1.21$
由 5.6 取 $\eta = 0.8$

$$T_2 = 9\ 550\ 000\frac{P_2}{n_2} = 955\ 000 \times \frac{0.8 \times 15}{1\ 450/20} = 1\ 580\ 689.66\ (\text{N} \cdot \text{mm})$$

$[\sigma]_H = K_{HN}[\sigma]'_H$
查表 5-7 $[\sigma]'_H = 268$ MPa，

$$K_{HN} = \sqrt[8]{\frac{10^7}{N}}$$

$$N = 60jnL_h = 60 \times 1 \times \frac{1\ 450}{20} \times 12\ 000 = 5.22 \times 10^7$$

$$K_{HN} = \sqrt[8]{\frac{10^7}{5.22 \times 10^7}} = 0.81$$

$$[\sigma]_H = 0.81 \times 268 = 217.08$$

$$qm^3 = 1.21 \times 1\ 580\ 689.66 \times \left(\frac{480}{40 \times 217.08}\right)^2 = 7\ 071.97$$

查表 5-1 取 $q = 8$，$m = 10$，

验算 $v_2 = \frac{\pi m Z_2 n_2}{60 \times 1\ 000} = \frac{3.14 \times 10 \times 40 \times 14\ 50/20}{60 \times 1\ 000} = 1.52$（m/s）与假设相符。

(4) 校核弯曲强度：

$$\sigma_F = \frac{1.53KT_2\cos\lambda}{d_1 d_2 m} Y_{Fa2}$$

表 5-2 $\lambda = 14°2'10''$，

$$Z_{v2} = \frac{Z_2}{\cos^3\lambda} = \frac{40}{0.970\ 3^3} = 43.79$$

表 5-8 取 $Y_{Fa2} = 2.10$，

$$d_1 = mq = 10 \times 8 = 80$$

$$d_2 = mZ_2 = 10 \times 40 = 400$$

$$\sigma_F = \frac{1.53 \times 1.21 \times 1\ 580\ 689.66 \times 0.970\ 3}{80 \times 400 \times 10} \times 2.10 = 18.63(\text{MPa})$$

$$[\sigma]_F = K_{FN}[\sigma]_F$$

表 5-9，$[\sigma]' = 56$，

$$K_{FN} = \sqrt[9]{\frac{10^6}{N}} = \sqrt[9]{\frac{10^6}{5.22 \times 10^7}} = 0.64$$

$$[\sigma]_F = 0.64 \times 56 = 36.1(\text{MPa})$$

$[\sigma]_F > \sigma_F$ 弯曲强度足够
(5) 几何尺寸计算：

$h_a = m = 10$ mm

$h_f = 1.2 \text{ m} = 1.2 \times 10 = 12 \text{ mm}$

$h = 2.2 \text{ m} = 2.2 \times 10 = 22 \text{ mm}$

$d_1 = mq = 10 \times 8 = 80 \text{ mm}$

$d_2 = mZ_2 = 10 \times 40 = 400 \text{ mm}$

$d_{a1} = d_1 + 2 \text{ m} = 80 + 2 \times 10 = 100 \text{ mm}$

$d_{a2} = d_2 + 2 \text{ m} = 400 + 2 \times 10 = 420 \text{ mm}$

$d_{f1} = d_1 - 2.4 \text{ m} = 80 - 2.4 \times 10 = 56 \text{ mm}$

$d_{f2} = d_2 - 2.4 \text{ m} = 400 - 2.4 \times 10 = 376 \text{ mm}$

表 5 - 4　$D_2 \leqslant d_{a2} + 1.5 \text{ m} = 420 + 1.5 \times 10 = 435 \text{ mm}$，取 $D_2 = 430 \text{ mm}$

齿根圆弧面半径　$R_1 = \dfrac{d_{a1}}{2} + 0.2 \text{ m} = \dfrac{100}{2} + 0.2 \times 10 = 52 \text{ mm}$

齿顶圆弧面半径　$R_2 = \dfrac{d_{f1}}{2} + 0.2 \text{ m} = \dfrac{56}{2} + 0.2 \times 10 = 30 \text{ mm}$

蜗轮轮缘宽　$B \leqslant 0.75 d_{a1} = 0.75 \times 100 = 75 \text{ mm}$，取 $B = 70 \text{ mm}$

蜗杆螺纹部分长度

$$L = (11 + 0.06 Z_2) \, m = (11 + 0.06 \times 40) \times 6 = 134 \text{ mm}$$

（6）精度选择和公差、表面粗糙度确定：本设计用于动力传动，属通用减速器，选 8 级精度和标准保证侧隙，即 8DCJB162 - 60，具体公差项目及表面粗糙度详见 JB162 - 60 及机械设计手册。

（7）热平衡计算：由装配图（此处略）粗估一下减速箱散热面积 S，由

$$t_0 = t_a + \dfrac{1\,000 P (1 - \eta)}{K_d S} ℃$$

若 $t_0 \leqslant 80°$ 为合格。否则应加散热筋或在蜗杆轴端加装风扇，以致减速箱内加装循环冷却水管（此处从略）等。

（8）绘制工作图：此处从略，可参看图 5 - 14 和图 5 - 15。

小结

本章主要介绍阿基米德蜗杆传动的基本参数，几何尺寸计算，承载能力计算和热平衡计算。蜗杆传动的设计是本章的重点。对初学者来说，这项工作由于公式多、查表多、步骤多，一开始常常不知从何下手，计算中又往往丢三拉四，造成不必要的反工。对于闭式蜗杆传动只要抓住由接触强度求 m 及 q $\left[m^3 q \geqslant KT_2 \left(\dfrac{480}{Z_2 [\sigma]_H} \right)^2 \right]$、按弯曲强度校核 $\left(\sigma_F = \dfrac{1.53 KT_2 \cos\lambda}{d_1 d_2 m} Y_{Fa2} \leqslant [\sigma]_F \right)$ 这个主要矛盾，顺着选材料、定齿数→求模数及特性系数、校强度→算尺寸，按热平衡→选精度、粗糙度绘工作图这条道，"摸着石头过河"，尤其两个主要公式（求 $m^3 q$ 和 σ_F），先写公式，再按缺什么、求什么的办法就可以做到纲举目张、忙而不乱；稳扎稳打，战无不胜。

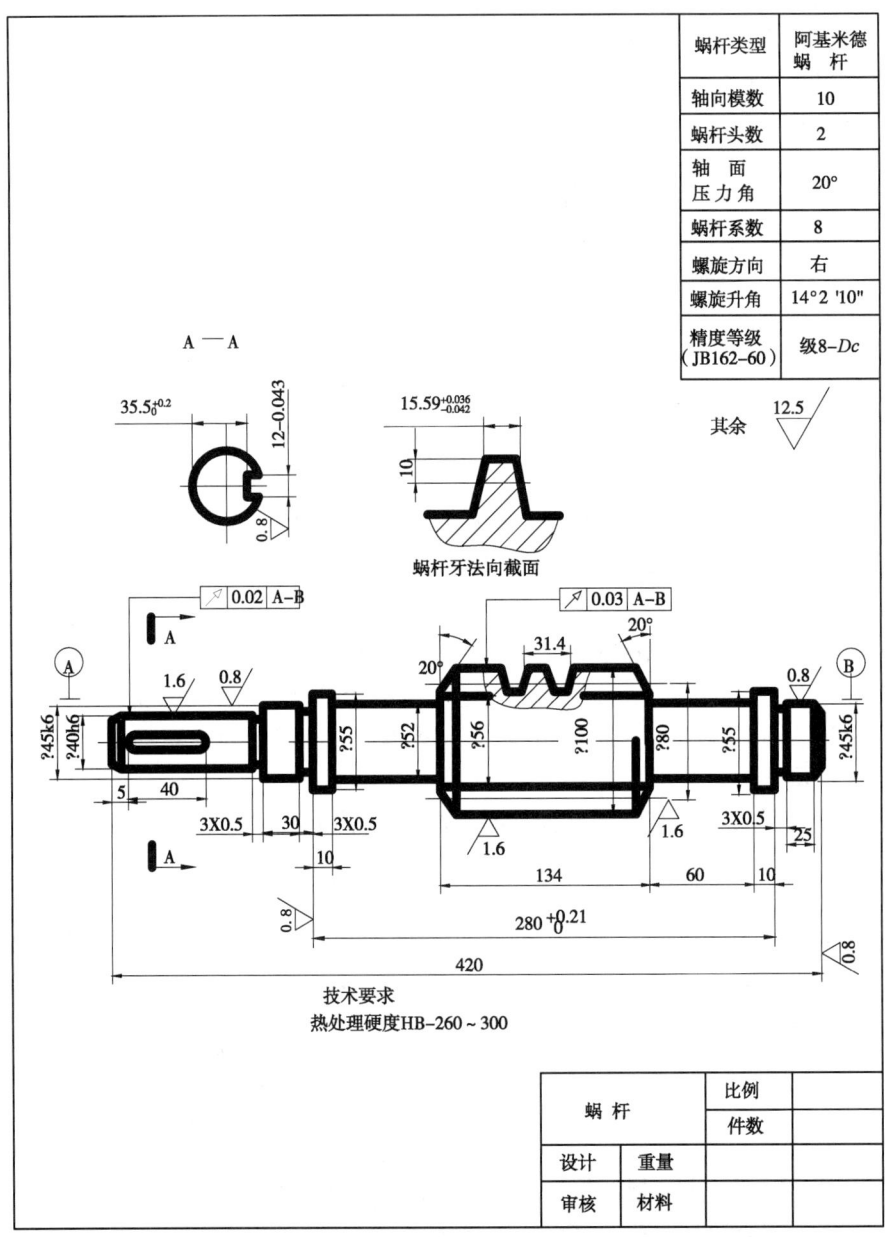

图 5–14 蜗杆工作图

思考题

(1) 蜗杆传动的传动比是否等于蜗杆与蜗轮节圆直径之反比？为什么？
(2) 与齿轮传动相比，蜗杆传动失效形式有何特点？为什么？
(3) 何谓蜗杆传动的主平面？阿基米德蜗杆传动主平面上齿廓形状和啮合关系怎样？
(4) 在进行蜗杆强度校核时，为什么只考虑蜗轮？
(5) 解释蜗杆特性系数的含义。并说明在蜗杆传动中为什么要引入蜗杆特性系数？

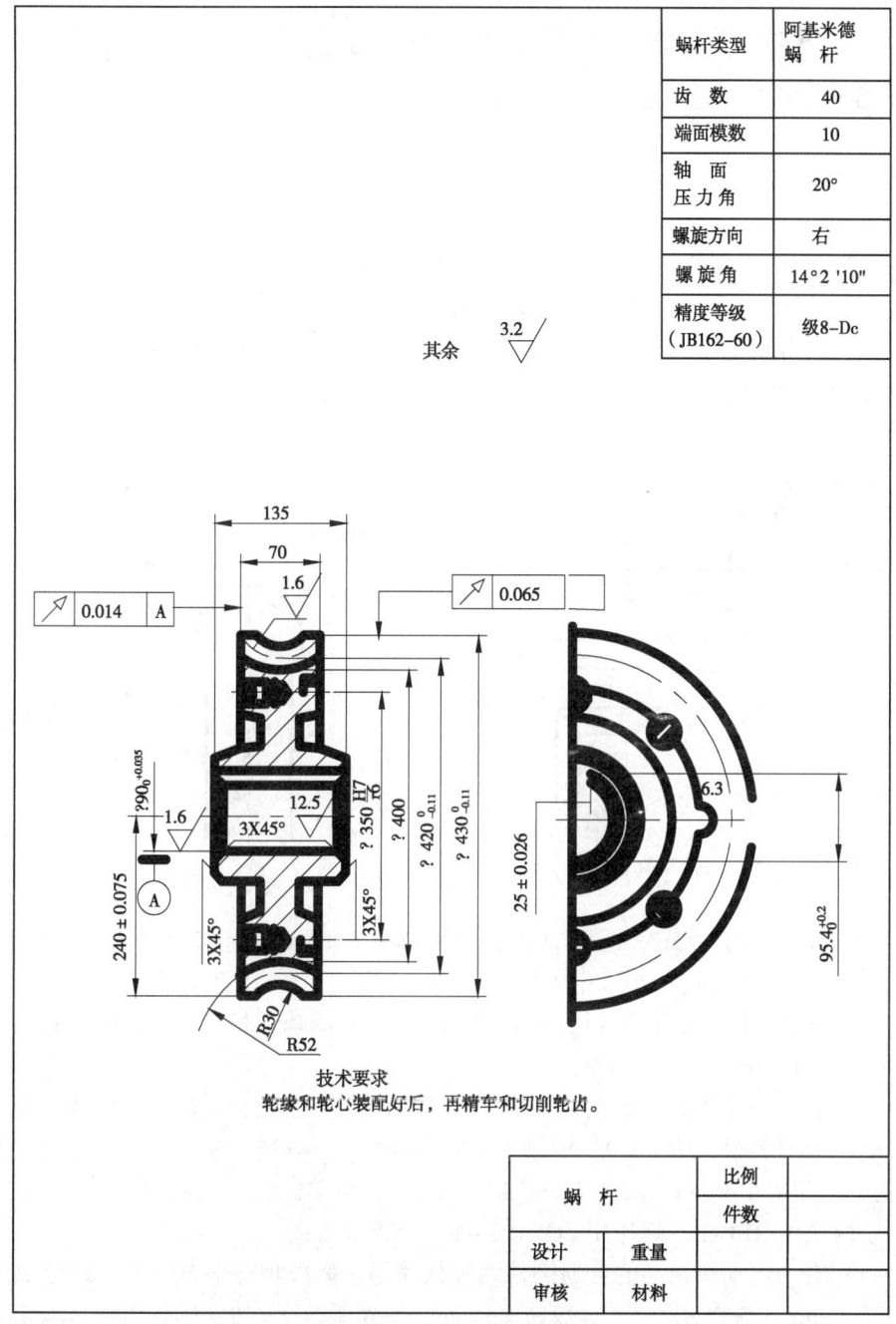

图 5-15 蜗轮工作图

（6）何谓蜗杆传动滑动速度？它对蜗杆传动有何影响？

（7）为什么蜗杆传动要进行热平衡计算？原理是什么？热平衡校核不满足要求时，应采取什么措施？

（8）蜗杆头数 Z_1 及螺旋线升角 λ 对啮合效率 η 有何影响？η 最高时为何值？具有自锁特性的蜗杆传动，η 为何只有 40% 左右？

（9）影响蜗杆传动效率的因素有哪些？$\eta = \dfrac{tg\lambda}{tg(\lambda+\varphi v)}$ 如何推出？一般蜗杆传动中，蜗轮能否作主动件？

习题

（5-1）题5-1图所示传动系统中，Z_5 和 Z_6 为斜齿圆柱齿轮，Z_7 和 Z_8 为直齿圆锥齿轮，试在图上标出 Z_5 和 Z_6 的旋向，使 Z_5 和 Z_6 所在轴的轴承所受轴向力为最小。

（5-2）试分析题5-2图中各轴的回转方向，蜗轮轮齿的螺旋方向及蜗杆、蜗轮所受各力的位置和方向。

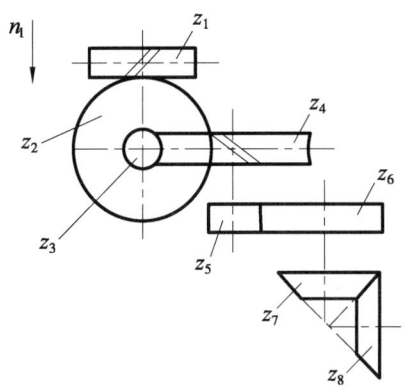

题5-1图 斜齿圆柱齿轮和直齿圆锥齿轮

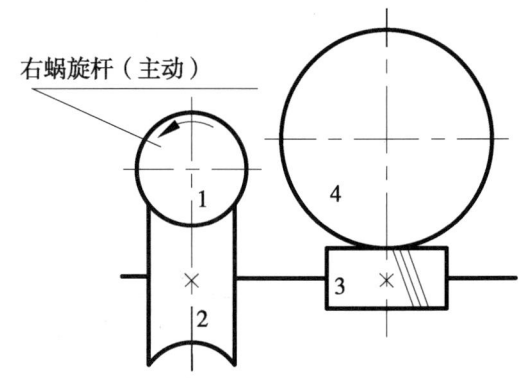

题5-2图 蜗杆传动

（5-3）设计用于带式输送机的普通圆柱蜗杆传动。传递功率 $P_1 = 8.8$ kW，转速 $n_1 = 960$ r/min，传动比 $i_{12} = 20$，由电动机驱动。载荷平稳，蜗杆材料为20Cr，渗碳淬火 HRC=58，蜗轮材料为ZQSn10-1，金属模铸造。蜗杆减速器每日工作8 h，每年工作300天，工作寿命为7年。

（5-4）验算一搅拌机用闭式圆柱蜗杆传动接触疲劳强度和弯曲疲劳强度。已知蜗杆头数 $Z_1 = 2$，蜗杆特性系数 $q = 9$，模数 $m = 6$，传动比 $i_{12} = 25$，蜗杆下置，由电动机直接驱动转速 $n_1 = 1\,450$ r/min，功率 $P_1 = 5$ kW，载荷平稳单向转动，使用寿命12 000 h，蜗杆用45号钢淬火 HRC45，蜗轮用 ZQSn10-1，金属模铸造。

（5-5）有一电动机拖动的普通圆柱蜗杆减速器。蜗杆轴功率 $P_1 = 2.2$ kW，蜗杆轴转速 $n_1 = 940$ r/min，头数 $Z_1 = 2$，模数 $m = 5$ mm，特性系数 $q = 10$，蜗轮齿数 $Z_2 = 54$，蜗杆下置，连续双向工作，载荷较平稳。如果用钢制蜗杆（HRC45）与 ZQSn10-1 砂模铸造蜗轮，计算该传动的使用寿命。

（5-6）设计一起重用蜗杆传动。载荷有中等程度冲击。蜗杆轴由电动机拖动。传递额定功率为 $P_1 = 10$ kW，$n_1 = 1\,450$ r/min，$n_2 = 120$ r/min，间歇工作，平均每日约2 h，要求工作寿命为10年（每年按工作300天计算）。

（5-7）设计一钻机用单级蜗杆减速器，已知蜗轮轴上转矩 $T_2 = 10\,600$ Nm，蜗杆转速 $n_1 = 900$ r/min，蜗轮转速 $n_2 = 19$ r/min，断续工作，有轻微振动，有效工作时间为3 000 h。

第六章 轴

6.1 轴的功用和类型

轴是组成机械的重要零件之一。它的主要功用是：一是支持回转零件（如带轮、链轮、齿轮等），使其有确定的工作位置；二是传递运动和动力。

按照轴线形状的不同，轴可分为曲轴（图6-1）、直轴（图6-2）和软轴或挠性轴（图6-3）。

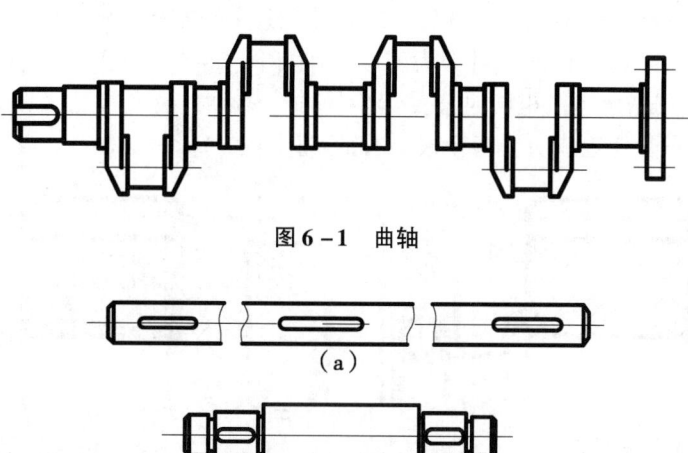

图6-1 曲轴

图6-2 直轴

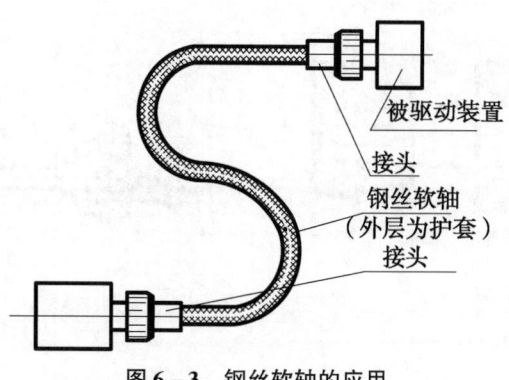

图6-3 钢丝软轴的应用

直轴按其外形不同，又可分为光轴〔图6-2（a）〕、阶梯轴〔图6-2（b）〕和一些特殊用途的轴（如凸轮轴等）。

光轴形状简单，加工容易，成本低，轴上应力集中源少。但零件在其上安装，固定不便。光轴常用于农业机械、纺织机械和机床上。阶梯轴各截面的直径不同，便于轴上零件的安装和定位，而且受载比较合理，接近等强度梁。

直轴一般都制成实心的。但有时因机器结构要求而需在轴上装其他零件，或在轴孔中输送润滑油、冷却液或者对减轻轴的质量有重大作用时（如大型水轮机的轴、航空发动机的轴），则将轴制成空心的（图6-4）。为了保证空心轴有足够的刚度和扭转稳定性，一般要求空心轴内径与外径的比值为 0.5~0.6。

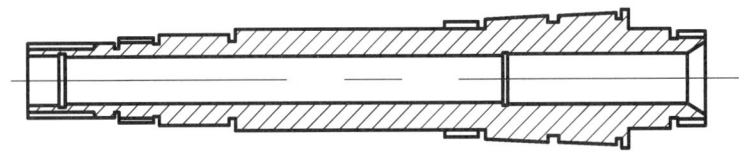

图6-4 空心轴

直轴按其所受载荷的不同，可分为：①心轴，只用来支持回转零件，不传递扭矩，主要承受弯矩（图6-5）。心轴又可分为转动心轴〔图6-5（a）〕和固定心轴〔图6-5（b）〕。②转轴，用来传递扭矩同时又受弯矩的轴，机器中最为常见（图6-6）。③传动轴，只传递扭矩不受弯矩或所受弯矩很小的轴（图6-7）。

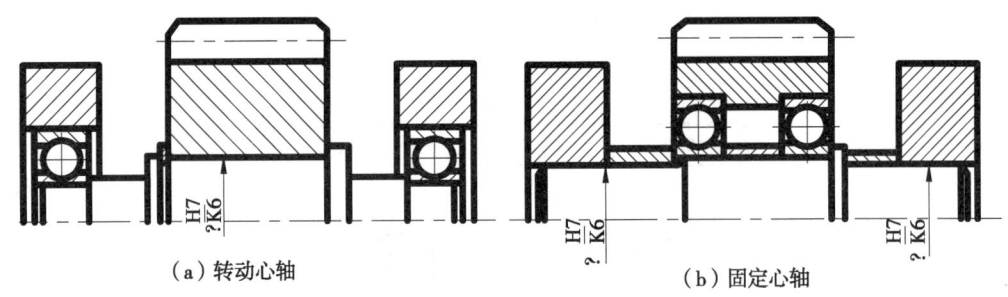

图6-5 心轴

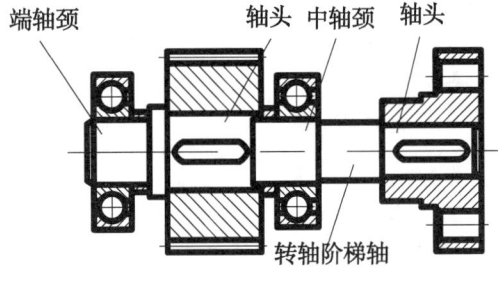

图6-6 转轴

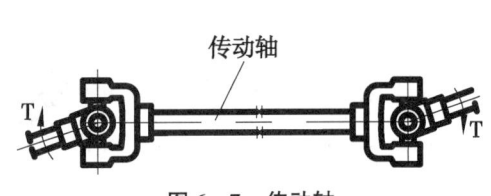

图6-7 传动轴

6.2 轴的材料及设计轴的基本要求

6.2.1 轴的材料

轴的材料主要采用碳钢和合金钢，也可采用球墨铸铁。

碳钢有足够高的强度，对应力集中不太敏感，便于进行机械加工和热处理，价格低廉，应用广泛。一般机器的轴，可用30、40、50等牌号的优质中碳钢，其中，最常用的为45号钢。为了改善机械性能，应进行正火或调质处理。对于轻载或不重要的轴，一般不需要进行热处理，可采用A3、A4、A5等普通碳素钢。

合金钢的机械性能（强度、耐磨性、硬度）更高，多用于制造高速重载及受力大而又要求尺寸小、重量轻的轴。对于在高温、低温或有腐蚀介质条件下工作的轴，则更宜用合金钢来制造。对于合金钢制造的轴，必须进行热处理，以充分显示其优越的机械性能。合金钢对应力集中比较敏感，因此，用合金钢制造的轴不但应有合理的结构形状，而且要有较高的表面质量。由于各种合金钢与碳素钢的弹性模量相差甚小，因此靠选用合金钢来提高轴的刚度是不行的，此时应采用增大轴的直径，改进结构等方法来提高轴的刚度。

球墨铸铁虽然强度比较低，但铸造工艺性好，容易获得复杂的外形，吸振性、耐磨性均较好，对应力集中不敏感，价格便宜，常用来制造曲轴、凸轮轴等。

轴的材料应根据轴的工作状况（所受载荷的大小及性质、转速高低、周围环境等）、重要性和结构复杂程度、生产批量、材料供应情况、加工可能性以及经济性等因素，综合考虑、合理选取。

轴的常用材料及其机械性能见表6－1。

6.2.2 设计轴的基本要求

设计轴的基本要求是保证轴具有：

第一，足够的强度和刚度。即要求所设计的轴具有足够的承载能力，以保证轴在预期寿命内能正常工作。

第二，合理的结构。即要求所设计的轴便于加工，疲劳强度高，轴上的零件便于拆装，并且相对于轴有可靠的固定方式。

表6－1 轴的常用材料及其主要机械性能

材料牌号	热处理	毛坯直径（mm）	硬度（HBS）	力学性能（MPa）					备注
				拉伸强度极限 σ_B	屈服强度极限 σ_S	弯曲疲劳极限 σ_{-1}	剪切疲劳极限 τ_{-1}	许用弯曲应力 $[\sigma_{-1}]_b$	
Q235－A	热轧或锻后空冷	≤100		400~420	225	170	105	40	用于不重要及受载荷不大的轴
		>100 ~250		375~390	215				

（续表）

材料牌号	热处理	毛坯直径（mm）	硬度（HBS）	拉伸强度极限 σ_B	屈服强度极限 σ_S	弯曲疲劳极限 σ_{-1}	剪切疲劳极限 τ_{-1}	许用弯曲应力 $[\sigma_{-1}]_b$	备注
45	正火回火调质	≤100	170~217	590	295	255	140	55	应用最广泛
		>100~300	162~217	570	285	245	135		
		≤200	217~255	640	355	275	155	60	
40Cr	调质	≤100	241~286	785	510	355	205	70	用于载荷较大而无很大冲击的重要轴
		>100~300		685	490	335	185		
40CrNi	调质	≤100	270~300	900	735	430	260	75	用于很重要的轴
		>100~300	240~270	785	570	370	210		
38SiMnMo	调质	≤100	229~286	735	590	365	210	70	用于重要的轴，性能近于40CrNi
		>100~300	217~269	685	540	345	195		
20Cr	渗碳淬火回火	≤60	渗碳56~62HRC	640	390	305	160	60	用于要求强度及韧性均较高的轴（如齿轮、蜗轮轴）
3Cr13	调质	≤100	≥241	835	635	395	230	75	用于腐蚀条件下的轴
1Cr18Ni9Ti	淬火	≤100	≤192	530	195	190	115	45	用于高、低温及腐蚀条件下的轴
		>100~200		490		180	110		
QT600-3			190~270	600	370	215	185		用于制造复杂外形的轴
QT800-2			245~335	800	480	290	250		

注：①表中所列疲劳极 σ_{-1} 值是按下列关系式计算的，供设计时参考。碳钢：$\sigma_{-1} \approx 0.43\sigma_B$；合金钢：$\sigma_{-1} \approx 0.2(\sigma_B + \sigma_S) + 100$；不锈钢：$\sigma_{-1} \approx 0.27(\sigma_B + \sigma_S)$；$\tau_{-1} \approx 0.156(\sigma_B + \sigma_S)$；球墨铸铁：$\sigma_{-1} \approx 0.36\sigma_B$；$\tau_{-1} \approx 0.31\sigma_B$。②1Cr18Ni9Ti（GB1221-1984）可选用，但不推荐

6.3 轴的结构设计

轴的结构设计已知条件：装置简图（轴上主要零件的相互位置关系图）、轴的转速、传递的功率、传动零件的主要参数和尺寸（因一般设计顺序是先设计传动零件后设计轴）等。

轴的结构设计任务：确定出轴的合理外形和全部结构尺寸。

轴的结构设计应满足的要求：①轴及轴上的零件要有确定的工作位置；②轴上零件应便利于节约材料和减轻重量、于装拆和调整；③轴具有良好的制造及装配工艺性；④有利于提高轴的强度、刚度。有关轴的结构设计方法按具体情况而定。

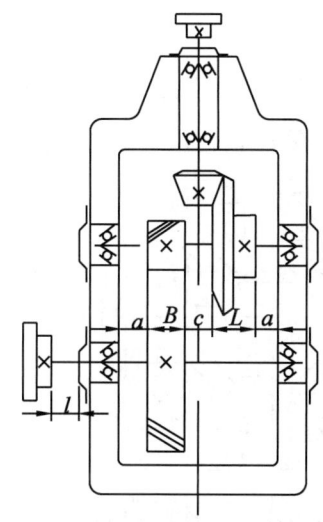

a，c 取为 1~20 mm；s 取为 5~10 mm；
l 根据轴承端盖和联轴器的装拆要求定出

图 6-8 圆锥－圆柱齿轮减速器简图

6.3.1 拟定轴上零件的装配方案

不同的装配方案可以得到不同的轴的结构形式。因而必须拟定几种不同的装配方案，以便进行分析对比与选择，如设计图 6-8 所示的圆锥——圆柱齿轮减速器的输出轴，如图 6-9（c）所示为输出轴的装配方案之一。按此方案装配时，圆柱齿轮、套筒、左端轴承、轴承端盖及联轴器依次由轴的左端装配。而图 6-9（d）所示为输出轴的另一装配方案，短套筒、左端轴承、轴承端盖和联轴器从轴的左端装配，而圆柱齿轮、长套筒和右端轴承则从轴的右端装配。仅从这两个方案来比较，显然，后者较前者多增加了一个作为轴向定位的长套筒，使机器的零件增多，且质量增大。所以相比之下，前一方案较为合理。另外还可以看出，装配方案不同，得出的轴的结构形式也不同。

6.3.2 确定轴的各段直径和长度

确定轴的直径时，往往不知道支反力的作用点，不能决定弯矩的大小与分布情况，因

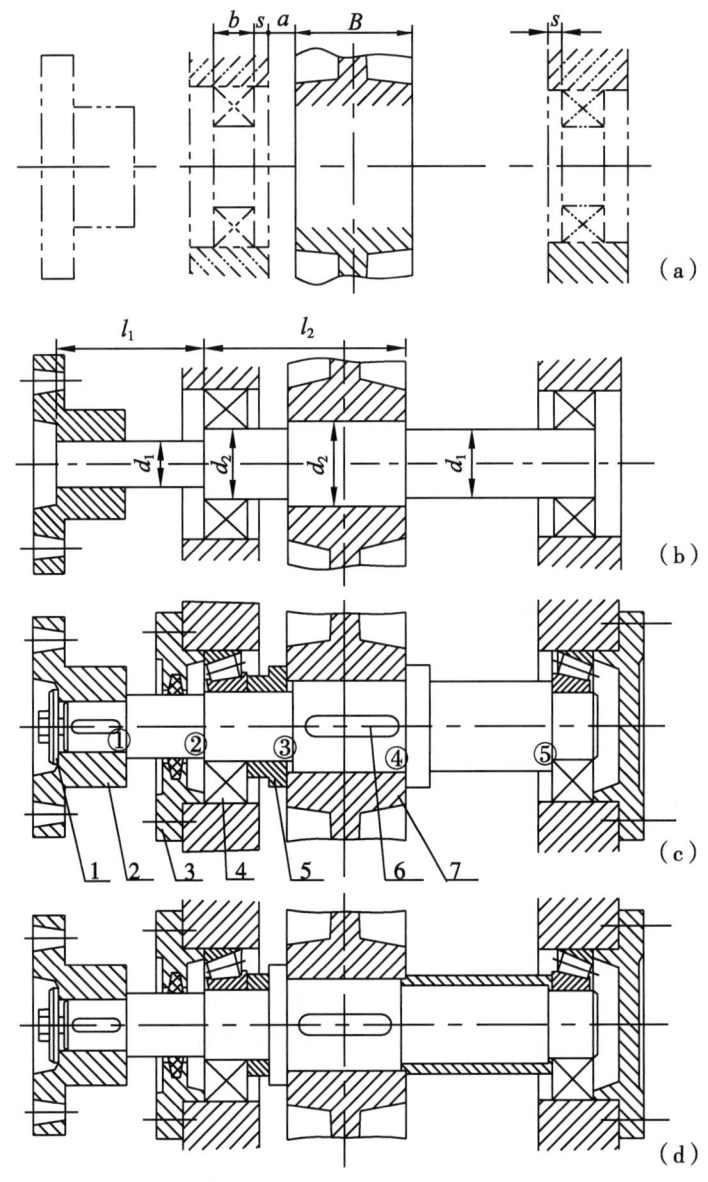

图 6-9 轴的结构设计方法

而还不能按轴所受的实际载荷来确定其直径。如图 6-9 所示的减速器输出轴中,支反力的作用点与轴的各段长度和轴承类型、尺寸有关,而轴的各段长度与各零件宽度有关,而某些零件的宽度又取决于轴的直径(如齿轮轮毂的长度、轴承型号等)。为此,需先初步估算轴的直径,由此确定零件的宽度,并绘制设计简图。通常先根据轴所传递的扭矩,按扭转强度来初步估算轴的直径(弯矩的影响用降低许用扭转剪应力来考虑),其方法如下:

轴受到扭矩作用时,其强度条件为:

$$\tau_T = \frac{T}{W_T} = \frac{9\,550 \times 10^3 \dfrac{P}{n}}{0.2d^3} \leqslant [\tau]_T \tag{6-1}$$

式中：τ_T——扭转剪应力，MPa；

T——轴传递的转矩，N·mm；

W_T——轴的抗扭剖面模量，mm³；

n——轴的转速，r/min；

P——轴传递的功率，kW；

d——计算剖面处轴的直径，mm；

$[\tau]_T$——考虑弯矩的影响而降低了的许用扭转剪应力，MPa，见表 6-2。

表 6-2 轴常用的几种材料的 $[\tau]_T$ 及 A_0 值

轴的材料	Q235-A 20	45	40Cr、35SiMn、42SiMn、38SiMnMo	1Cr18Ni9Ti
$[\tau]_T$（MPa）	12~20	20~40	40~52	15~25
A_0	158~135	135~106	106~97	147~124

注：①表中已考虑了弯矩对轴的影响。

②关于 A_0 值的取法：估计弯矩较小，材料强度较高，或轴刚度要求不严时，A_0 取偏小值，反之取偏大值；轴上无轴向载荷，A_0 取偏小值，反之取偏大值；对输出轴端，A_0 取偏小值，对输入轴端及中间轴，A_0 取偏大值；用 35SiMn 钢时，A_0 取偏大值。

由式（6-1）可得轴的直径：

$$d \geqslant \sqrt[3]{\frac{9\,550\,000P}{0.2[\tau]_T \cdot n}} = \sqrt[3]{\frac{9\,550\,000}{0.2[\tau]_T}} \cdot \sqrt[3]{\frac{P}{n}} = A_0 \sqrt[3]{\frac{P}{n}} \text{mm} \tag{6-2}$$

式中 $A_0 = \sqrt[3]{\dfrac{9\,550\,000}{0.2[\tau]_T}}$，查表 6-2，对于空心轴，则

$$d \geqslant A_0 \sqrt[3]{\frac{P}{n(1-\beta^4)}} \text{mm} \tag{6-3}$$

式中 $\beta = \dfrac{d_1}{d}$，即空心轴的内径 d_1 与外径 d 之比，通常取 $\beta = 0.5 \sim 0.6$。

对有键槽的轴段，应增大轴颈以考虑键槽对轴的强度的削弱。一般在有一个键槽时，轴颈增大 3% 左右；有两个键槽时，应增大 7% 左右，然后圆整为标准直径。

应当注意，这样求出的直径，只能作为仅受扭矩的那一段轴的最小直径 $d_{\min}$。

求出 $d_{\min}$ 后，就可按所拟定的装配方案，从 $d_{\min}$ 处起逐一确定各段轴的直径。在确定轴的各段直径时需注意以下几点：①与滚动轴承配合的轴颈直径，必须符合滚动轴承的内径的标准系列；②轴上切制螺纹、花键部分的直径，必须符合螺纹、花键外径的标准系列；③与一般零件（如齿轮、带轮等）配合的轴段（俗称轴头）直径，也应采用标准直径，见表 6-3。

表 6-3   标准直径（摘自 JB176-60） mm

10***	10.5	11*	11.5	12**	13	14*	15	16***	17	18*	19	20**	21	22*	24
25***	26	28*	30	32**	34	35*	38	40***	42	45*	48	50**	52	55*	58
60***	65	70*	75	80**	85	90*	95	100***	105	110*	115	120**	130	140*	150

注：①标准直径有 5、10、20、40 四个系列。有***的为 5 系列，有**的为 10 系列，有*的为 20 系列，其余为 40 系列。②选用时，5 系列优先于 10 系列，10 系列优先于 20 系列，20 系列优先于 40 系列。

轴的各段长度主要是根据各零件与轴配合部分的轴向尺寸和使零件轴向定位可靠等来确定。需要强调指出，为了保证轴向定位可靠，与齿轮、联轴器相配合部分的轴段长度一段应比毂长短 2~3 mm，如图 6-34 中的 Ⅰ-Ⅱ 轴段和 Ⅳ-Ⅴ 轴段。轴的最右端轴段长度等于轴承宽度。

6.3.3　轴上各零件的轴向定位

零件在轴上的轴向固定方式很多，各有特点。常见的轴向定位型式有轴肩、轴环、弹性挡圈、螺母、轴端挡圈、套筒、圆锥面和紧定螺钉等。

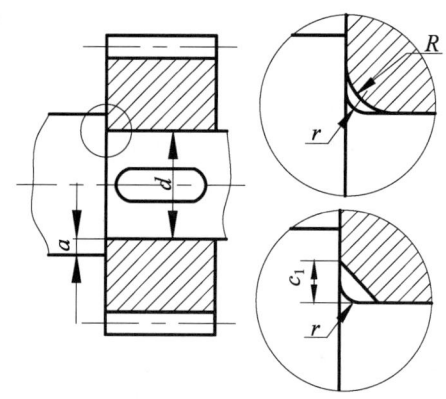

图 6-10　轴肩

（1）轴肩：轴肩由定位面和过渡圆角组成（图 6-10）。为了保证轴上零件能紧靠定位面，轴肩圆角半径 r 必须小于零件毂孔的圆角半径 R 或倒角尺寸 C_1；轴肩高度 h 应能保证最小的实际接触高度（$h-R$ 或 $h-C_1$），以便可靠地承受轴向力，一般取 $(2~3)C_1$，与滚动轴承配合的轴肩高度必须小于轴承内圈高度，以便于轴承的折卸。非定位轴肩的高度（图 6-9 中的轴肩 2、3）则无严格的规定，一般取 1.5~2 mm。

（2）轴环：轴环的作用以及尺寸 h 和 r 均与轴肩相同，其结构形状如图 6-11 所示。轴环宽度 $b \geq 1.4h$。

（3）套筒：套筒是借助于位置已经确定的零件来定位的。图 6-12 中的滚动轴承是借助于齿轮端面通过套筒实现轴向定位的。此时，轴肩高度可做的很小，甚至不设轴肩，这样可减小轴的直径，简化轴的结构，降低应力集中。但是，若套筒过长，则重量增大，故多用于相邻零件之间距离较短的场合。另外，因套筒与轴的配合较松，故不宜用于高速旋转的轴上。

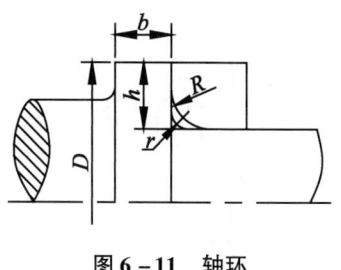

图 6-11 轴环

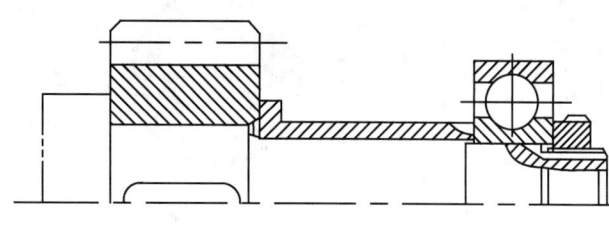

图 6-12 利用套筒及圆螺母定位

(4) 圆螺母（图 6-12）：用圆螺母定位，便于零件装拆，可承受较大的轴向力，但当螺纹车制在受载的轴段时，会削弱轴的疲劳强度。为了减轻对轴强度的削弱程度并增强防松能力，一般采用细牙螺纹。

(5) 紧定螺钉（图 6-13）：常用于固定光轴上零件的轴向定位或兼作周向定位。它结构简单、装拆方便，并且可以调整零件在轴上的位置，但只能用于零件上的轴向力不大之处。

(6) 弹性挡圈（图 6-14）：它工艺性好，装拆方便，但对轴的强度削弱较大，常用于轴向力不大且刚性较高的轴。

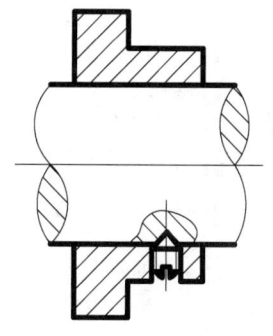

图 6-13 利用紧定螺钉定位

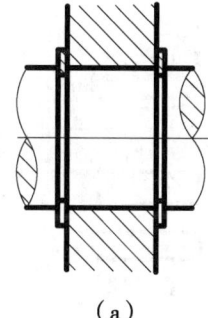
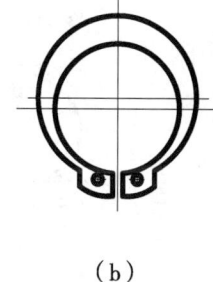

（a） （b）

图 6-14 利用弹簧挡圈定位

(7) 锁紧挡圈（图 6-15）：它分为整体式和剖分式，用于固定光轴上零件的轴向固定。它结构简单，装拆方便，可以调整零件在轴上的位置，但不宜用在高速或重载场合。

(8) 圆锥形轴端（图 6-16）：它常与轴端挡圈、螺母联合使用。其定位可靠，装拆方便，能承受冲击载荷，但加工困难。常用于轴上零件与轴的同心度要求较高或受冲击载荷的场合。

6.3.4 轴上零件的周向定位（轴毂连接）

轴上传递转矩的零件除了需作轴向定位外，还需作周向定位。定位方式根据传递转矩的大小和性质，对中精度高低，加工难易及生产批量等因素来选择。常用的周向定位方法有以下几种。

1. 键连接

键分为平键、半圆键、楔键和切向键等类型。

按照用途，平键分普通平键、导向平键和滑键 3 种。

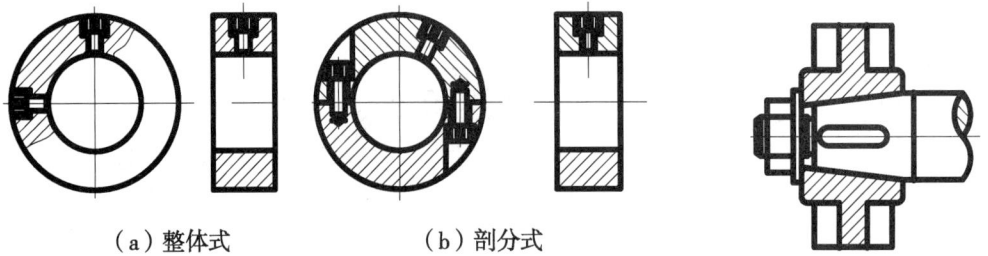

（a）整体式　　　（b）剖分式

图6-15　螺钉锁紧挡圈图　　　　图6-16　利用圆锥形轴端定位

图6-17为普通平键连接的结构型式。键的两侧面是工作面，工作时，靠键与键槽侧面的相互挤压来传递扭矩。键的上表面和轮毂上键槽的底面间留有间隙。普通平键连接具有结构简单、装拆方便、对中性好等优点。这种键连接在工程上应用极为广泛。

普通平键用于静连接，按端部形状分为圆头（A型）、方头（B型）、及单圆头（C型）3种〔图6-17（a）、（b）、（c）〕。A型用于端铣刀加工的键槽，键在槽中的轴向固定好，轴上键槽端部的应力集中较大；B型用于盘状铣刀加工的键槽，轴上应力集中较小，但对尺寸大的键，要用紧定螺钉把键固定在轴上的键槽中，以免松动。C型常用于轴端，其轴上键槽常用端铣刀加工。

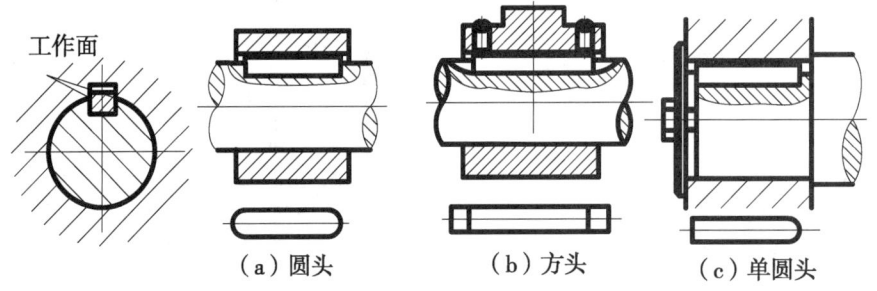

（a）圆头　　　（b）方头　　　（c）单圆头

图6-17　普通平键连接（图b、c、d下方为键及键槽示意图）

导向平键〔图6-18（a）〕和滑键〔图6-18（b）〕都用于动连接。导向平键是一种较长的平键，用螺钉固定在轴上的键槽中，为了拆卸方便，在键的中部制有起键螺钉孔，轴上的传动零件可沿键作轴向滑移。当轴上零件滑移的距离较大时，因所需导键过长，制造困难，则可采用滑键，滑键固定在轮毂上，工作时轮毂带键一起沿轴上的长键槽滑动。

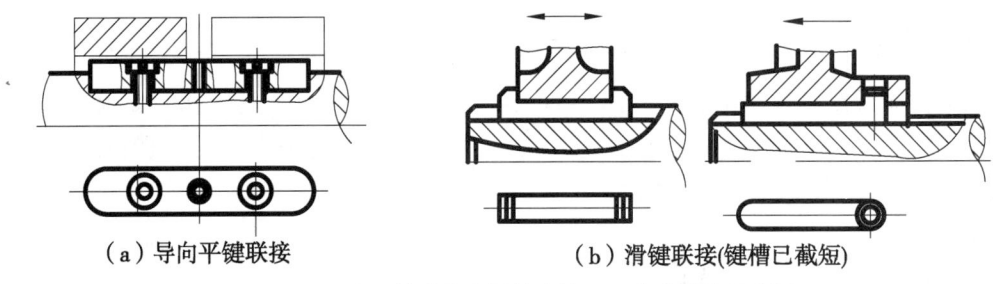

（a）导向平键联接　　　（b）滑键联接(键槽已截短)

图6-18　导向平键连接和滑键连接（下方为键的示意图）

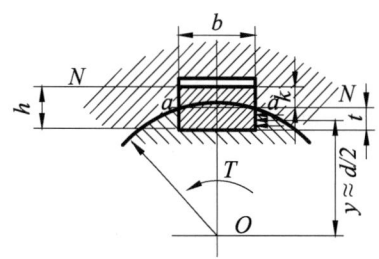

图 6-19 平键连接受力情况

平键连接已经标准化，设计时，根据轴颈 d 由标准中选择键的宽度 b、高度 h，根据轮毂长度来确定键长 L，一般略小于轮毂长度，所选的键长也应符合标准规定的长度系列。而导向平键的长度按轮毂长度及滑移距离来定，一般轮毂长度可取为 $L' = (1.5 \sim 2)d$，这里 d 为轴的直径。

平键连接工作时的受力情况如图 6-19 所示，键受到挤压和剪切的作用，实践证明，普通平键连接属于静连接，其主要失效形式是键和轴与轮毂上的键槽三者中最弱的工作面被压溃；导向平键和滑键属于动连接，其主要失效形式为工作面的过渡磨损。因而平键连接的强度常按键侧挤压应力（静连接）或压强（动连接）来进行计算。

通常工程设计中，假定压力在键的接触长度和高度上均匀分布，根据平均挤压应力或压强进行条件性计算，其强度条件为：

静连接 $$\sigma_P \approx \frac{\dfrac{2T}{d}}{\dfrac{h}{2} \times l} \approx \frac{4T}{hld} \leqslant [\sigma]_P \tag{6-4}$$

动连接 $$p \approx \frac{4T}{hld} \leqslant [p] \tag{6-5}$$

式中：h——键的高度，mm；

l——键的工作长度，mm，圆头平键 $l = L - b$，方头平键 $l = L$，这里 L 为键的公称长度，mm；b 为键的宽度。

d——轴的直径，mm；

$[\sigma]_p$——许用挤压应力，MPa，见表 6-4。

表 6-4 键连接的许用应力、许用压力（MPa）

许用应力、许用压力	连接工作方式	键或毂、轴的材料	载荷性质		
			静载荷	轻微冲击	冲击
$[\sigma]_p$	静连接	钢	120~150	100~120	60~90
		铸铁	70~80	50~60	30~45
$[p]$	动连接	钢	50	40	30
$[\tau]$	静连接	钢	120	90	60

注：① $[\sigma]_p$、$[p]$ 应按连接中材料机械性能最弱的零件选取；
② 如与键有相对滑动的被连接件表面经过淬火，则动连接的许用压力 $[p]$ 可提高 2~3 倍

键连接所能传递的转矩为：

静连接
$$T = \frac{hld}{4}[\sigma]_P \tag{6-6}$$

动连接
$$T = \frac{hld}{4}[\rho]_\alpha \tag{6-7}$$

键一般用抗拉强度极限 $\sigma_b \geq 600$ MPa 的碳钢或精拨钢制造，常用的材料为 45 号钢。

如果使用一个平键不能满足轴所传递的转矩的要求时，可在同一轴毂连接处相隔 180°布置两个平键，考虑到载荷分布的不均匀性，双键连接的强度只按 1.5 个键计算。

（1）半圆键：如图 6-20 所示，键用圆钢切制或冲压后磨制，毂上键槽用半径与键相同的盘状铣刀铣出，因而键在槽中能绕其几何中心摆动，以适应轮毂中键槽的斜度。半圆键用于静连接，工作时，靠其侧面来传递扭矩。它工艺性好，装配方便，尤其适用于锥形轴与轮毂的连接。但键槽较深，对轴的强度削弱较大，故一般只用于轻载连接或辅助连接。

半圆键连接的强度计算与平键相同。当需装两个半圆键时，通常将两键槽沿轴布置在同一条母线上，这样既便于加工，又可避免使轴的强度削弱过大。

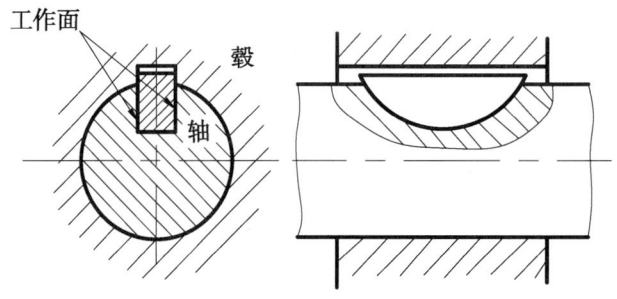

图 6-20 半圆键连接

（2）楔键：如图 6-21 所示，分普通楔键和勾头楔键，普通楔键又分圆头（A 型）和方头（B 型）两种。圆头普通楔键是放入式的，装配时先把键放入轴上用指状铣刀铣出的与键形状相同的键槽中，然后把轴上零件装上并打紧或压紧。其他楔键都是打入式的，装配时，先把零件装到轴上的预定位置，然后把键从毂的一端打入。钩头楔键用于不能从毂的另一端把键打出的场合，较其他的楔键易于拆卸。

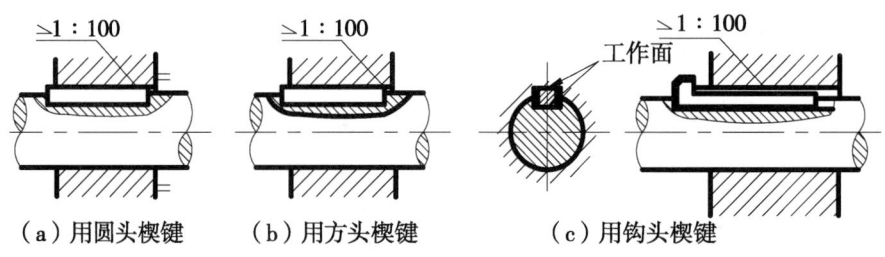

图 6-21 楔键连接

楔键的上、下两面为工作面，分别与毂和轴上键槽的底面贴合。键的上表面与轮毂上键槽底面均有 1∶100 的斜度。装配打紧后，键楔紧在轴、毂之间。工作时主要靠键与键槽之间及轴与毂孔之间的摩擦力来传递转矩。它还能轴向固定零件和承受单向轴向力。

由于楔键连接装配后容易产生轴上零件与轴的偏心或偏斜,又因楔键连接靠摩擦力来传递转矩,在变载荷和冲击载荷作用下易松动,所以楔键仅用于对运动精度要求不高、载荷平稳和低速的连接中。为了便于拆卸,楔键最好用于轴端,此时,钩头楔键应加安全罩。

通常,同一段轴上装一个楔键。若需装两个楔键,两键槽最好相隔120°布置,这样既可保证轴与毂有较大的压紧力,又不过分削弱轴的强度。

(3) 切向键:如图6-22所示,由一对斜度为1:100的楔键组成,安装时将两楔键由两侧相对打入。键的上、下两面为工作面,其中一面在通过轴心的平面内。两工作面相互平行,因此轴、毂的键槽并无斜度。当连接工作时,靠工作面的挤压力和轴与轮毂间的摩擦力来传递转矩。一个切向键只能传递单向转矩,若要传递双向转矩,则需用两个切向键,互成120°布置。这样布置对轴的强度削弱比180°布置时要小,而且能增大轮毂孔和轴的接触面积。

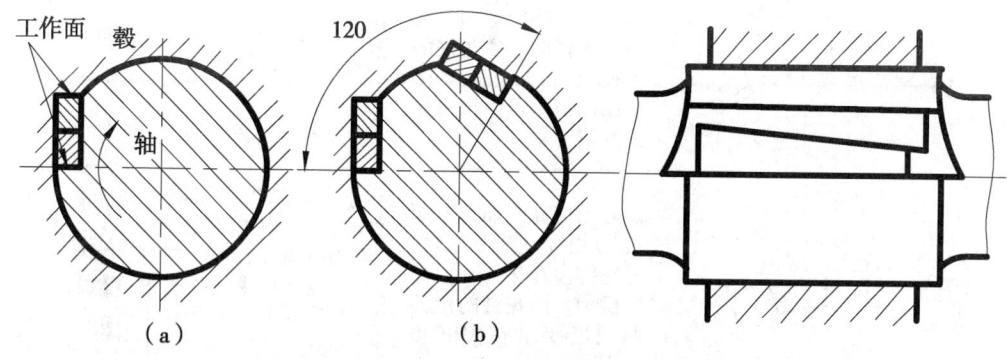

图6-22 切向键连接

切向键连接能传递大的转矩,但对轴的削弱程度比其他键都大,故主要用于轴颈大于100 mm,对中性要求低的重载连接。例如矿山用的大型绞车的卷筒及齿轮与轴的连接。

2. 花键连接

花键连接由外花键(带键齿的花键轴)和内花键(带键齿槽的轮毂)所组成(图

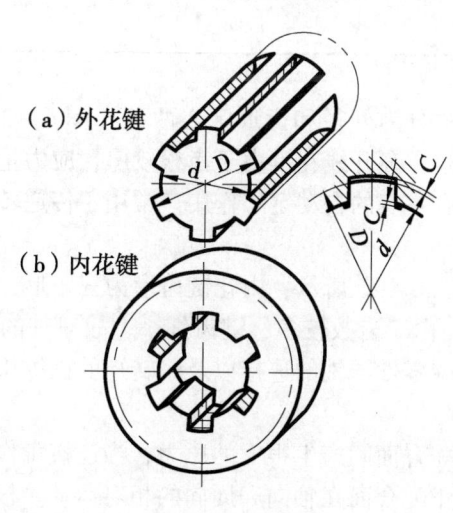

图6-23 花键

6-23)。由图可知,花键连接是平键连接在数目上的发展。与平键连接相比,花键连接具有受载齿数多、承载能力高、对中性好、便于导向、对轴的强度削弱较小等优点。适用于载荷较大、定心要求较高的静连接和动连接。

花键按其齿形不同分为矩形花键、渐开线花键和三角形花键。

矩形花键按其齿的尺寸和数目不同,分轻、中、重和补充4种系列,分别适用于轻载、中载和重载的连接。根据定心方法不同又可分按外径(D)、内径(d)、齿宽(b)定心3种,其特点和应用见表6-5。

表6-5 矩形花键连接的定心方式及其特点和应用

类型	特点	应用
按 D 定心 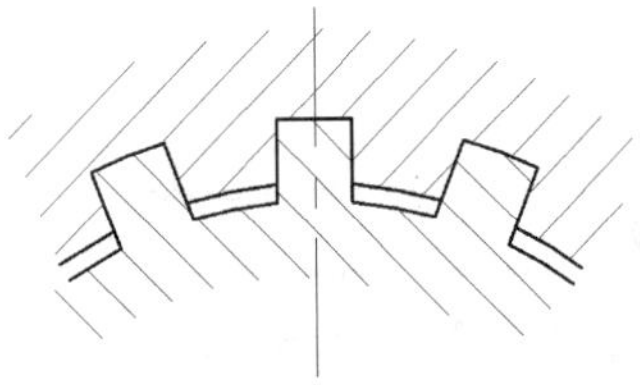	定心精度高。加工方便,外花键的大径尺寸可在普通磨床上加工至所需的精度,内花键的大径尺寸(表面硬度 <HRC40)可由拉刀保证其精度	用于定心精度要求高的传动零件与轴的连接,应用最广
按 d 定心 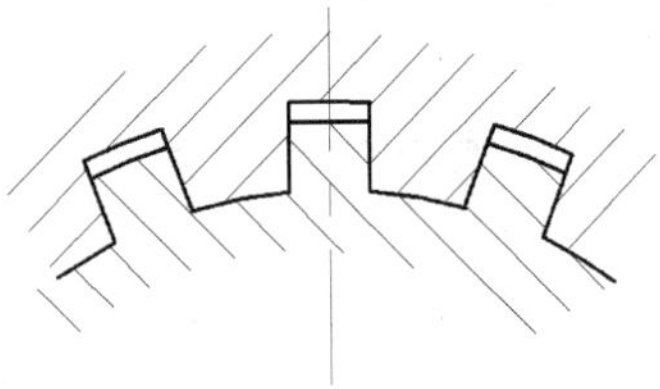	定心精度高。加工不如按 D 定心方便,内、外花键齿在热处理后都要磨削。内花键的定心面硬度要求在 HRC40 以上	用于定心精度要求高,并符合下列条件时:1. 内花键表面硬度要求较高(在 HRC40 以上),热处理后不宜校正大径;2. 单件生产或大径较大,采用按 D 定心在工艺上不经济;3. 内花键的定心面要求粗糙度数值低,采用按 D 定心在工艺上不易达到要求
按 b 定心 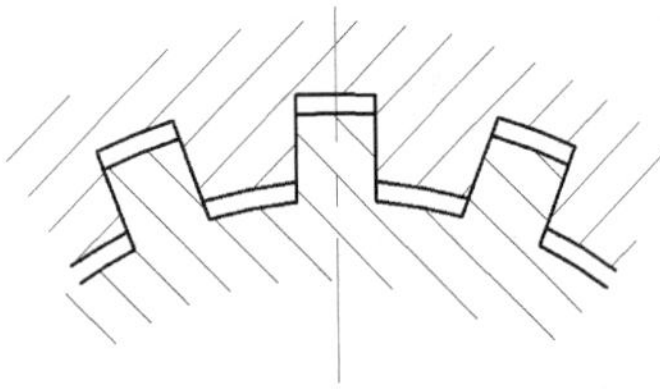	定心精度不高,但有利于各齿均匀承载	主要用于载荷较大而定心要求不高的重系列连接,且多用于静连接

渐开线花键接定心方式分为外径和齿形定心两种(图6-24、图6-25)。一般采用齿形定心。与矩形花键比较,渐开线花键由于齿根较厚,应力量集中较小,强度高。受载时因齿上有径向分力,故有一定的自动定心作用。常用于传递转矩较大、定心要求较高以及尺寸较大的连接。

三角形花键的齿形如图6-26所示,内花键齿形为三角形,外花键用的是分度圆压力角等于45°的渐开线齿形。由于齿数较多、键齿细小,故对轴的强度削弱小,传递的扭矩也小。主要用于轴上或薄壁零件与轴的连接以及小转矩的操纵机构或调整机构中。

3. 过盈配合

由于配合有过盈量,配合面间产生很大的压力,当连接工作时,靠此压力或与此压力相伴而生的摩擦力,来阻止配合面在轴向和周向的相对运动。根据过盈量的大小,过盈配合分为重压、中压和轻压3种配合。

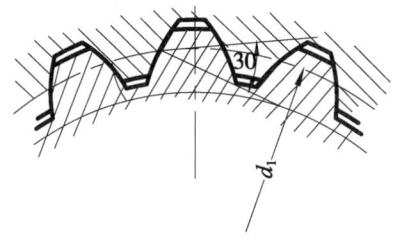

图 6-24 渐开线花键按齿形定心

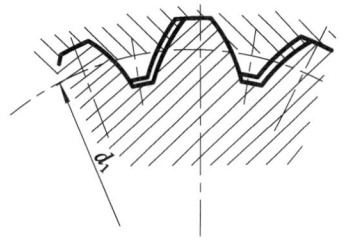

图 6-25 渐开线花键按大径定心

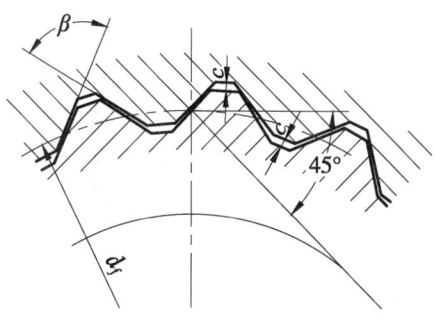

图 6-26 三角花键

重压配合有 $\dfrac{H7}{t6}$、$\dfrac{H7}{u6}$、$\dfrac{H7}{t5}$，它们不需加键就能传递很大的转矩。这种连接用温差法或压入法装配，为永久性结合，如火车轮与轴的配合。

中压配合有 $\dfrac{H7}{S6}$、$\dfrac{H7}{S5}$，它们能传递较大的转矩，可作为永久性或半永久性结合。

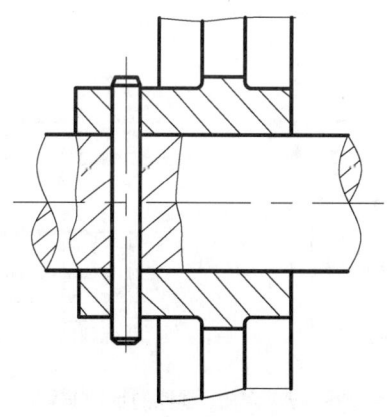

图 6-27 连接销

轻配合有 $\dfrac{H7}{n6}$、$\dfrac{H7}{p6}$、$\dfrac{H7}{r6}$，它们能拆卸，传递的转矩较小。若需传递大转矩或有冲击时，还要附加平键，例如齿轮与轴的配合。

过盈配合连接的结构简单，对中性好，能承受冲击载荷，但配合面加工精度要求高、装拆方便。

4. 紧定螺钉、圆锥销等　采用紧定螺钉或圆锥销（图6-27）同时作为轴向固定和周向固定。这两种方法仅能承受很小的载荷。

6.3.5　轴的结构工艺性

设计轴的结构时，还应使轴的结构形状便于加工、装配和维修，有利于提高轴的强度。

为了便于装配零件，并去掉毛刺，轴端应制出45°的倒角。过盈配合零件装入端常加工出半锥为10°（或30°）的导向锥面（图6-28）。当轴的某段需磨削加工或有螺纹时，需留出砂轮越程槽〔图6-29（a）〕或退刀槽〔图6-29（b）〕。它们的尺寸可参看标准或手册。

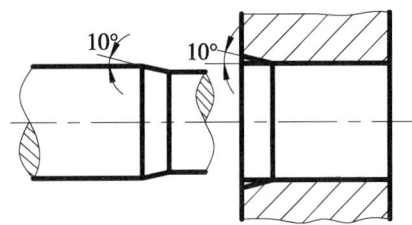

图6-28　装配倒角

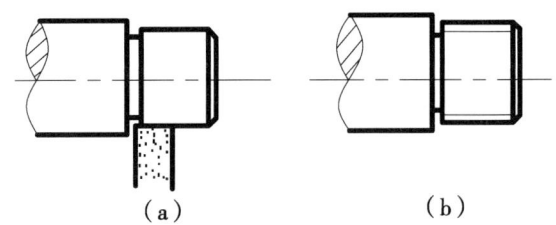

图6-29　砂轮越程槽和退刀槽

当轴上有两个以上的键槽时，应置于同一直线上，键宽应尽可能统一，以利加工。

在结构设计时，可以采用改善受力情况、改变轴上零件位置等措施来提高轴的强度。图6-30中轴上装有3个传动轮，如将输入轮1布置在轴的一端〔图6-30（a）〕，输入扭矩为T_1+T_2，此时轴上受的扭矩为T_1+T_2。若将输入轮1布置在输出轮2和3之间〔图6-30（b）〕，则轴上的最大扭矩变为T_1。

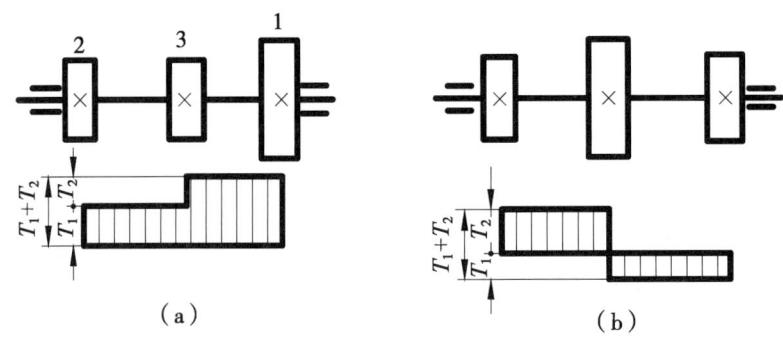

图6-30　轴上零件的合理布置

对工作时承受变应力的轴，为提高其疲劳强度，应尽量减小应力集中。因此，要避免轴剖面的剧烈变化并尽可能加大轴肩圆角半径。不过同时还要使零件能可靠地定位，所以，过渡圆角半径又必须小于与之相配的零件的圆角半径R或倒角尺寸C_1（图6-31）。当与轴相配的零件必须采用很小的圆角半径，而又要减小轴肩处的应力集中时，可采用内凹圆角〔图6-31（b）〕或加装隔离环〔图6-31（c）〕的结构形式。此外轴上各处的圆角半径还应尽可能统一。

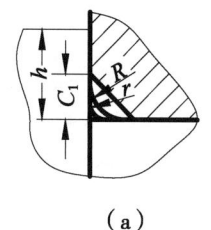 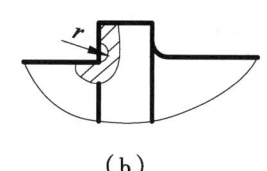 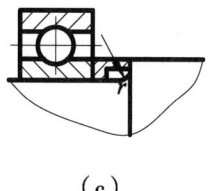

(a)　　　　　　　　(b)　　　　　　　　(c)

图 6-31　轴肩过渡结构

6.4　轴的强度计算

工程设计中，常用的轴的强度计算方法有以下几种：

6.4.1　按扭转强度计算

这种方法适用于计算以传递转矩为主的传动轴，也常用来初估转轴的最小直径，为确定零件轮毂宽度、轴承尺寸、支点间的跨距等，初步进行轴的结构设计提供条件。〔计算方法参看 6.3.2 节〕

6.4.2　按弯、扭合成强度计算

这种计算是在初步进行轴的结构设计的基础上进行的。这时轴上零件的位置已知，即外载荷和支反力的作用位置已知，因而已有条件作轴的受力分析，求出支反力，绘出弯矩图和扭矩图，按弯、扭合成强度计算，其方法步骤如下。

（1）作出轴的计算简图：轴的计算简图是对轴及其支承和轴上零件作用在轴上的载荷进行简化而作出的力学模型。在工程计算中，一般将实际的阶梯轴简化为一直线轴；将轴上安装的滚动轴承或滑动轴承看作是铰支承。轴上支反力的作用点，根据轴承类型及其组合，按图 6-32 确定。将轴上传动零件沿轮毂宽度作用在轴上的分布载荷简化为一集中力，集中力的作用点可取为轮毂宽度的中点。为了便于计算，常将空间的力分解成位于两个相互垂直平面内的分力，并在各平面内分别确定支反力。轴上的转矩，通常从传动件轮毂宽度的中心算起。

根据上述方法，可以作出图 6-8 减速器输出轴的计算简图〔图 6-33（a）〕。

（2）作出弯矩图：计算轴的水平面支反力 R_H，作轴的水平面弯矩 M_H 图〔图 6-33（b）〕；计算垂直面的支反力 R_V，作轴的垂直面弯矩 M_V 图〔图 6-33（c）〕；作合成弯矩 M 图〔图 6-33（d）〕；合成弯矩 M 为水平弯矩 M_H 和垂直弯矩 M_V 的矢量和。

$$M = \sqrt{M_H^2 + M_V^2}$$

（3）作出当量扭矩图〔图 6-33（e）〕：

（4）作轴的当量弯矩图〔图 6-33（f）〕：轴既受弯矩又受扭矩时，根据第三强度理论，可求得当量弯矩为：

$$M_{ca} = \sqrt{M^2 + (\alpha T)^2} \qquad (6-8)$$

式中 α 是考虑扭矩和弯矩的作用性质差异的系数（意即引入系数 α 后，即将扭矩 T

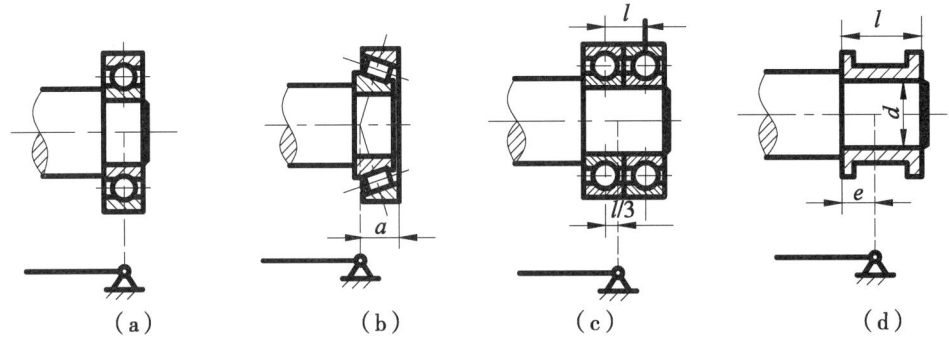

图 6-32 轴上支点的简化

转化为当量的弯矩 M）。这是因为，弯矩所产生的弯曲应力是对称循环变应力，而扭矩所产生的扭转剪应力一般当作脉动循环变应力（注：当载荷平稳，机器连续运转时，扭转剪应力在名义上是静应力，但考虑到机器工作时很难绝对平稳，加上振动、开车、停车等因素，为安全起见，而把扭转剪应力看成脉动循环）。不同性质的应力，对轴的强度有不同程度的影响，因而在合成时应作适当的修正。α 值取决于剪应力的性质。当扭转剪应力为静应力时，取 $\alpha = \dfrac{[\sigma_{-1}]_b}{[\sigma_{+1}]_b} \approx 0.3$；扭转剪应力为脉动循环变应力时，取 $\dfrac{[\sigma_{-1}]_b}{[\sigma_0]_b} \approx 0.59$；若扭转剪应力亦为对称循环变应力时，则取 $\alpha = \dfrac{[\sigma_{-1}]_b}{[\sigma_{-1}]_b} = 1$。

（5）校核轴的强度：已知轴的计算弯矩后，即可针对危险剖面（即计算弯矩大而直径小的剖面）作强度校核计算，即：

$$\sigma_{ca} = \frac{M_{ca}}{W} = \frac{\sqrt{M^2 + (\alpha T)^2}}{W} \leq [\sigma] \quad \text{MPa} \qquad (6-9)$$

式中：W——轴的抗弯剖面模量，mm^3；

$[\sigma]$——轴的许用应力，MPa。按轴实际所受弯曲应力的循环特性，在 $[\sigma_{+1}]_b$、$[\sigma_0]_b$、$[\sigma_{-1}]_b$ 中选取其相应的数值，见表 6-6。

对于心轴，只承受弯矩的作用，其强度校核可看作上述情况的一个特例，即应用式 (6-9) 时，应取 $T=0$，亦即 $M_{ca}=M$。

按弯、扭合成强度计算较为安全，计算也比较简便，对于一般用途的轴，可作为最后的计算。

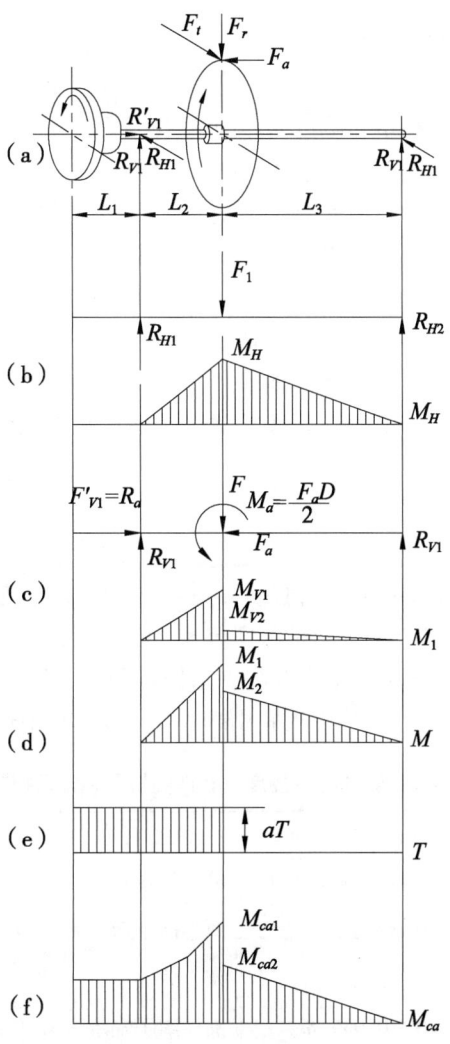

图 6-33　轴的载荷分析图

表 6-6　轴的许用应力（MPa）

材料	σ_B	$[\sigma_{+1}]_b$	$[\sigma_0]_b$	$[\sigma_{-1}]_b$
碳钢	400	130	70	40
	500	170	75	45
	600	200	95	55
	700	230	110	65
合金钢	800	270	130	75
	1 000	330	150	90

注：静应力时用 $[\sigma_{+1}]_b$；脉动循环变应力时用 $[\sigma_0]_b$；对称循环变应力时用 $[\sigma_{-1}]_b$

6.5 轴的刚度计算

轴的刚度包括弯曲刚度和扭转刚度两个方面。

由于大多数轴在结构设计时都不同程度地放大了尺寸,经验证明,刚度一般是足够的。因此,通常不需进行计算。但是对一些受力大而细长的轴或对刚度要求较高的轴,若刚度不足,则将影响机器的正常工作。例如,机床主轴刚度不足,则将影响工件的加工精度;桥式起重机的移行机构的传动轴若扭转变形过大,则将导致驱动轮卡死。采用滑动轴承的轴,如弯曲刚度不足,就会使压力沿轴承长度分布不均匀,甚至发生边缘接触,使发热过度、磨损加剧,在高转速情况下,轴的刚度直接关系到轴的振动。在这些情况下,需要对轴的刚度进行计算。轴的刚度计算通常就是计算轴所受载荷时的变形量,看它是否在允许的限度以内。

6.5.1 轴的弯曲刚度计算

弯曲刚度用挠度 y 和偏转角 θ 来度量。轴的弯曲刚度条件为:

$$y \leqslant [y]; \theta \leqslant [\theta] \tag{6-10}$$

式中:$[y]$、$[\theta]$——分别为许用挠度和许用偏转角。它们的值是根据各类机器的实践经验确定的。一般机器制造业中,轴的许用挠度 $[y]$ 和许用偏转角 $[\theta]$ 值见表6-7。

表6-7 轴的允许挠度及允许偏转角和许用扭转角

名称	允许挠度 $[y_{max}]$ (mm)	名称	允许偏转角 $[\theta_{max}]$ (rad)
一般用途的轴	$(0.0003 \sim 0.0005)l$	滑动轴承	0.001
刚度要求较严的轴	$0.0002l$	向心球轴承	0.005
感应电动机轴	0.1Δ	调心球轴承	0.05
安装齿轮的轴	$(0.01 \sim 0.03)m_n$	圆柱滚子轴承	0.0025
安装蜗轮的轴	$(0.02 \sim 0.05)m_{t2}$	圆锥滚子轴承	0.0016
蜗杆轴	$(0.01 \sim 0.02)m_{t2}$	安装齿轮处轴的剖面	$0.001 \sim 0.002$
名称	$[\varphi]$ (°/m)		
一般传动轴	$0.5 \sim 1$		
精密传动轴	$0.025 \sim 0.5$		
重要传动轴	0.25		

注:l——轴的跨距;mm;Δ——电动机定子与转子间的气隙;mm;m_n——齿轮的法面模数;m_{t2}——蜗轮的端面模数

光轴的挠度 y 及偏转角 θ 的计算,可用材料力学中的方法计算。阶梯轴的挠度 y 及偏转角的计算方法有当量直径法、能量法(莫尔积分法)、图解法等。如果只需作近似计算时,可用当量直径法,即把阶梯轴看成是当量直径为 d_m 的等效光轴,求出等效光轴的直径 d_m (等效直径),然后利用材料力学求挠度和偏转角公式进行计算。等效直径计算公式为：

$$d_m = \frac{\Sigma d_i L_i}{\Sigma L_i}$$

式中：d_i——阶梯轴第 i 段的直径；
L_i——阶梯轴第 i 段的长度。

对于阶梯轴上装有过盈配合零件的轴段，应取零件轮毂的直径作为该轴段直径进行计算。

当轴上承受几个位于同一平面的载荷时，可分别算出每个载荷单独作用时各该剖面处的挠度和偏转角，再用叠加法求出总的挠度和偏转角。如轴上承受的几个载荷不在同一平面内，则将各载荷分解为垂直平面和水平面的分力，分别算出这两个平面内该剖面处的挠度和偏转角，然后用向量相加求其合成挠度和偏转角。

6.5.2 轴的扭转刚度计算

许多机器的轴，特别是小直径的轴，有时扭转角达到每米几度仍能正常工作。譬如，汽车的传动轴，每米扭转角可达好几度。在这种情况下，就不必计算轴的扭转刚度。但在某些机器中，轴的扭转变形过大会影响机器的工作性能和精度。例如，齿轮机床轴的扭转变形过大，会影响其加工精度；内燃机凸轮轴的扭转变形过大会影响气阀的正确启闭时间；齿轮轴的扭转刚度不足，会引起载荷沿齿宽分布不均匀，使啮合情况恶化。在这些情况下，需要对轴的扭转刚度进行计算。

轴的扭转变形，用每米长的扭转角 φ 来表示。校核轴的刚度时，先用材料力学的公式和方法算出轴每米长的扭转角 φ，并控制其满足 $\varphi \leq [\varphi]$。此处 $[\varphi]$ 为轴每米长允许的扭转角，其值可根据不同情况选取：

一般传动　　　$[\varphi] = 0.5° \sim 1°/m$；
精确传动　　　$[\varphi] = 0.25° \sim 0.5°/m$；
要求不高的传动　$[\varphi] > 1°/m$。

圆轴扭转角 φ 的计算公式为：

$$\varphi = \frac{TL}{GI} \tag{6-11}$$

式中：T——轴所传递的转矩，Nmm；
L——轴受扭矩作用的长度；mm；
G——材料的剪切弹性模量，对于钢，$G = 8.1 \times 10^4$ MPa；
I——轴截面的极惯性矩，对于实心圆轴，$I = \pi d^4/32$；
d——轴的直径，mm。

将式（6-11）中的扭转角 φ 弧度变换为度，并将 J 值代入，则有：

实心光轴　　　　　　　$$\varphi° = 584 \frac{TL}{Gd^4} \tag{6-12}$$

实心阶梯轴　　　　　　$$\varphi° = \frac{584}{G} \Sigma \frac{T_i L_i}{d_i^4} \tag{6-13}$$

式中：T_i、L_i、d_i 分别代表阶梯轴第 i 段的扭矩、长度和直径。

以上求出的 φ 值是轴受扭矩作用在长度 Lmm 上的总扭矩变形量，而许用扭转角 $[\varphi]$ 是每米长允许的扭转变形量，所以轴受扭矩作用时应满足的刚度条件为：

$$100\varphi/L \leq [\varphi] \qquad (6-14)$$

例题 设计圆锥圆柱齿轮减速器输出轴。减速器的装置简图参见图 6-8，输入轴与电动机相联，输出轴通过联轴器与带式运输机相联。单向运转（从左端看为顺时针方向）。已知输出轴上的功率 $P_3 = 9.4KW$，转速 $n_3 = 93.6$ r/min，齿轮分度圆直径 $d = 383.84$ mm，分度圆上螺旋角 $\beta = 8°06'34''$，宽度 $b_2 = 80$ mm，以及中间轴上的圆柱齿轮宽 $b_1 = 85$ mm，大圆锥齿轮轮毂长 $L = 50$ mm。

解 一是初步确定轴的最小直径。

按扭转强度来初步确定，由式（6-2）得：

$$d \geq A_0 \sqrt[3]{\frac{P}{n}}$$

轴的材料由表 6-1 选用调质处理的 45 号钢，$\sigma_B = 650$ MPa，由表 18-2 取 $A_0 = 110$，于是得：

$$d_{min} = A_0 \sqrt[3]{\frac{P_3}{n_3}} = 110 \sqrt[3]{\frac{9.4}{960}} \approx 51.2 \text{ mm}$$

输出轴的最小直径显然是安装联轴器处轴的直径〔图 6-9（c）〕。为了使所选轴的直径 d_{I-II} 与联轴器的孔径相适应，故需同时选取联轴器。

输出轴上的转矩 $T_3 = 9\,550\,000 \dfrac{P_3}{n_3} = 9\,550\,000 \dfrac{9.4}{93.6} = 959$ Nm

由 GB4323-84 或从手册中查用 TL9 型弹性套柱销联轴器，其半联轴器 1 的孔径 $d_1 = 55$ mm，故取 $d_{I-II} = 55$ mm；半联轴器长 $L \leq 112$ mm。

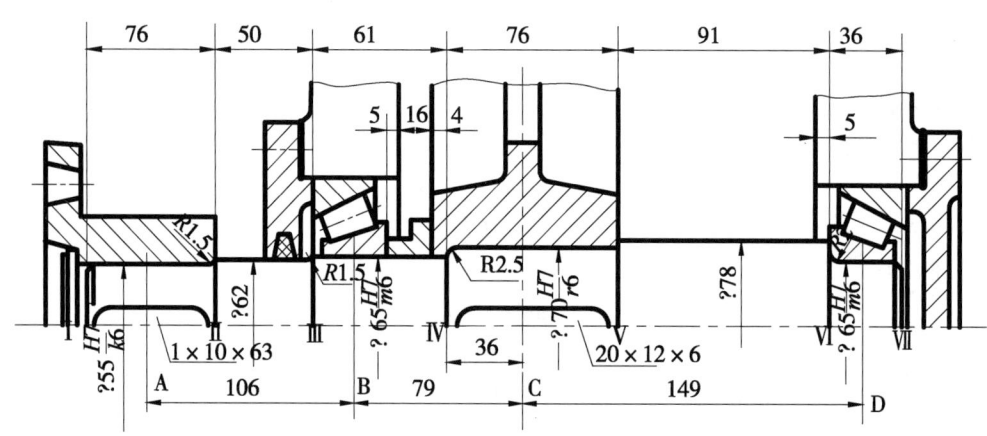

图 6-34 轴的结构与装配

二是轴的结构设计。

1. 拟定轴上零件的装配方案

本题的装配方案已在前面分析比较，现选用第一方案〔图 6-9（c）〕。

2. 根据轴向定位的要求确定轴的各段直径和长度

（1）为了满足半联轴器的轴向定位要求，Ⅰ-Ⅱ轴段右端需制出一轴肩，故取Ⅱ-

Ⅲ段的直径 $d_{Ⅱ-Ⅲ}=62$ mm；左端用轴端挡圈定位，按轴端直径取挡圈直径 $D=65$ mm。因半联轴器长 $L=112$ mm，而半联轴器与轴配合部分的长度 $L_1=84$ mm，但为了保证轴端挡圈只压在半联轴器上而不压在轴的端面上，故Ⅰ-Ⅱ段的长度应比 L_1 略短一些，现取 $L_{Ⅰ-Ⅱ}=76$ mm。

（2）初步选择滚动轴承。由题意知，所设计的轴上装有斜齿轮，轴承同时受有径向力和轴向力，又根据 $d_{Ⅱ-Ⅲ}=62$ mm，初步选取单列圆锥滚子轴承7313，其尺寸为 $d×D×B=65×140×36$，故 $d_{Ⅲ-Ⅳ}=d_{Ⅵ-Ⅶ}=65$ mm。

为了右端滚动轴承的轴向定位，需将Ⅴ-Ⅵ段直径放大以构成轴肩。由手册上查得，对7313轴承，它的定位轴肩高度最小为6 mm，现取 $d_{Ⅴ-Ⅵ}=78$ mm（即定位轴肩高度为6.5 mm）。

考虑到箱体的铸造误差，滚动轴承应距箱体内边一段距离 S，取 $S=5$ mm（图6-8）。

（3）取安装齿轮处的轴段Ⅳ-Ⅴ的直径 $d_{Ⅳ-Ⅴ}=70$ mm。齿轮左端用套筒顶住轴承内圈来定位，已知齿轮轮毂长为80 mm，为了使套筒端面和齿轮轮毂端面紧贴以保证定位可靠，故取 $L_{Ⅳ-Ⅴ}=76$ mm，略短于轮毂长；齿轮的另一端是借轴肩定位的。

（4）轴承端盖的总宽度为20 mm（由减速器及轴承端盖的结构设计而定）。根据轴承端盖的装折及便于对轴承添加润滑脂的要求，取端盖的外端面与半联轴器右端面的距离 l 为30 mm（图6-8），故取 $L_{Ⅱ-Ⅲ}=50$ mm。

（5）取齿轮距箱体内壁之距离 $a=16$ mm，圆锥齿轮与圆柱齿轮之间的距离 $c=20$ mm（图6-8），则

$$L_{Ⅲ-Ⅳ}=B+S+a+(80-76)=36+5+16+4=61 \text{ mm}$$
$$L_{Ⅴ-Ⅵ}=l+c+a+s=50+20+16+5=91 \text{ mm}$$

式中：L 为大圆锥齿轮的轮毂长，$L=50$ mm。

3. 轴上零件的周向定位 齿轮，半联轴器与轴的周向定位均采用平键连接。按 $d_{Ⅳ-Ⅴ}$ 由手册查得平键剖面 $b×h=20×12$（GB1095-79），键槽用键槽铣刀加工，长为63 mm（标准键长见GB1095-79），同时为了保证齿轮与轴配合有良好的对中性，故选齿轮轮毂与轴的配合为 $H7/r6$，半联轴器与轴的连接，根据 $d_{Ⅰ-Ⅱ}=55$ mm 由手册查得平键剖面 $b×h=16×10$，长为63 mm，配合选为 $H7/k6$，滚动轴承与轴的周向定位是借配合来保证的，此处选 $H7/m6$。

4. 定圆角半径 r 值 按前面所述的原则，定出轴肩处的圆角半径 r 的值，详见图6-10，轴端倒角，在轴的两端均为 $2×45°$（详见GB6403.4-86）。

三是按弯扭合成条件校核轴的强度。

1. 作轴的计算简图〔图6-33（a）〕
2. 求轴上所受作用力的大小
（1）齿轮上的啮合力：

$$F_t=\frac{2T}{d_2}=\frac{2×95\,980}{383.84}=4\,995 \text{ N} \approx 5\,000 \text{ N};$$

$$F_r=F_t\frac{\text{tg}\alpha_n}{\cos\beta}=5\,000×\frac{\text{tg}20°}{\cos 8°6'34''} \approx 1\,840 \text{ N};$$

$$F_a=F_t\text{tg}\beta=5\,000×\text{tg}8°6'34'' \approx 715 \text{ N}。$$

圆周力 F_t，径向力 F_r 及轴向力 F_a 的方向如图 6-33（a）所示。

(2) 轴在水平面内所受支反力 [图 6-33（b）]：

$$R_{H1} = \frac{F_t L_3}{L_2 + L_3} = \frac{5\,000 \times 149}{79 + 149} = 3\,268 \text{ N}$$

$$R_{H2} = F_t - R_{H1} = 5\,000 - 3\,268 = 1\,732 \text{ N}$$

(3) 轴在垂直面内所受支反力：

$$R_{V1} = \frac{F_r \cdot L_3 + \frac{F_a D}{2}}{L_2 + L_3} = \frac{1\,840 \times 149 + 715 \times \frac{383.84}{2}}{79 + 149} = 1\,804 \text{ N}$$

$$R_{V2} = F_r - R_{V1} = 36 \text{ N}$$

3. 作弯矩图

在水平面内，轴上 B、C、D 三点的弯矩。为：

$$M_{BH} = M_{DH} = 0$$

$$M_{CH} = R_{H1} \times L_2 = 3\,268 \times 79 = 258\,172 \text{ N·mm}$$

作水平面内弯矩图如图 6-33（b）所示。

在垂直面内，轴上 B、C、D 三点的弯矩为：

$$M_{BV} = M_{DV} = 0$$

$$M_{CV1} = R_{V1} \times L_2 = 1\,804 \times 79 = 142\,516 \text{ N·mm}$$

$$M_{CV2} = R_{V1} \times L_2 - \frac{F_a D}{2} = 1\,804 \times 79 - \frac{715 \times 383.84}{2} = 5\,293 \text{ N·mm}$$

作垂直面内弯矩图如图 6-33（c）所示。

合成弯矩为：

$$M_B = M_D = 0$$

$$M_{C1} = \sqrt{M_{CH}^2 + M_{CV1}^2} = \sqrt{258\,172^2 + 142\,516^2} = 294\,896 \text{ N·mm}$$

$$M_{C2} = \sqrt{M_{CH}^2 + M_{CV2}^2} = \sqrt{258\,172^2 + 5\,293^2} = 258\,226 \text{ N·mm}$$

作轴的合成弯矩图如图 6-33（d）所示。

4. 作扭矩图

$$T_B = T_C = 9\,550\,000 \frac{p_3}{n_3} = 9\,550\,000 \frac{9.4}{93.6} = 959\,081 \text{ N·mm}$$

$$T_D = 0$$

作轴的扭矩图如图 6-33（e）所示。

5. 作当量弯矩图（弯矩、扭矩合成图）

B 点：$M_{bca} = \alpha T = 0.59 \times 959\,081 = 565\,857 \text{ N·mm}$

C 点左侧：$M_{cca} = \sqrt{M_{C1}^2 + (\alpha T)^2} = \sqrt{294\,896^2 + (0.59 \times 959\,081)^2} = 638\,089 \text{ N·mm}$

C 点右侧：$M_{cca} = M_{c2} = 258\,226 \text{ N·mm}$

D 点：$M_{dca} = 0$

作轴的当量弯矩图如图 6-33（f）所示。

6. 校核轴的强度

进行校核时，通常只校核轴上承受最大当量弯矩的强度（即危险剖面 C 的强度）。由式（6-9）及上面计算出的数值可得：

$$\sigma_{ca} = \frac{M_{ca1}}{W} = \frac{638\,089}{0.1 \times 70^3} = 18.6 \text{ MPa}$$

按表 6-6，对于 $\sigma_B = 600$ MPa 的碳钢，承受对称循环变应力时的许用应力 $[\sigma]_{\text{III}} = 55$ MPa $> \sigma_{ca} = 18.6$ MPa，故安全。

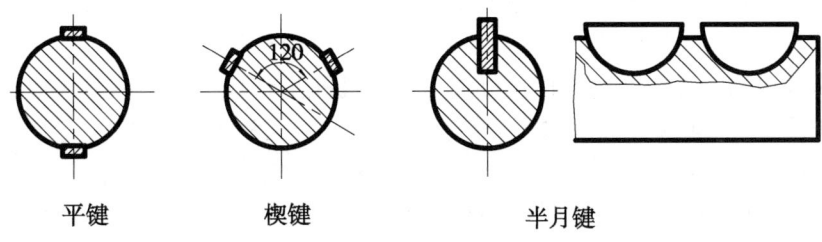

图 6-35 平键、楔键和半月键

四是绘制轴的工作图。

轴的工作图按要求制得。

小结

1. 本章主要内容和学习要求

（1）本章主要内容是阶梯轴的结构设计。

（2）本章的学习要求：

①熟悉轴结构设计的内容、方法及步骤；

②了解轴上零件的轴向、周向固定方法及键、花键、过盈配合等零件的类型、结构、特点和应用；

③掌握轴的结构设计基本要求、键的类型及尺寸选择方法，能够对键、花键连接进行校核计算。

2. 本章重点及学习注意事项

（1）根据工作时的受载情况，可把轴分为心轴、转轴、传动轴 3 种，转轴既承受弯矩又传递扭矩，是机器中最常见的轴。本章主要是阶梯轴的转轴设计。

（2）轴的结构主要取决于：轴在机器中的安装位置及形式；轴上安装的零件的类型、尺寸、数量和零件与轴连接的方法；载荷的性质、大小、方向及分布情况；轴的加工工艺等。由于影响轴的结构的因素较多，且其结构形式又随着具体情况的不同而异，所以轴没有标准的结构形式。设计时，必须针对不同情况进行具体分析。但是不论何种具体条件，轴的结构设计都应该满足：

①轴上零件相对于轴必须轴向定位；

②轴上零件相对于轴必须周向定位；

③轴本身相对于机架（或箱体）必须轴向定位；

④便于加工、装拆；

⑤有利于提高疲劳强度；

要求能够掌握这 5 条标准，用其来检查设计图纸上存在的问题。

（3）注意掌握轴上零件的轴向定位、周向定位方法，对其能分析、对比和正确选用。

（4）要正确对待计算与结构设计的关系，计算为结构设计服务。由于结构设计需要，往往把计算出的尺寸予以放大，不能把计算出的尺寸看成是不可改变的。

（5）轴的设计步骤一般为：

①选择轴的材料：根据轴上所受载荷大小、轴的转速高低、重要程度、重量及尺寸限制以及材料的经济性和供应情况等因素，合理选择轴的材料及热处理方法。

②初步确定轴的直径：轴的直径可按扭转强度初步计算，也可按类比或经验方法确定。此外，还要考虑轴上所装联轴器、轴承等零件的类型和尺寸。

③进行结构设计：

确定轴上零件的装配方案。拟定几种，分析、对比、择优选用。

确定轴上零件的轴向固定方式。

确定轴上零件的周向固定方式。

确定各轴段直径和长度。

确定轴的结构细节：如倒角、圆角、退刀槽等有关尺寸；轴的表面粗糙度和公差；轴上零件与轴的配合性质。

④校核计算：对于一般用途的轴，只按弯、扭合成强度校核；对于重要的轴和重载轴，除按弯、扭合成强度校核外，还需考虑应力集中、绝对尺寸、热处理或强化处理等因素，对轴进行疲劳强度校核计算；对细而长及刚度要求高的轴，进行刚度计算；对高速轴进行振动稳定性计算。（疲劳强度计算及振动稳定性计算参阅有关文献）。

⑤画出轴的工作图。

思考题

（1）何谓心轴、转轴、传动轴？试举例说明。

（2）举例说明轴的结构设计要点。

（3）轴的最小直径如何确定？此直径应放在轴的哪一部分？

（4）轴上零件的轴向和周向固定各有哪些方法？这些方法一般使用在什么场合？

（5）如何选取平键的尺寸 $b \times h \times L$？

（6）普通平键连接有哪些失效形式？主要失效形式是什么？怎样进行强度校核？如经校核发现强度不足时，可采取哪些措施？

（7）平键和楔键在结构和使用性能上有何区别？为何平键应用较广？

（8）导向平键连接和花键连接有何异同？各在什么场合使用？

（9）花键连接和平键连接相比有哪些优缺点？为何矩形花键和渐开线花键应用较广？

（10）矩形花键定心方法有哪几种？为什么常用外径定心？

（11）为什么采用两个平键时，一般设在相隔 180° 位置；采用两个楔键时常相隔 120° 左右，而采用两个半圆键时，则又设在轴的同一母线上（见图 6-36）？

（12）轴的强度计算方法常用的有哪几种？各在什么情况下使用？

（13）试述轴的强度校核方法和步骤。

(14) 在什么情况下进行轴的刚度计算？如何计算？

习题

(6-1) 找出题6-1图所示的轴系结构的主要错误，并提出改正意见。

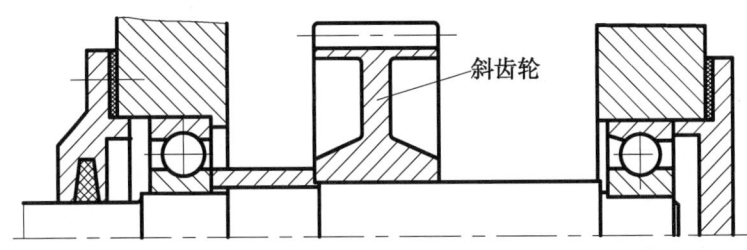

题6-1图 轴系结构

(6-2) 有一台离心式水泵，由电动机带动，传递功率 $P=3$ kW，轴的转速 $n=960$ r/min，轴的材料为45号钢。试按强度要求计算轴所需的最小直径。

(6-3) 一斜齿圆柱齿轮减速器中主动轴的布置参看题6-1图所示，已知传递的功率为10 kW，转速为955 r/min，轴的材料为45号钢。经调质处理，齿轮分度圆直径 $d=110$ mm，螺旋角 $\beta=10°$ 左旋。轴端受到联轴器的附加径向力为其圆周力的0.3倍，试设计此轴的结构尺寸。

(6-4) 在一直径 $d=80$ mm 的轴端，安装一钢制直齿圆柱齿轮（题6-2图），轮毂宽度 $L'=1.5d$，工作时有轻微冲击，试确定平键连接的尺寸，并计算其传递的最大转矩。

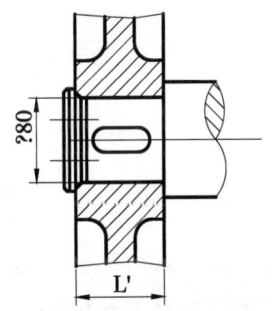

题6-2图 轴端键连接设计

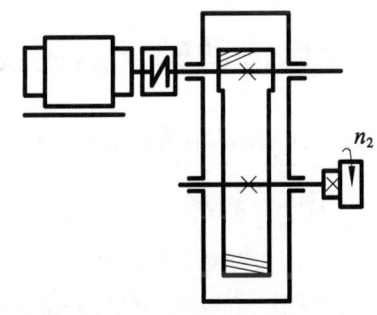

题6-3图 单级齿轮减速器简图

(6-5) 设计某搅拌机用的单级斜齿圆柱齿轮减速器中的低速轴，见题6-3图。已知：电动机额定功率 $P=4$ kW，转速 $n_1=750$ r/min，低速轴转速 $n_2=130$ r/min；大齿轮节圆直径 $d_2=300$ mm，宽度 $B_2=90$ mm，轮齿螺旋角 $\beta=12°$，法面压力角 $\alpha_n=20°$。要求：

完成轴的全部结构设计；

根据弯扭合成理论验算轴的强度。

第七章 滑动轴承

7.1 概述

轴承是支承轴颈的部件,有时也用来支承轴上的回转零件。按照承受载荷的方向,轴承可分为径向轴承和推力轴承两类。轴承上的反作用力与轴中心线垂直的称为径向轴承;与轴中心线方向一致的称为推力轴承。

根据轴承工作的摩擦性质,又可分为滑动摩擦轴承(简称滑动轴承)和滚动摩擦轴承(简称滚动轴承)两类。本章只讨论滑动轴承。

滑动轴承工作平稳、可靠、噪声较滚动轴承低。如果能够保证液体摩擦润滑,滑动表面被润滑油分开而不发生直接接触的还可以大大减小摩擦损失和表面磨损,油膜又具有一定的吸振能力。普通滑动轴承的起动摩擦阻力较滚动轴承大得多。

滑动轴承设计包括下列一些内容:一是决定轴承的结构型式;二是选择轴瓦和轴承衬的材料;三是决定轴承结构参数;四是选择润滑剂和润滑方法;五是计算轴承工作能力。

7.2 径向滑动轴承的主要类型

常用的径向滑动轴承有整体式和剖分式两大类。

7.2.1 整体式轴承

图7-1是一种常见的整体式径向滑动轴承。最常用的轴承座材料为铸铁。轴承座用螺栓与机座连接,顶部设有装油杯的螺纹孔。轴承孔内压入用减摩材料制成的轴套,轴套上开有油孔,并在内表面上开油沟以输送润滑油。整体式轴承构造简单,常用于低速、载荷不大的间歇工作的机器上,但有下列缺点:一是当滑动表面磨损而间隙过大时,无法调整轴承间隙;二是轴颈只能从端部装入,对于粗重的轴或具有中轴颈的轴安装不便。如果采用剖分式轴承,可以克服这两项缺点。

7.2.2 剖分式轴承

图7-2是剖分式轴承,由轴承座、轴承盖、剖分轴瓦、轴承盖螺柱等组成。轴瓦是轴承直接和轴颈相接触的零件。为了节省贵重金属或其他需要,常在轴瓦内表面上贴附一层轴承衬。不重要的轴承也可以不装轴瓦。在轴瓦内壁不负担载荷的表面上开设油沟(图7-6),润滑油通过油孔和油沟流进轴承间隙。剖分面最好与载荷方向近于垂直。多

数轴承的剖分面是水平的,也有倾斜的。轴承盖和轴承座的剖分面常作成阶梯形,以便定位和防止工作时错动。

轴承宽度与轴颈之比(B/d)称为宽径比。对于 $B/d > 1.5$ 的轴承,可以采用自动调心轴承(图7-3),其特点是:轴瓦外表面作成球面形状,与轴承盖及轴承座的球状内表面相配合,轴瓦可以自动调位以适应轴颈在轴弯曲时所产生的偏斜。

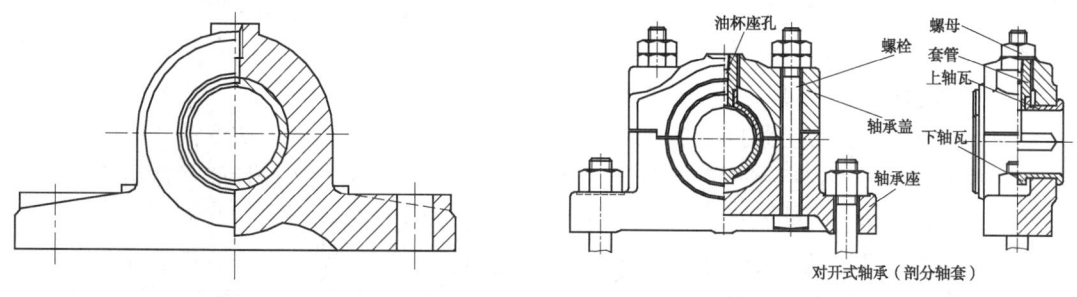

图7-1 整体式径向滑动轴承　　　　图7-2 剖分式径向滑动轴承

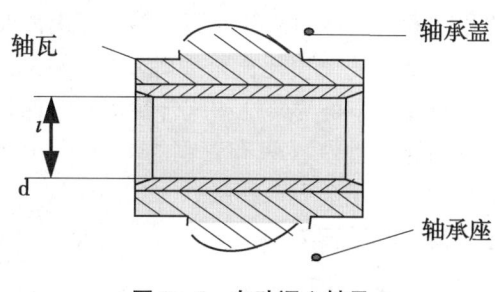

图7-3 自动调心轴承

7.3 轴瓦的材料和结构

7.3.1 轴瓦的材料

轴瓦是滑动轴承中的重要零件。轴瓦和轴承衬的材料统称为轴承材料。

轴瓦的主要失效形式是磨损,由于强度不足而出现的疲劳损坏和由于工艺原因而出现的轴承衬脱落等现象也时有发生。

对轴瓦材料的主要要求是:一是强度、塑性、顺应性和嵌藏性;二是跑合性、减摩性和耐磨性;三是耐腐蚀性;四是润滑性能和热学性质(传热性及热膨胀性);五是工艺性。

强度包括冲击强度、抗压强度和疲劳强度。顺应性是轴承材料补偿对中误差和顺应其他几何误差的能力。弹性模量低、塑性好的材料,顺应性就好。嵌藏性是轴承材料嵌藏污物和外来微粒防止刮伤和磨损的能力。顺应性好的金属材料,一般嵌藏性也好。非金属材料则不然,如碳—石墨,弹性模量低,顺应性好,但质硬,嵌藏性不好。

跑合性是指材料消除表面不平度而使轴瓦表面和轴颈表面相互吻合的性质。减摩性是指材料具有较低的摩擦阻力和性质。耐磨性是指材料抵抗磨粒磨损和胶合磨损的性质。轴承材料的减摩性和耐磨性与轴颈材料和润滑剂有关。本章中提到材料的这两种性质时,是指与钢轴颈相配合并使用一般的润滑油而言。

轴承材料分三大类：金属材料，如轴承合金、青铜、铝基合金、锌基合金、减摩铸铁等；粉末冶金材料，含油轴承；非金属材料，如塑料、橡胶、硬木等。现择主要材料分述如下。

（1）轴承合金（又称白合金，巴氏合金） 它以锡或铅作基体，最常用的有锡锑轴承合金和铅锑轴承合金。锡锑轴承合金常用于高速重载下工作的重要轴承，但价格较贵。铅锑轴承合金，用于中速、中等载荷的轴承，可作为锡锑轴承合金的代用品。

（2）轴承青铜 青铜也是常用的轴承材料。其中以铸锡锌铅青铜最普通，广泛用于一般轴承，有很好的疲劳强度。铸锡磷青铜是很好的一种减摩材料，减摩性和耐磨性都很好，机械强度也较高，适用于重载轴承。铜铅合金具有优良的抗胶合性能，在高温时可以从摩擦表面析出铅，在铜基体上形成一层薄的敷膜，起到润滑作用。

（3）含油轴承 含油轴承是一种粉末冶金材料。它具有多孔组织，采取适当措施可使所有细孔都充满润滑油。常用的含油轴承有铁—石墨和青铜—石墨两种。

（4）轴承塑料 非金属轴承材料以塑料用得最多。轴承塑料种类很多。在我国目前主要用的是以布为基体的和以木为基体的两种。塑料轴承可用油润滑，也可用水润滑。塑料轴承的优点：一是减摩系数小，功率损耗比金属轴承约小15%；二是有足够的抗压强度和疲劳强度，可承受冲击载荷；三是耐磨性和跑合性都好；四是塑性好，可以嵌藏外来杂质，防止损伤轴颈。但它的导热性差（只有青铜的1/500～1/200）、耐热性低（120～150℃时焦化）。如果采用水润滑，还会吸水膨胀。

常用轴瓦材料的性能及其比较见表7-1。

表7-1 常用轴瓦材料性能

轴瓦材料		最大许用值			最高工作温度 $t℃$	最小轴颈硬度 BH	性能比较**				备注
		$[p]$ MPa	$[v]$ $\frac{m}{s}$	$[pv]$* MPa·$\frac{m}{s}$			抗咬合性	顺应性嵌藏性	耐蚀性	疲劳强度	
锡锑轴承合金	ZChSnSb11-6	平稳载荷			150	150	1	1	1	5	用于高速、重载下工作的重要轴承。变载荷下易于疲劳。价格贵
		25	80	20							
	ZChSnSb8-4	冲击载荷									
		20	60	15							
铅锑轴承合金	ZChPbSb 16-16-2	15	12	10	150	150	1	1	3	5	用于中速、中等载荷的轴承，不宜受显著的冲击载荷。可作为锡锑轴承合金的代用品。
	ZChPbSb 15-15-3	5	6	5							
锡青铜	ZQSn10-1	15	10	15	280	300～400	5	5	2	1	用于中速、重载及受变载荷的轴承
	ZQSn5-5-5	5	3	10							用于中速、中等载荷的轴承
	ZQSn6-6-3	8	3	15							

(续表)

轴瓦材料		最大许用值			最高工作温度 t℃	最小轴颈硬度 BH	性能比较**				备注
		$[p]$ MPa	$[v]$ $\frac{m}{s}$	$[pv]^*$ MPa·$\frac{m}{s}$			抗咬合性	顺应性嵌藏性	耐蚀性	疲劳强度	
铅青铜	ZQPb30	21~28	12	30	250~280	300	3	4	4	2	用于高速、重载轴承，能受变载荷及冲击载荷
铝青铜	ZQAl9-4	15	4	12		280	5	5	5	2	最宜用于润滑充分的低速重载轴承
黄铜	ZHSi80-3-3	12	2	10	200	200	5	5	1	1	用于低速、中等载荷的轴承
	ZHMn58-2-2	10	1	10							
三层金属	(镀轴承合金)	14~35			170	200~300	1	2	2	2	以低碳钢为瓦背、铜、青铜、铝或银为中间层，上镀轴承合金组成，疲劳强度显著提高
灰铸铁	HT150 HT200 HT250	0.1~6	3~0.75	0.3~4.5	150	200~250	5	5		1	用于低速、轻载的不重要轴承，价廉
酚醛塑料		40	12	0.5	110						抗咬合性好，强度好，能耐水、酸、碱，导热性差。重载时需要用水或油充分润滑，易膨胀，间隙应大些
聚四氟乙烯		3.5	0.25	0.035	280						摩擦系数低，自润滑性好，耐腐蚀
碳-石墨		4	12	0.5	420						有自润滑性，耐化学腐蚀，常用于要求清洁工作的机器中
橡胶		0.35	20		80						用于与水、泥浆接触的轴承，能隔振、降低噪声、减小动载，补偿误差，但导热性差
木材		14	10	0.4	90						有自润滑性。能耐酸、油及其他某些化学药品

注：$[pv]^*$ 值为混合摩擦润滑下的许用值。**性能比较：1—最佳；5—最差

7.3.2 轴瓦的结构

（1）轴瓦和轴承衬：剖分轴瓦的结构见图7-4。为了改善轴瓦表面的摩擦性质，常在其内表面上浇铸一层或两层减摩材料（图7-5），通常称为轴承衬，所以轴瓦又有双金属轴瓦和三金属轴瓦。

轴承衬的厚度应随轴承直径的增大而增大，一般由十分之几毫米到6 mm。

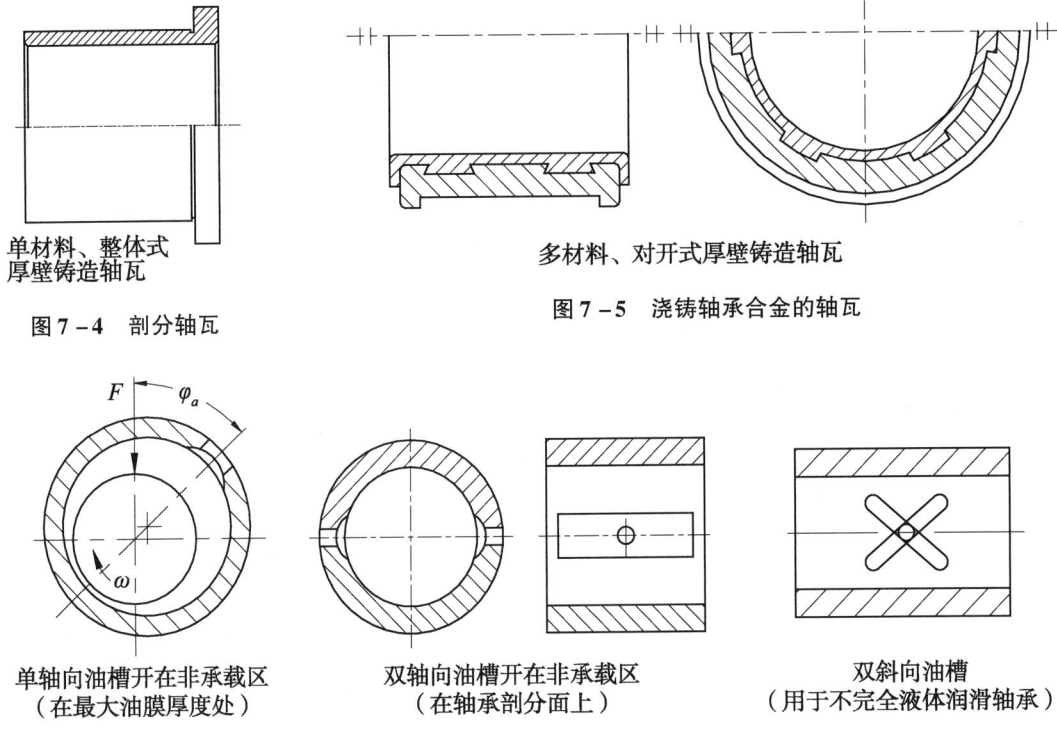

图7-4 剖分轴瓦

图7-5 浇铸轴承合金的轴瓦

图7-6 油沟（非承载区轴瓦）

（2）油孔、油沟和油室：油孔用来供应润滑油，油沟则用来输送和分布润滑油。图7-6所示是几种常见的油沟。轴向油沟也可以开在轴瓦剖分面上（图7-4）。油沟的形状和位置影响轴承中油膜压力分布情况。润滑油应该自油膜压力最小的地方输入轴承。油沟不应该开在油膜承载区内，否则会降低油膜的承载能力（图7-7）。轴向油沟应较轴承宽度稍短，以免油从油沟端部大量流失。图7-8是普通油室的结构，它可使润滑油沿轴向均匀分布，并起着贮油和稳定供油的作用。

关于轴瓦、轴承衬的结构尺寸和标准可查阅有关资料。

7.4 非液体摩擦滑动轴承的设计计算

在设计滑动轴承时，常用简单的条件性计算来确定轴承的尺寸。但液体动力润滑轴承只能用它作为补充计算，混合润滑和固体润滑轴承则常用它作为主要的计算方法。

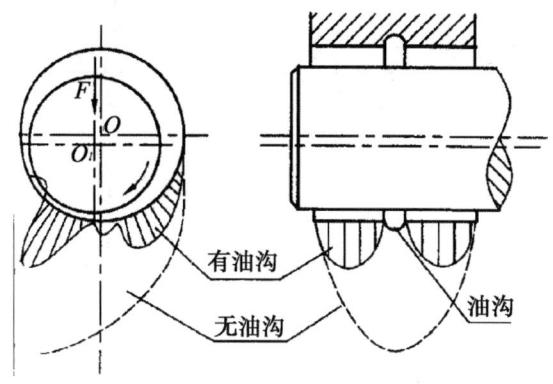

图 7-7 不正确的油沟布置降低油膜承载能力   图 7-8 普通油室

7.4.1 径向轴承

混合润滑轴承的计算准则有以下几种。

(1) 限制轴承平均压强 P 为了不产生过度磨损,应限制轴承的单位面积压力:

$$p = \frac{F}{dB} \leq [p] \quad \text{MPa} \tag{7-1}$$

式中:F——轴承径向载荷,N;

d 和 B——轴颈直径和有效宽度,mm;

$[p]$——许用压强,MPa。

上式也可用以求轴承尺寸。

低速轴或间歇转动轴的轴承只需进行压强校核。

(2) 限制轴承 pV 值:对于速度较高的轴承,常需限制 pV 值。V 是轴颈的圆周速度,即工作表面间的相对滑动速度。轴承发热量与其单位面积上表征摩擦功耗的 μpV 成正比,μ 可以认为是常数,故限制 pV 值也就是限制轴承的温升,即

$$pV \approx \frac{Fn}{20\,000B} \leq [pV] \quad \text{MPa} \cdot \text{m/s} \tag{7-2}$$

(3) 限制滑动速度 V:当压强 p 较小时,即使 p 与 pV 都在许用范围内,也可能由于滑动速度过高而加速磨损,因而要求:

$$V = \frac{\pi d n}{60 \times 1\,000} \leq [V] \quad \text{m/s} \tag{7-3}$$

轴承材料的最高许用 $[p]$、$[pV]$ 和 $[V]$ 值见表 7-2。常用机器径向轴承的许用 $[p]$、$[pV]$ 和 ψ 值见表 7-2。ψ 为相对间隙,见式 (7-11)。

表 7-2 常用机器中径向轴承的许用 $[p]$、$[pV]$ 和 ψ 值 (供参考)

机械名称	轴承	$[p]$ MPa	$[pV]$ MPa·m/s	ψ
汽车、飞机发动机	主轴承	6** ~ 12***	200	0.001
	曲柄销轴承	10*** ~ 35***	400	0.001
	活塞销轴承	15*** ~ 40***	—	<0.001

(续表)

机械名称	轴承	[p] MPa	[pV] MPa·m/s	ψ
汽轮机	主轴承	1* ~2***	40	0.001
机床	主轴承	0.5~2	0.5~1	<0.001
轧钢机	主轴承	20~40	50~80	0.000 4~0.001 5
齿轮减速器	轴承	0.5~2	5~10	0.001

注：* 滴油或油环润滑；** 飞溅润滑；*** 压力循环润滑。

7.4.2 推力轴承

常见的推力轴承止推面的形状见图7-9。实心端面推力轴颈由于跑合时中心与边缘的磨损不均匀，愈近边缘部分磨损愈快，以致中心部分压强极高。空心轴颈和环状轴颈可以克服这一缺点。载荷很大时可以采用多环轴颈，它能承受双向的轴向载荷。

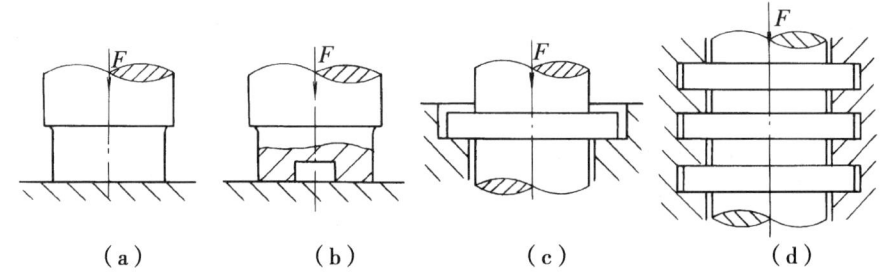

图7-9 普通推力轴颈

混合摩擦润滑的推力轴承，应验算压强p和pV值：

$$p = \frac{F}{\frac{\pi}{4}(d^2 - d_0^2)Z} \leqslant [p] \quad \text{MPa} \tag{7-4}$$

$$pV = \frac{Fn}{30\,000(d - d_0)Z} \leqslant [pV] \quad \text{MPa·m/s} \tag{7-5}$$

式中：F——轴向载荷，N；
V——推力轴颈平均直径处的圆周速度，m/s；
n——轴转速，r/min；
d_0、d——轴颈内、外径，mm；
Z——轴环数。

许用$[p]$和$[pV]$值见表7-1。对于多环轴轴承，各环受力不均匀，$[p]$和$[pV]$值应降低50%。

液体动力润滑轴承在起动和停车时处于混合摩擦润滑状态，所以，设计时也需进行上述计算。

7.5 滑动轴承的润滑

7.5.1 轴承润滑材料

轴承润滑的目的主要是减小摩擦功耗，降低磨损率，同时还可以起到冷却、防尘、防锈以及吸振等作用。

常用的润滑材料是润滑油和润滑脂。此外，有使用固体（如石墨、二硫化钼）或气体（如空气）作润滑剂的。润滑油中以矿物油用得最多。

1. 润滑油

润滑油的主要物理及化学性能指标是：黏度、黏度指数、油性、闪点、凝点、酸值、残碳量等。对于动压润滑轴承，黏度是最重要的指标，也是选择轴承用油的主要依据。

选择轴承用润滑油的黏度时，应考虑轴承压力、滑动速度、摩擦表面状况、润滑方式等条件。一般原则如下：

（1）在压力大或冲击、变载等工作条件下，应选用黏度较高的油；

（2）滑动速度高时，容易形成油膜，为了减小摩擦功耗，应采用黏度较低的油；

（3）加工粗糙或未经跑合的表面，应选用黏度较高的油；

（4）循环润滑、芯捻润滑或油垫润滑时，应选用黏度较低的油；飞溅润滑应选用高品质、能防止与空气接触而氧化变质或因激烈搅拌而乳化的油；

（5）低温工作的轴承应选用凝点低的油。

润滑油黏度的选择可由经验或试验方法确定。在同一机器和相同工作条件下，对不同润滑油进行试验，功耗小而温升又较低的润滑油，其黏度较为相宜。

混合摩擦润滑轴承的润滑油选择可参考表7-3。

表7-3 滑动轴承润滑油选择（不完全液体润滑，工作温度<60℃）

轴颈圆周速度 v (m/s)	平均压力 $p<3$ MPa	轴颈圆周速度 v (m/s)	平均压力 $p=3\sim7.5$ MPa
<0.1	机械油 AN100、AN150	<0.1	机械油 AN150
0.1~0.3	机械油 AN68、AN100	0.1~0.3	机械油 AN100、AN150
0.3~2.5	机械油 AN46、AN68 汽轮机油 TSA46	0.3~0.6	机械油 AN100
2.5~5.0	机械油 AN32、AN36 汽轮机油 TSA46	0.6~1.2	机械油 AN68、AN100
5.0~9.0	机械油 AN15、AN32 汽轮机油 TSA32、AN46	1.2~2.0	机械油 AN68、AN100
>9.0	机械油 AN7、AN10、AN15		

2. 润滑脂

轴颈速度小于 1~2 m/s 的滑动轴承可以采用脂润滑。润滑脂是用矿物油与各种不同稠化剂（钙、钠、铝等金属皂）混合制成。它的稠度大，不易流失，承载力也较大，但物理和化学性质不如润滑油稳定,摩擦功耗大,不宜在温度变化大或高速下使用。润滑脂的主要物理性能指标是稠度(针入度)和滴点。

工业上应用最广的润滑脂是钙基润滑脂(钙脂),在100℃附近,开始丧失稠度,因此只能在55~75℃以下使用。钠基润滑脂(钠脂)滴点高,一般为110~180℃,比钙脂耐热,但怕水。锂基润滑脂有一定的抗水性和较好的稳定性,适用于-20~120℃。

7.5.2 润滑方法

向轴承供给润滑油或润滑脂的方法很重要,尤其是油润滑,轴承的润滑状态与润滑油的供给方法有关。润滑脂是半固体状的油膏,供给方法与润滑油不同。

1. 油润滑

润滑油供给可以是间歇的或连续的,连续供油比较可靠。用油壶注油或提起针阀通过油杯(图7-10)注油,只能达到间歇润滑的作用。连续供油主要有下列几种方法。

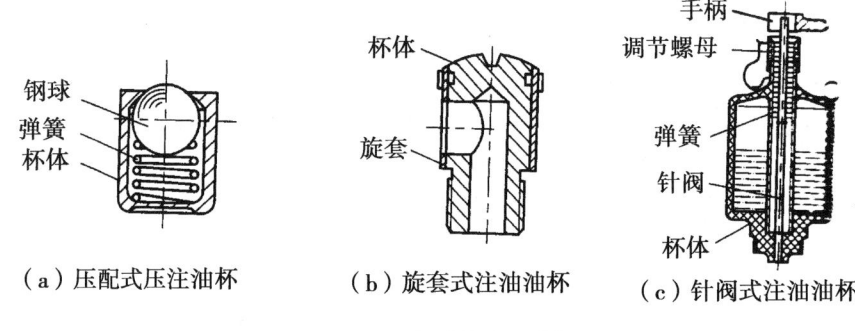

图7-10 间歇供油用油杯

(1) 滴油润滑:图7-10(c)针阀式注油油杯也可用于连续润滑。当柄卧倒时,针阀受弹簧推压向下而堵住底部油孔。手柄转90°变为直立状态时,针阀上提,下端油孔敞开,润滑油流进轴承,调节油孔开口大小可以调节流量。

(2) 芯捻或线纱润滑:用毛线或棉线做成芯捻〔图7-11(a)〕或用线纱做成线团浸在油槽内,利用毛细管作用把油引到滑动表面上。这两种方法不易调节供油量。

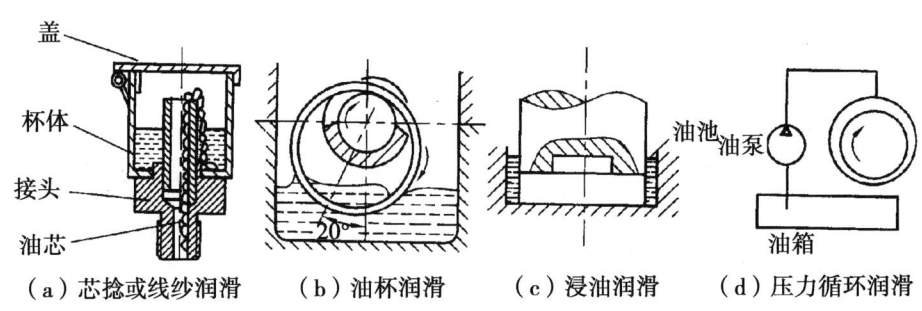

图7-11 连续供油方法

(3) 油环润滑:轴颈上套有油环〔图7-11(b)〕,油环下垂浸到油池里,轴颈回转时把油带到轴颈上去。这种装置只能用于水平而连续运转的轴颈。供油量与轴的转速、油环的剖面形状和尺寸、润滑油黏度等有关。适用的转速范围为 60 ~ 100 < n < 1 500 ~ 2 000 r/min。速度过低，油环不能把油带起；速度过高，环上的油会被甩掉。

（4）飞溅润滑：以齿轮减速器为例，利用浸入油中的齿轮转动时，由润滑油飞溅成的油沫沿箱壁和油沟流入轴承，使轴承得以润滑。

（5）浸油润滑：部分轴承直接浸在油中以润滑轴承，见图 7 – 11（c）。

（6）压力循环润滑：压力循环润滑〔图 7 – 11（d）〕可以供应充足的油量来润滑和冷却轴承。在重载、振动或交变载荷的工作条件下，能取得良好的润滑效果。

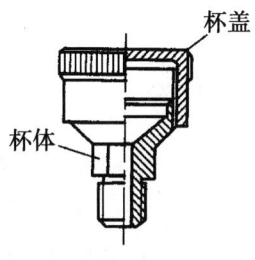

图 7 – 12　黄油杯

2. 脂润滑

润滑脂只能间歇供应。润滑杯（黄油杯），图 7 – 12 是应用得最广的脂润滑装置。润滑脂贮存在杯体里，杯盖用螺纹与杯体连接，旋拧杯盖可将润滑脂压送到轴承孔内。也常见到用黄油枪向轴承补充润滑脂。脂润滑也可以集中供应。

滑动轴承的润滑方式可根据系数 K 选定：

$$K = \sqrt{PV^3} \tag{7-21}$$

式中：$P = F/(dB)$——平均压强，MPa；

V——轴颈的线速度，m/s。

当 $K \leqslant 2$——用润滑脂，油杯润滑；

$K = 2 \sim 16$——针阀式注油油杯润滑；

$K = 16 \sim 32$——油环或飞溅润滑；

$K > 32$——压力循环润滑。

小结

1. 本章主要内容

本章对滑动轴承的特点、典型结构、轴瓦的材料和选用原则，润滑方法等作了一般介绍，着重讨论了非液体摩擦向心滑动轴承的设计准则和计算方法。

2. 学习要求

（1）了解滑动轴承的特点和应用场合

（2）对滑动轴承的典型结构、轴瓦材料及其选用原则润滑方法有一较全面的认识。

（3）掌握非液体摩擦滑动轴承的设计原理及计算方法。

3. 本章重点

（1）轴瓦材料及其选用；

（2）非液体摩擦滑动轴承的设计准则及计算方法；

4. 本章学习注意事项

（1）滑动轴承材料（即轴瓦材料）：了解轴承对轴瓦材料的五点要求。三大类轴承材料中，重点是第一类，应掌握轴承合金和轴承青铜的特点和性能。

（2）轴瓦结构：轴瓦结构应注意以下三点：一是在承载区原则上不开设油沟，以免降低油膜压力，减小承载能力；二是在非承载区布置油沟时，应设计成能迅速向承载区均匀输入润滑油；三是轴承合金如何贴付在轴瓦上。

（3）轴承润滑材料：润滑的主要目的是减少摩擦、降低功耗、温升和磨损率。应注意润滑油及其选取原则。

（4）润滑方法：了解各种润滑方法及其特点，润滑方法的选择计算。

（5）非液体摩擦滑动油承的条件性计算，3条计算准则对于混合润滑下的滑动轴承同样适用。

思考题

（1）滑动轴承的摩擦状况有哪几种？它们有何本质差别？

（2）向心滑动轴承的主要结构形式有哪几种？各有何特点？

（3）非液体摩擦的滑动轴承的主要失效形式？针对不同的失效，应作何验算？

（4）常用轴瓦材料有哪些？各适用于何处？为什么有的轴瓦上浇铸一层减摩金属作轴承衬使用？

（5）一起重用滑动轴承，轴颈直径 $d=70$ mm，轴瓦工作宽度 $B=70$ mm，径向载荷 $P=30\,000$ N，轴的转速 $n=200$ r/min，试选择合适的润滑剂和润滑方法。

习题

（7-1）验算一减速器低速轴非液体摩擦的滑动轴承。已知轴的转速 $n=65$ r/min，轴颈直径 $d=85$ mm，轴承工作宽度 $B=85$ mm，径向载荷 $F=70$ KN，轴瓦材料为锡青铜 ZQSn10-1，轴的材料为45号钢。

（7-2）已知一支承起重机卷筒的非液体摩擦的滑动轴承所受的径向载荷 $F=25\,000$ N，轴颈直径 $d=90$ mm，宽径比 $B/d=1$，轴颈转速 $n=8$ r/min，试选择该滑动轴承的材料。

第八章 滚动轴承

8.1 滚动轴承的结构、类型及代号

8.1.1 滚动轴承的结构

滚动轴承是现代机器中广泛应用的部件之一，它是依靠主要元件间的滚动接触来支承转动零件的。与滑动轴承相比，滚动轴承具有摩擦阻力小、功率消耗少、启动容易等优点。

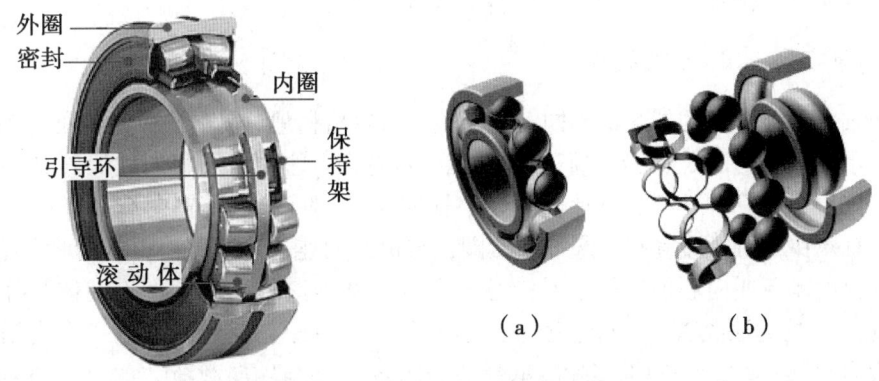

图 8-1 滚动轴承的基本结构

常用的滚动轴承绝大多数已经标准化，并由专业工厂大量制造及供应各种常用规格的轴承。滚动轴承的基本结构如图 8-1 所示，它是由内圈 1、外圈 2、滚动体 3 和保持架 4 等 4 部分组成的。内圈用来和轴颈装配，外圈用来和轴承座装配。通常是内圈随轴颈回转，外圈固定，但也用于外圈回转而内圈不动，或是内、外圈同时回转的场合。当内、外圈相对转动时，滚动体即在内、外圈的滚道间滚动。常用的滚动体，如图 8-2 所示，有 (a) 球；(b) 短圆柱滚子；(c) 长圆柱滚子；(d) 空心螺旋滚子；(e) 圆锥滚子；(f) 鼓形滚子；(g) 滚针等 7 种。轴承内、外圈上的滚道，有限制滚动体侧向位移作用。

保持架的作用是避免相邻的滚动体直接接触。如果没有保持架，则相邻滚动体转动时将会由于接触处产生较大的相对滑动速度而引起磨损。保持架有冲压的〔图 8-1(a)〕和实体的〔图 8-1(b)〕两种。冲压保持架一般用低碳钢板冲压制成，它与滚动体间有较大的间隙。实体保持架常用铜合金、铝合金或酚醛胶布做成，有较好的定心作用。

轴承的内、外圈和滚动体，一般是用轴承铬钢制造的，热处理后硬度一般不低于

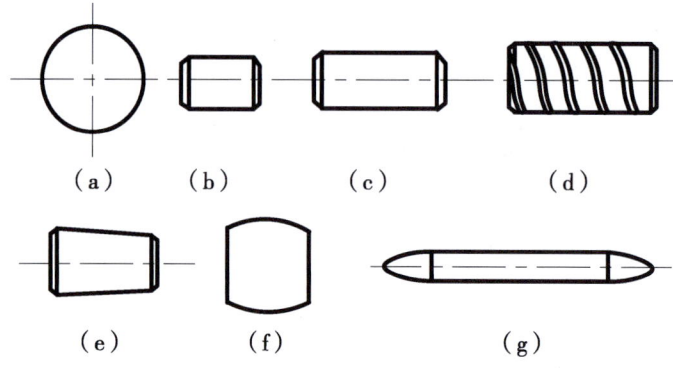

图 8-2 常用的滚动体

$HRC60$。由于一般轴承的这些元件都经过150℃的回火处理，所以，通常的轴承工作温度不高于120℃时，元件的硬度不会下降（图8-2）。

当滚动体是短圆柱滚子、长圆柱滚子、滚针或空心螺旋滚子时，在某些情况下，可以没有内圈、外圈或保持架，这时的轴颈或轴承座就要起到内圈或外圈的作用，因而工作表面应具备相应的硬度和粗糙度。此外，还有一些轴承，除了以上4种基本零件外，还增加有其他特殊零件，如在外圈上加上动环或带密封盖等。

8.1.2 滚动轴承的主要类型

按照轴承所能承受的外载荷不同，滚动轴承可以概括地分为向心轴承、推力轴承和向心推力轴承三大类，图8-3为它们承载情况的示意图。主要承受径向载荷R的轴承叫向心轴承，其中，有几种类型还可承受不大的轴向载荷；只能承受轴向载荷A的轴承叫推力轴承，轴承中与轴颈紧套在一起的叫紧圈，与机座相连的叫活圈；能同时承受径向载荷和轴向载荷的轴承叫向心推力轴承。向心推力球（圆锥滚子）轴承的滚动体与外圈滚道接触点（线）处的法线N-N与半径方向的夹角α叫轴承的接触角。这一大类轴承的接触角一般为$5° \leq \alpha \leq 45°$。轴承实际所承受的径向载荷R与轴向载荷A的合力与半径方向的夹角β，则叫载荷角〔图8-3（c）〕。

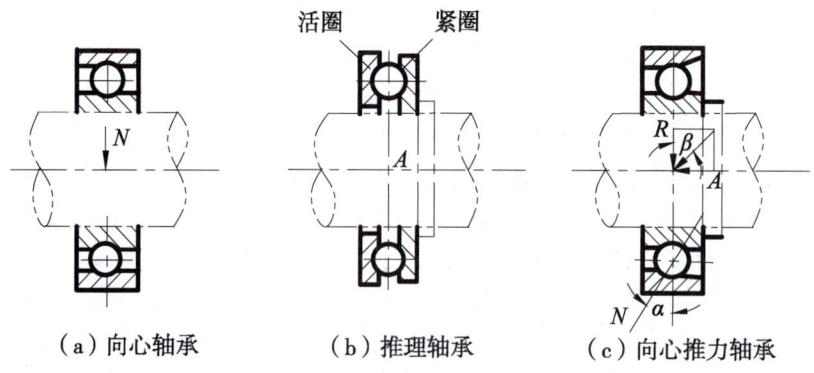

（a）向心轴承　　（b）推理轴承　　（c）向心推力轴承

图 8-3 不同类型的轴承承载情况

我国通常用滚动轴承的分类、名称及类型代号见表8-1。滚动轴承的类型很多，现将常用的各类滚动轴承的性能和特点简要介绍于表 8-2 中。

8.1.3 滚动轴承的代号

滚动轴承代号是用字母加数字来表示轴承的结构、尺寸、公差等级、技术性能等特征的产品符号。轴承的类型很多，在各个类型中又可做成不同的结构、尺寸、精度等级，以便适应不同的技术要求。为了统一表征各类轴承的特点，便于组织生产和选用，GB/T 272-93 规定了轴承代号的表示方法。

国际标准 GB/T272-93 规定的轴承代号由前置代号、基本代号、后置代号三部分组成。基本代号是轴承代号的核心，前置代号和后置代号都是轴承代号的补充，只有在遇到对轴承结构、形状、材料、公差等级、技术要求等有特殊要求时才使用，一般情况可部分或全部省略。

表 8-1 常用滚动轴承的名称及类型代号

轴承类型	代号	轴承类型	代号
双列角接触球轴承	0	角接触球轴承	7
调心球轴承	1	推力滚子轴承	8
调心滚子轴承	2	推力圆锥滚子轴承	9
推力调心滚子轴承	29	圆柱滚子轴承	N
圆锥滚子轴承	3	滚针轴承	NA
双列深沟球轴承	4	外球面球轴承	U
推力球轴承	5	直线轴承	L
深沟球轴承	6		

基本代号

基本代号表示轴承的类型与尺寸等主要特征。包括 3 项内容：类型代号、尺寸系列代号和内径代号。

——类型代号。用数字或字母表示不同类型的轴承，如表 8-1 所示。常用轴承代号为 3、5、6、7、N 这 5 类。

——尺寸系列代号。表达相同内径但外径和宽度不同的轴承，由两位数字组成。前一位数字代表宽度系列（向心轴承）或高度系列（推力轴承），后一位数字代表直径系列。外径系列代号：特轻（0、1）、轻（2）、中（3）、重（4）。宽度系列代号：一般正常宽度为"0"，通常不标注。但对圆锥滚子轴承（3 类）和调心滚子轴承（2 类）不能省略"0"。

——内径系列代号。表示轴承公称内径的大小，用数字表示。对常用的内径 $d=20\sim 495$ mm 的轴承，这二位数字表示轴承内径尺寸被 5 除得的商数，如 04 表示 $d=20$ mm；12 表示 $d=60$ mm 等。对于内径小于 20 mm 的轴承，用代号 00 代表内径 10 mm 的轴承，代号 01 代表内径 12 mm 的轴承，代号 02 代表内径 15 mm 的轴承，代号 03 代表内径 17 mm的轴承。对于内径大于 500 mm 的轴承、特殊的内径尺寸为 22 mm、28 mm、32 mm、

(1~9) mm 整数、(0.6~10) mm 非整数的轴承，直接用内径尺寸毫米数表示，与尺寸系列代号用"/"分开。

前置代号

用字母表示，代号及其含义如下：

L——可分离轴承的可分离内圈或外圈，如 LN207。

R——不带可分离内圈或外圈的轴承，如 RNU207（NU 表示内圈无挡边的圆柱滚子轴承）。

K——滚子和保持架组件，如 K81107。

WS、GS——分别为推力圆柱滚子轴承的轴圈、座圈。如 WS81107、GS81107。

8.1.4 后置代号

后置代号共有 8 组，从左向右依次为内部结构代号、密封防尘与外部结构代号、保持架及其结构代号、轴承材料代号、公差等级代号、游隙代号、配置代号、其他代号。

——内部结构代号。用字母表示。如：C、AC 和 B 分别代表公称接触角 $\alpha = 15°$、E 代表增大承载能力进行结构改进的加强型；D 代表剖分式轴承；ZW 为滚针保持架组件，双列。

——密封、防尘与外部结构代号。部分代号与含义如下：

K、K30 分别表示锥度 1:12 和 1:30 的圆锥孔轴承。

R、N、NR 分别表示轴承外圈有止动挡边、止动槽、止动槽并带止动环。

-RS、-RZ、-Z、-FS 分别表示轴承一面有骨架式橡胶密封圈（接触式为 RS、非接触式为 RZ）、有防尘盖、毛毡密封。

——保持架代号。表示保持架在标准规定的结构材料外其他不同结构型式与材料。如 A、B 分别表示外圈引导和内圈引导；J、Q、M、TN 则分别表示钢板冲压、青铜实体、黄铜实体和工程塑料保持架。

——公差等级代号。有/P0、/P6、/P6x、/P5、/P4、/P2 等 6 个代号，分别表示标准规定的 0、6、6x、5、4、2 等级的公差等级（2 级精度最高），0 级精度可以省略不写。

——游隙代号。有/C1、/C2、—/C3、/C4、/C5 等 6 个代号，分别符合标准规定的游隙 1、2、3、4、5 组（游隙量由小到大），0 组不标注。

——配置代号。成对安装的轴承有 3 种配置型式，分别用 3 种代号表示：/DB 表示背对背安装；/DF 表示面对面安装；/DT 表示串联安装。

滚动轴承代号比较复杂，上述代号仅为最常用、最有规律的部分。其他在振动、噪声、摩擦力矩、工作温度、润滑等方面有特殊要求的代号，具体应用时，应查阅 GB/T272-93。

8.2 滚动轴承类型选择

选用轴承时，首先是选择轴承类型。如前所述，我国常用的轴承共分 10 种类型，各类轴承的基本特点见相关手册，下面再归纳出正确选择轴承类型时所应考虑的主要因素。

8.2.1 轴承的载荷

轴承所受载荷的大小、方向和性质是选择轴承类型的主要依据。

根据载荷的大小选择轴承类型时，由于滚子轴承中的主要元件间是线接触，宜用于承受较大的载荷，承载后变形也较小。而球轴承中则主要为点接触，宜用于承受较轻的或中等的载荷。故在载荷较小时，应优先选用球轴承。在有冲击载荷的地方，则可考虑选用螺旋滚子轴承。

根据载荷的方向选择轴承类型时，对于纯轴向载荷，一般选用推力轴承。较小的纯轴向载荷可选用推力球轴承；较大的纯轴向载荷可选用推力滚子轴承。对于纯径向载荷，一般选用向心球轴承，向心短圆柱滚子轴承或滚针轴承，或者选用向心轴承和推力轴承组合在一起的结构，分别承担径向载荷和轴向载荷。

当采用角接触球轴承或圆锥滚子轴承时，由于存在接触角 α，在径向力 R 作用下，要派生出轴向力 S，为了平衡（或抵消一部分）派生的轴向力，并能沿两个方向都起限位作用，这种轴承常常是成对使用。可以把两个轴承并装在一个支点上，也可以分装在两个支点上。

8.2.2 轴承的转速

在一般转速下，转速的高低对类型的选择不发生什么影响，只有在转速较高时，才会有比较显著的影响。轴承样本中列入了各种类型，各种尺寸轴承的极限转速 $n_{\lim}$ 值。这个转速是指载荷不太大（$P \leqslant 0.1C$，C 为基本额定动载荷）、冷却条件正常且为 G 级精度轴承时的最大允许转速。但是，由于极限转速主要是受工作时温升的限制，因此，不能认为样本中的极限转速是一个绝对不可超过的界限。尽管如此，在设计时还是要力求使轴承在低于极限转速的条件下工作。

从工作转速对轴承的要求看，可以确定以下几点。

第一，球轴承与滚子轴承相比较，有较高的极限转速，故在高速时应优先选用球轴承。

第二，在内径相同的条件下，外径越小，则滚动体就越轻小，运转时滚动体加在外圈滚道上的离心惯性力也就越小，因而也就更适于在更高的转速下工作。故在高速时，宜选用超轻、特轻及轻系列的轴承。重及特重系列的轴承，只用于低速重载的场合。如用一个轻系列轴承而承载能力达不到要求时，可考虑采用宽系列的轴承，或者把两个轻系列的轴承并装在一起使用。

第三，保持架的材料与结构对轴承转速影响大。实体保持架比冲压保持架允许更高一些的转速。

第四，推力轴承的极限转速均很低。当工作转速高时，若轴向载荷不十分大，可以采用角接触球轴承承受纯轴向力。

第五，若工作转速超过了样本中规定的极限转速，可以用提高轴承的精度等级，或者适当地加大轴承的径向游隙，选用循环润滑油润滑，加强对循环油的冷却等措施来改善轴承的高速性能。在不提高精度等级而以上诸措施能正确地得到实现时，极限转速可以提高到样本所列油润滑时极限转速的 1.5~2 倍。

8.2.3 轴承的调心性能

当轴的中心线与轴承座中心线不重合而有角度误差时，或因轴受力而弯曲或倾斜时，会造成轴承的内外圈轴线有不大的相对偏斜，如采用有一定的调心性能轴承时，仍能正常工作。

各类滚子轴承对轴承的偏斜最为敏感，在轴的刚度和轴承座孔的支承刚度较低的情况下，应尽可能避免使用。

8.2.4 轴承的游动和轴向位移

当一根轴的两个支承距离较远，或工作前后有较大的温差时，为了适应轴和外壳不同的热膨胀的影响，防止轴承卡死，只应把一端的轴承轴向固定，而另一端的轴承使之可轴向游动。内圈或外圈无挡边的短圆柱滚子轴承或滚针轴承特别适合于作为游动轴承使用，因为这类轴承在内外圈的轴向相对位置有不大的轴向窜动时仍可正常工作。如果采用其他类型的轴承，例如单列向心球轴承或调心滚子轴承作为游动轴承，则在安装时，轴承外圈应不作轴向固定，且与座孔的配合应较松，以保证外圈相对于座孔能作轴向窜动。

角接触球轴承或圆锥滚子轴承不能作为游动轴承。

8.2.5 轴承的安装和拆卸

便于安装和拆卸，也是选择轴承类型时应考虑的一个因素。在轴承座没有剖分面而必须沿轴向安装和拆卸轴承部件时，应优先选用内外圈可分离的轴承（如 2000、6000、7000 等）。当轴承在长轴上安装时，为了便于装拆，可以选用其内圈轴孔为 1∶12 的圆锥孔的轴承。

8.3 滚动轴承尺寸选择

8.3.1 轴承工作时轴承元件上的载荷分布

以向心球轴承为例。当轴承工作的某一瞬间，滚动体处于图 8-4 所示的位置时，径向载荷 R 通过轴颈作用于内圈，位于上半圈的滚动体不会受力，而由下半圈的滚动体将此载荷传到外圈上。如果假定内、外圈的几何形状并不改变，则由于它们与滚动体接触处共同产生局部接触变形，内圈下沉一个距离 δ_0，亦即在载荷 R 作用线上的接触变形量为 δ_0。不在载荷 R 作用线上的其他各点，虽然也下沉 δ_0，但其有效变形量将不是 δ_0，而是近似等于 δ_0 与通过该点的半径和载荷 R 作用线间夹角的余弦的乘积，如 $\delta_1 \approx \delta_0 \cos\gamma$、$\delta_2 \approx \delta\cos2\gamma$ 等等。也就是说，真实的变形量的分布是中间最大，向两边逐渐减少，如图 8-4 所示。

不同位置的接触点处的变形量不同，反映了各接触点上的接触载荷不同。虽然在弹性接触范围内，载荷与接触变形量并不是线性关系，但是当载荷增大时，接触变形量也总是增大的。因此，可以判断，在图 8-4 所示的工作位置，接触载荷也是处于 R 作用线上的接触点处最大，向两边逐渐减少。根据类似的分析，可以得出其他任一瞬间的载荷分布情

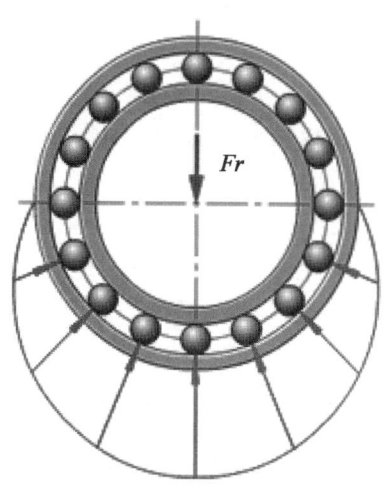

图 8-4 向心轴承中径向载荷的分布

况。各滚动体从开始受力到受力终止所经过的区域叫承载区。

根据力的平衡原理,所有滚动体作用在内圈上的接触载荷 P_i 的向量和必定等于径向载荷 R。

应该指出,实际上由于轴承内存在游隙,故由径向载荷 R 产生的承载区的范围将小于180°。也就是说,不是下半部滚动体全部受载。这时,如果同时作用有一定的轴向载荷,则可以使承载区扩大。

8.3.2 轴承工作时轴承元件上的载荷及应力的变化

轴承工作时,各个元件上所受的载荷及产生的应力是时时变化的。根据上面的分析,当滚动体进入承载区后,所受载荷即由零逐渐增加到 P_2、P_1 直到最大值 P_0,然后再逐渐降低到 P_1、P_2 而至零(图 8-4)。就对滚动体上某一点而言,它的载荷及应力是周期性地不稳定变化的〔图 8-5 (a)〕。

滚动轴承工作时,可以是外圈固定、内圈转动,也可以是内圈固定、外圈转动。对于固定套圈,处在承载区内的各接触点,按其所在的位置不同,将受到不同的载荷。处于 R 作用线上的点将受到最大的接触载荷。对于每一个具体的点,每当一个滚动体滚过时,便承受一次载荷,其大小是不变的,也就是承受稳定的脉动循环载荷的作用,如图 8-5 (b) 所示。载荷变动的频率快慢取决于滚动体中心的圆周速度,当内圈固定外圈转动时,滚动体中心的运动速度较大,故作用在固定套圈上的载荷的变化频率也较高。

转动套圈上各点的受载情况,则类似于滚动体的受载情况。它的任一点在开始进入承载区后,当该点与某一点滚动体接触时,载荷由零变到某一 P 值,继而变到零。当该点下次与另一滚动体接触时,载荷就由零变到另一 P 值,故同一点上的载荷与应力是周期性地不稳定变化的,因而也可用图 8-5 (a) 示意表示。

8.3.3 轴向载荷对载荷分布的影响

当角接触球轴承或圆锥滚子轴承承受径向载荷 R 时,如图 8-6 所示,由于滚动体与滚道的接触线与轴承轴线之间夹一个接触角 α，因而各滚动体的反力 N_i 并不指向半径方向，它可以分解为一个径向力和一个轴向分力。用 P_i 代表某一个滚动体反力的径向分力〔图 8-6（b）〕，则相应的轴向分力 S_i 应等于 $P_i \mathrm{tg}\alpha$。所有径向分力 P_i 的合力与径向载荷 R 相平衡；所有的轴向分力 S_i 之和组成轴承的派生轴向力 S，它迫使轴颈（连同轴承内圈和滚动体）向右移动，并最后与轴向力 A 平衡〔图 8-6（a）〕。

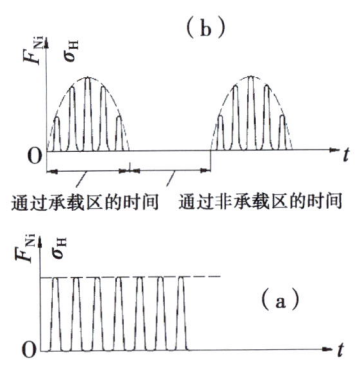

图 8-5 轴承元件上的载荷及应力变化

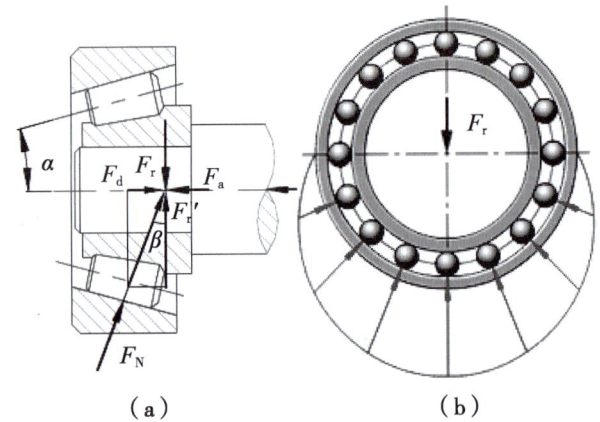

图 8-6 圆锥滚子轴承的受力

当只有最下面一个滚动体受载时，
$$S = R\mathrm{tg}\alpha$$

或
$$\mathrm{tg}\alpha = \frac{S}{R} = \frac{A}{R}$$

由定义
$$\mathrm{tg}\beta = \frac{A}{R}$$

所以
$$\mathrm{tg}\alpha = \mathrm{tg}\beta \tag{8-1}$$

即载荷角 β 和接触角 α 是相等的。

当受载的滚动体数目增多，例如，为两个或更多，虽然在同样的径向载荷 R 的作用下，但派生的轴向力 S 将增大。因为这时，作用于各滚动体上的径向反力 P_i 的方向各不相同，它们的向量和虽与 R 平衡，但其代数和必大于 R。而派生的轴向力 S 是由各个 P_i 分别派生的轴向力 S_i 合成的，其值应按 S_i 的代数和求得。所以，在同样的径向载荷 R 作用下，由作用于各滚动体上的 P_i 分别派生的轴向力所合成的轴向力 S，将比只有一个滚动体受载时派生的轴向力大。即

$$S = \sum_{i=1}^{n} S_i = \sum_{i=1}^{n} P_i \mathrm{tg}\alpha > R\mathrm{tg}\alpha \tag{8-2}$$

这里 n 为受载的滚动体数目；P_i 是作用于各滚动体上的径向分力；S_i 是作用于各滚动体上的派生的轴向力；R 是径向载荷。于是由式（8-2）得：

$$\mathrm{tg}\alpha < \frac{S}{R} = \frac{A}{R}$$

或
$$\mathrm{tg}\alpha < \mathrm{tg}\beta \tag{8-3}$$

上面的分析说明：①角接触球轴承及圆锥滚子轴承必须在径向载荷 R 和轴向力 A 的

联合作用下工作。为了保持较多的滚动体同时受载，应该使 A 比 $R\mathrm{tg}\alpha$ 大一些。②对于同一个轴承（设 α 不变），在同样的径向载荷作用下，当受载的滚动体的数目不同时，就派生出不同的轴向力 S，也就是需要有不同的轴向力 A 来平衡它。或者反过来说，在径向载荷 R 不变的条件下，当轴向力 A 由最小值（$A = R\mathrm{tg}\alpha$，这时为一个滚动体受载）逐步增大（即 β 角增大），这意味着轴承内接触的滚动体数目逐渐增多。根据研究，当 $\mathrm{tg}\beta \approx 1.25\mathrm{tg}\alpha$ 时才会达到位于下半圈的全部滚动体受载〔图 8-7（b）〕；当 $\mathrm{tg}\beta \approx 1.7\mathrm{tg}\alpha$ 时，开始使全部滚动体受载〔图 8-7（c）〕。

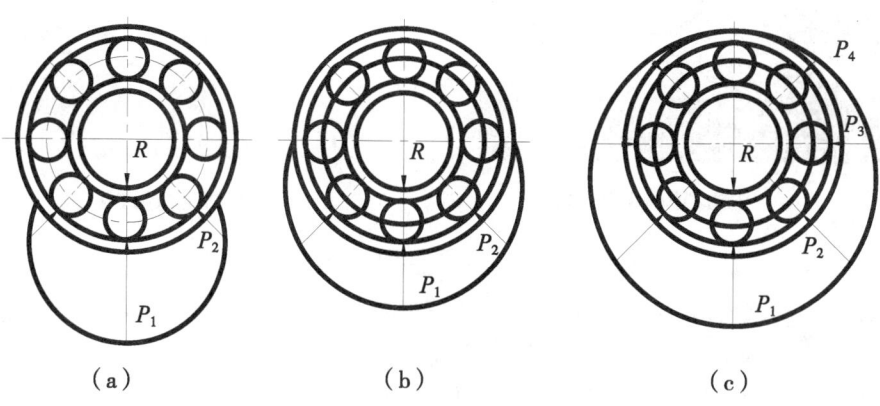

图 8-7　轴承中受载滚动体数目的变化

应该指出，对于实际工作的角接触球轴承或圆锥滚子轴承，为了保证它能可靠地工作，应使它至少达到下半圈的滚动体全部受载。因此，在安装这类轴承时，不能有较大的轴向窜动量。

8.3.4　滚动轴承的失效形式及额定寿命

滚动轴承的正常失效形式是滚动体或内外圈滚道上的点蚀破坏（图 8-8）。这是在安装、润滑、维护良好的条件下，由于大量重复地承受变化的接触应力而产生的。单个轴承，其中一个套圈或滚动体材料首次出现疲劳扩展之前，一套圈相对于另一套圈的转数称为轴承的寿命。轴承点蚀破坏后，通常在运转时会出现比较强烈的振动、噪声和发热现象。

由于制造精度、材料的均质程度等的差异，即使是同样材料、同样尺寸以及同一批生产出来的轴承，在完全相同的条件下工作，它们的寿命也会极不相同。图 8-9 为一典型的轴承寿命分布曲线。从图中可以看出，轴承的最长工作寿命与最早破坏的轴承寿命相差几倍，甚至几十倍。

轴承的寿命，不能以同一批试验轴承中的最长寿命或者最短寿命作为标准。因为前者过于不安全，在实际使用中，提前破坏的可能性几乎为 100%；而后者又过于保守，使几乎 100% 的轴承都可以超过标准寿命继续工作。现在规定：一组在相同条件下运转的近于相同的轴承，其可靠度为 90% 时的寿命作为标准寿命，即按一级轴承中 10% 的轴承发生点蚀破坏，而 90% 的轴承不发生点蚀破坏前的转数（以 10^6 为单位）或工作小时数作为轴承的寿命，并把这个寿命叫做基本额定寿命，以 L_{10} 表示。

由于基本额定寿命与破坏概率有关，所以在实际上按基本额定寿命计算而选择出的轴承中，可能有10%的轴承发生提前破坏；同时，也可能有90%的轴承超过基本额定寿命后还能继续工作，甚至相当多的轴承还能再工作一个、两个或3个基本额定寿命期。对于

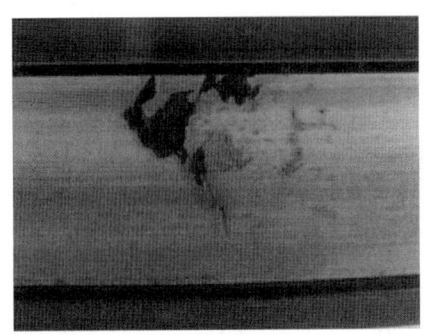 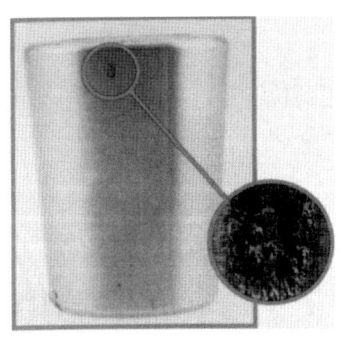

（a）内圈滚道的点蚀破坏　　　　　　　　（b）滚动体的点蚀破坏

图8-8　轴承内圈滚道和滚动体的点蚀破坏

每一个轴承来说，它能顺利地在基本额定寿命期内正常工作的概率为90%，而在基本额定寿命期未结束之前即发生点蚀破坏的概率仅为10%。在作轴承的寿命计算时，必须先根据机器的类型、使用条件及对可靠性的要求，确定一个恰当的预期计算寿命（即设计机器时所要求的轴承寿命，因这个寿命是根据轴承的基本额定动载荷计算得来的，故称为预期计算寿命）。表8-2中给出了根据对机器的使用经验推荐的预期计算寿命值，可供参考采用。

除了点蚀以外，轴承还可能发生其他多种形式的失效。例如，润滑油不足使轴承烧伤；润滑油不清洁而使滚动体和滚道过度磨损；装配不当而使轴承卡死、胀破内圈、挤碎内外圈和保持架等。这些失效形式虽然多种多样，但一般都是可避免的，所以不能根据这

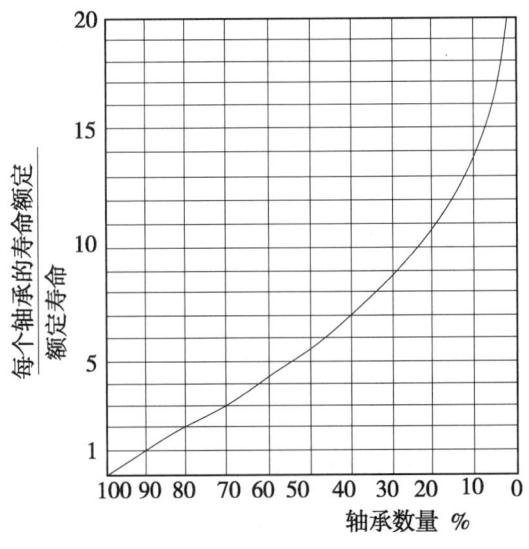

图8-9　滚动轴承的寿命分布曲线

些失效形式来建立轴承的计算理论和公式。

表 8-2　推荐的轴承预期计算寿命 L'

机器类型	预期计算寿命 L'_h
不经常使用的仪器或设备，如闸门开闭装置等	500
飞机发动机	500 ~ 2 000
短期或间断使用的机械，中断使用不致引起严重后果，如手动工具等	4 000 ~ 8 000
间断使用的机械，中断使用后果严重，如发动机辅助设备、流水作业线自动传送装置、升降机、车间吊车、不常使用的机床等	8 000 ~ 12 000
每日 8 h 工作的机械（利用率不高），如一般的齿轮传动、某些固定电动机等	12 000 ~ 20 000
每日 8 h 工作的机械（利用率较高），如金属切削机床、连续使用的起重机、木材加工机械等	20 000 ~ 30 000
每日 24 h 连续工作的机械，如矿山升降机、输送滚道用滚子等	40 000 ~ 60 000
每日 24 h 连续工作的机械，中断使用后果严重，如纤维生产或造纸设备、发电站主电机、矿井水泵、船舶螺旋桨轴等	100 000 ~ 200 000

8.3.5　滚动轴承的基本额定动载荷

轴承的寿命与所受载荷的大小有关，工作载荷越大，引起的接触应力也就越大，因而发生点蚀破坏前所能经受的应力变化次数也就越少，亦即轴承的寿命越短。所谓轴承的基本额定动载荷，就是使轴承的基本额定寿命恰好为 10^6 转时，轴承所能承受的载荷值，用字母 C 代表。这个基本额定动载荷，对向心轴承，指的是纯径向载荷，并称为径向基本额定动载荷，用 C_r 表示；对推力轴承，指的是纯轴向载荷，并称为轴向基本额定动载荷，以 C_a 表示；对角接触球轴承或圆锥滚子轴承，指的是使套圈产生纯径向位移的载荷的径向分量。

不同型号的轴承有不同的额定动载荷值，它表征了不同型号轴承的承载特性。在轴承样本中对每个型号的轴承都给出了其基本额定动载荷值 C，单位为 N，需要时可以从样本中查取。轴承的 C 值是在大量的试验研究的基础上，通过理论分析得出来的。

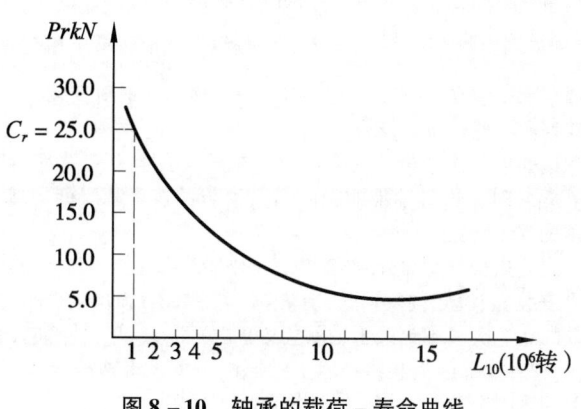

图 8-10　轴承的载荷-寿命曲线

表 8-3 径向载荷系数 X 和轴向载荷系数 Y（摘自 GB6391—86）

轴承类型	相对轴向载荷			单列轴承				双列轴承			
	A/C_{or}	e	\multicolumn{2}{c}{$\frac{A}{R} \leq e$}	\multicolumn{2}{c}{$\frac{A}{R} > e$}	\multicolumn{2}{c}{$\frac{A}{R} \leq e$}	\multicolumn{2}{c}{$\frac{A}{R} > e$}	
			X	Y	X	Y	X	Y	X	Y	
深沟（向心）球轴承	0.014	0.19				2.30				2.30	
	0.028	0.22				1.99				1.99	
	0.056	0.26				1.71				1.71	
	0.084	0.28				1.55				1.55	
	0.11	0.30	1	0	0.56	1.45	1	0	0.56	1.45	
	0.17	0.34				1.31				1.31	
	0.28	0.38				1.15				1.15	
	0.42	0.42				1.04				1.04	
	0.56	0.44				1.00				1.00	
角接触球轴承 α	iA/C_{or}										
	0.015	0.38				1.47		1.65		2.39	
	0.029	0.40				1.40		1.57		2.28	
	0.058	0.43				1.30		1.46		2.11	
	0.087	0.46				1.23		1.38		2.00	
15°	0.12	0.47	1	0	0.44	1.19	1	1.34	0.72	1.93	
	0.17	0.50				1.12		1.26		1.82	
	0.29	0.55				1.02		1.14		1.66	
	0.44	0.56				1.00		1.12		1.63	
	0.58	0.56				1.00		1.12		1.63	
25°	—	0.68	1	0	0.41	0.87	1	0.92	0.67	1.41	
40°	—	1.14	1	0	0.35	0.57	1	0.55	0.57	0.93	
双列角接触球轴承 30°	—	0.8	—	—	—	—	1	0.78	0.63	1.24	
四点接触球轴承 35°	—	0.95	1	0.66	0.6	1.07					
圆锥滚子轴承	—	$1.5\tan\alpha$	1	0	0.4	$0.4\cot\alpha$	1	$0.45\cot\alpha$	0.67	$0.67\cot\alpha$	
调心球轴承	—	$1.5\tan\alpha$	—	—	—	—	1	$0.45\cot\alpha$	0.67	$0.67\cot\alpha$	
推力调心滚子轴承	—	1/0.55	—	—	1.2	1	—	—	—	—	

注：① C_{or} 是轴承的径向基本额定静载荷；i 是滚动体的列数；α 是接触角；

② 对于深沟球轴承及角接触球轴承，先根据算得的相对轴向载荷的值查出对应的 e 值，然后再得出相应的 X、Y 值。对于表中未列出的 $\frac{A}{C_{or}}$，$\frac{iA}{C_{or}}$ 及 α 值，可按线性插值法求出相应的 e、X、Y 值；

③ 两套相同的向心球轴承安装在同一支点上，作为一个整体（成对安装）运转时，这对轴承的径向基本额定动载荷按一套双列向心球轴承计算；

④ 两套相同的角接触球轴承（圆锥滚子轴承）安装在同一支点上"背靠背"或"面对面"配置作为一个整体（成对安装）运转时，这对轴承的径向当量动载荷按一套双列角接触球轴承（圆锥滚子轴承）计算，并用双列轴承的 X、Y；

⑤ 两套或两套以上相同的角接触球轴承（圆锥滚子轴承）安装在同一支点上，以"串联"配置作为一个整体（成对或组合安装）动转，制造和安装精确，能保证载荷均匀分布时，这一轴承组的径向基本额定动载荷等于轴承数的 0.7 次（圆锥滚子轴承按 7/9 次）幂乘单列轴承的额定动载荷。计算当量动载荷时，用单列轴承的 X、Y。如果因为某些技术上的原因，可以将轴承配置视为许多单列轴承，它们是可单独更换、相互无关的，则上面①、②、③的规定均不适用

8.3.6 滚动轴承寿命的计算公式

对于具有径向基本额定动载荷 C_r 的向心轴承，当它所受的载荷 P_r 恰好为 C_r 时，其基本额定寿命就是 10^6 转。但是当所受的载荷 $P_r \neq C_r$ 时，轴承的寿命为多少？这就是轴承寿命计算所要解决的一类问题。轴承寿命计算所要解决的另一类问题是，轴承所受的载荷等于 P_r，而且要求轴承具有的寿命为 L（以 10^6 转为单位）时，那么，需选用具有多大的径向基本额定动载荷的轴承？下面就来讨论解决上述问题的方法。

图 8-10 所示为在大量试验基础上得出的代号为 208 的轴承的载荷——寿命曲线。该曲线表示这类轴承的载荷 P_r 与基本额定寿命 L_{10} 之间的关系。曲线上相应于寿命 $L_{10} = 1$ 的载荷（25.6 rN = 25 600 N），即为 208 轴承的径向基本额定动载荷 C_r。其他型号的轴承，也有与上述曲线的函数规律完全一样的载荷——寿命曲线。把此曲线用公式表示为：

$$L_{10} = \left(\frac{C_r}{P_r}\right)^\varepsilon \quad (10^6 \text{ 转}) \tag{8-4}$$

式中 ε 为指数。对球轴承，$\varepsilon = 3$；对滚子轴承 $\varepsilon = 10/3$。

实际计算时，用小时数表示寿命比较方便，这时，可将式（8-4）改写。如令 n 代表轴承的转速，r/min，则轴承每小时的旋转次数为 $60n$，故以小时数表示的轴承寿命 L_h 即为：

$$L_h = \frac{10^6}{60n}\left(\frac{C_r}{P_r}\right)^\varepsilon = \frac{16\ 667}{n}\left(\frac{C_r}{P_r}\right)^\varepsilon \quad h \tag{8-5}$$

如果载荷 P_r 和转速 n 为已知，预期计算寿命 L'_h 又已取定，则所需轴承应具有的径向基本额定动载荷 C_r 可根据式（8-5）计算出：

$$C_r = P_r \sqrt[\varepsilon]{\frac{60nL'_h}{10^6}} \quad H \tag{8-6}$$

以上只讨论了具有径向基本额定动载荷 C_r 的向心轴承受到径向当量动载荷 P_r 的情况；如为具有轴向基本额定动载荷 C_a 的推力轴承受到轴向当量动载荷 P_a（亦为计算值，见下面说明）时，式（8-4）至（8-6）中的 P_r、C_r 只需分别代以 P_a、C_a 即可。

8.3.7 滚动轴承的当量动载荷

在轴承的寿命计算公式中所用的当量载荷，对于只承受纯径向载荷 R 的向心轴承或只受纯轴向载荷 A 的推力轴承来说，即为外载荷 R 或 A。因此，对于向心短圆柱滚子轴承、滚针轴承和螺旋滚子轴承。

$$P_r = F_r \tag{8-7}$$

对于推力轴承：

$$P_a = F_a \tag{8-8}$$

但是，对那些同时承受径向载荷 R 和轴向载荷 A 的轴承（如向心球轴承、调心轴承、角接触球轴承、圆锥滚子轴承等）来说，寿命计算公式中的当量载荷显然就是一个与实际作用的复合外载荷有同样效果的载荷，所以，称为当量载荷〔式（8-7）、（8-8）中不过是当量载荷的特例〕。它的计算公式为：

$$P_r = XF_r + YF_a \tag{8-9a}$$

或

$$P_a = XF_r + YF_a \tag{8-9b}$$

式中：X——径向载荷系数，其值见表8-4；

Y——轴向载荷系数，其值见表8-4。

由上可知，可以把用式（8-7）、（8-8）、（8-9a）、（8-9b）求得的载荷统称为轴承的当量载荷。又由前面的分析可知，滚动轴承工作时，各个元件上的载荷及应力都是变化的。作寿命计算时当然不是转速极低的轴承，显然这些当量载荷都是变动的载荷。由于机器的惯性、零件的不精确性及其他因素的影响，F_r和F_a与实际值往往有差别，而此种差别很难从理论上精确求出。为了计及这些影响，需对当量动载荷乘上一个根据经验而定的载荷系数f_p，其值见表8-4，故实际计算时，轴承当量动载荷应为：

$$P_r = f_p F_r \qquad (8-7a)$$

$$P_a = f_p F_a \qquad (8-8a)$$

$$P_r = f_p(XF_r + YF_a) \qquad (8-9a')$$

$$P_a = f_p(XF_r + YF_a) \qquad (8-9b')$$

表8-4 载荷系数f_p

载荷性质	f_p	举例
无冲击或轻微冲击	1.0~1.2	电机、汽轮机、通风机等
中等冲击或中等惯性力	1.2~1.8	车辆、动力机械、起重机、造纸机、冶金机械、选矿机、水力机械、卷扬机、木材加工机构机械、传动装置、机床等。
强大冲击	1.8~3.0	破碎机、轧钢机、钻探机、振动筛等

8.3.8 角接触球轴承和圆锥滚子轴承的径向载荷F_r与轴向载荷F_a的计算

角接触球轴承和圆锥滚子轴承承受径向载荷时，要产生派生的轴向力，为了保证这类轴承正常工作，通常是成对使用的，如图8-11所示，图中表示了两种不同的安装方式。

在按式8-9（a）计算各轴承的当量动载荷P_r时，其中的径向载荷F_r即为由外界作用到轴上的径向力F_{re}在各轴承上产生的径向载荷；但其中的轴向载荷F_a并不完全由外界的轴向力F_{ae}产生，而是应该根据整个轴上的轴向载荷（包括因径向载荷F_r产生的派生轴向力F_d）之间的平衡条件得出。下面来分析这个问题。

根据力的径向平衡条件，很容易由径向外力F_{re}计算出两个轴承上的径向载荷F_{r1}、F_{r2}，当F_{re}的大小及作用位置固定时，径向载荷F_{r1}、F_{r2}也就固定。由径向载荷F_{r1}、F_{r2}派生的轴向力F_{d1}、F_{d2}的大小可按表8-5中的公式计算。计算所得的F_d值，相当于正常的安装情况，即大致相当于下半圈的滚动体全部受载（轴承实际的工作情况不允许比这样更坏）。

表8-5 约有半数滚动体接触时派生轴向力S的计算公式

圆锥滚子轴承	角接触球轴承		
	70 000C（a = 15°）	70 000AC（a = 25°）	70 000B（a = 40°）
$F_d = Fr/(2Y)$	$F_d = eF_r$	$F_d = 0.68F_r$	$F_d = 1.14F_r$

如图 8-11（b）所示，把派生轴向力的方向与外加轴向载荷 F_{ae} 的方向一致的轴承标为 2，另一端标为轴承 1。取轴和与其相配合的轴承内圈为分离体，如达到轴向平衡时，应满足：

$$F_{ae} + F_{d2} = F_{d1}$$

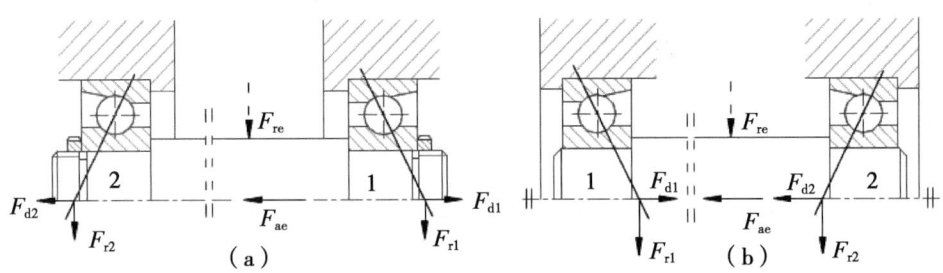

图 8-11　角接触球轴承轴向载荷的分析

如果按表 8-6 中的公式求得的 F_{d1} 和 F_{d2} 不满足上面的关系式时，就会出现下面两种情况：

当 $F_{ae} + F_{d2} > F_{d1}$ 时，轴有向左窜动的趋势，相当于轴承 1 被"压紧"，轴承 2 被"放松"，但实际上轴必须处于平衡位置（即轴承座必然要通过轴承元件施加一个附加的轴向力来阻止轴的窜动），所以被"压紧"的轴承 1 所受的总轴向力 F_{a1} 必须与 $F_{ae} + F_{d2}$ 相平衡，即

$$F_{a1} = F_{ae} + F_{d2} \tag{8-10a}$$

而被"放松"的轴承 2 只受其本身派生的轴向力 F_{d2}，即

$$F_{a2} = F_{d2} \tag{8-10b}$$

当 $F_{ae} + F_{d2} < F_{d1}$ 时，同理，被"放松"的轴承 1 只受其本身派生的轴向力 F_{d1}，即

$$F_{a1} = F_{d1} \tag{8-11a}$$

而被"压紧"的轴承 2 所受的总轴向力为：

$$F_{a2} = F_{d1} - F_{ae} \tag{8-11b}$$

综上可知，计算角接触轴承和圆锥滚子轴承所受轴向力的方法可以归结为：先通过派生轴向力及外加轴向载荷的计算与分析，判定被"放松"或被"压紧"的轴承；然后确定被"放松"轴承的轴向力仅为其本身派生的轴向力，被"压紧"轴承的轴向力则为除去本身派生的轴向力后其余各轴向力的代数和。

轴承反力的径向分力在轴心线上的作用点叫轴承的压力中心。图 8-11（a）、图 8-11（b）两种安装方式，对应两种不同的压力中心的位置。但当两轴承支点间的距离不是很小时，常以轴承的宽度中点作为支点反力的作用位置，这样计算起来比较方便，且误差也不大。

8.3.9　滚动轴承的静载荷

上面说过，轴承的正常失效形式是点蚀破坏。但是，对于那些在工作载荷下基本不旋转的轴承（例如起重机吊钩上用的推力轴承），或者慢慢摆动以及转速极低的轴承，如果还是按照点蚀破坏来选择轴承的尺寸，那就不符合轴承的实际失效形式了。因为在这些情

况下,如果滚动接触面上的接触应力过大,将产生永久性的过大的凹坑(即材料表面发生了不允许的永久变形)才是轴承的失效形式。所以,这时应按轴承的静强度来选择轴承的尺寸。为此,必须对每个型号的轴承规定一个不能超过的外载荷界限。规范上规定,使受载最大的滚动体与较弱的套圈滚道上产生的永久变形量之和,等于滚动体直径的万分之一时的载荷,作为轴承静强度的界限、称为径向(轴向)基本额定静载荷,用 C_{or} (C_{oa}) 表示。实践证明,上述的永久变形量,除了对那些要求转动灵活性高的和振动低的轴承外,一般不会影响其正常工作。

轴承样本中列有各型号轴承的径向(轴向)基本额定静载荷值,以供选择轴承时查用。

向心轴承上作用的径向载荷 R 和轴向载荷 A,应折合成一个当量静载荷 P_{0r},即

$$P_{0r} = X_0 F_r + Y_0 F_a \quad (8-12)$$

式中:X_0 及 Y_0 分别为当量静载荷的径向载荷系数和轴向载荷系数,其值见表8-6。

表8-6 当量静载荷计算中的 X_0 及 Y_0 值

轴承类型		单列轴承		双列轴承	
		X_0	Y_0	X_0	Y_0
深沟球轴承		0.6	0.5	0.6	0.5
角接触球轴承	$\alpha = 15^0$	0.5	0.46	1	0.92
	$\alpha = 25^0$	0.5	0.38	1	0.76
	$\alpha = 40^0$	0.5	0.26	1	0.52
双列角接触球轴承	$\alpha = 30^0$	—	—	1	0.66
调心球轴承		0.5	$0.22\cot\alpha$	1	$0.44\cot\alpha$
圆锥滚子轴承		0.5	$0.22\cot\alpha$	1	$0.44\cot\alpha$

注:①双列轴承均为对称的;
②两个完全相同的角接触球轴承及圆锥滚子轴承用于同一支点上,当"面对面"或"背靠背"安装时,用双列轴承的数据;当"串联"安装时,用单列轴承的数据

按式(8-1)求出的值如果小于 F_r,则取:

$$P_{or} = F_r$$

推力轴承,应折合成轴向当量静载荷 P_{oa}:

$$P_{oa} = F_a + 2.3 F_r \text{ctan}\alpha \quad (8-13)$$

按静载荷选择轴承的公式为:

$$C_{or} \geq S_0 P_{or} \quad (20-14a)$$
$$C_{oa} \geq S_0 P_{oa} \quad (20-14b)$$

式中 S_0 为静强度安全系数,其值见表8-8。

除了那些基本上不旋转,转速极低或摆动的轴承外,对于有些旋转的轴承,如果外力变化太大,也必须在按动载荷选择出轴承后,再根据静强度进行验算,在此情况下,如果转速不高、平稳运转和摩擦力矩无特殊要求时,可以有较大的永久变形,则取 $S_0 < 1$;反之,只能允许较小的永久变形,则 $S_0 > 1$。根据此原则,安全系数可用表8-

7 和表 8-8 中的数据。

表 8-7 不旋转轴承的静强度安全系数 S_0

轴承的使用场合	S_0
飞机变距螺旋桨叶片	≥0.5
水坝闸门装置	≥1
吊桥	≥1.5
附加动载荷较小的大型起重机吊钩	≥1
附加动载荷很大的小型装卸起重机吊钩	≥1.6

表 8-8 旋转轴承的静强度安全系数 S_0

使用要求或载荷性质	S_0 球轴承	S_0 滚子轴承
对旋转精度及平稳性要求较高，或承受强大的冲击载荷	1.5~2	2.5~4
正常使用	0.5~2	1~3.5
对旋转精度及平稳性要求较低，没有冲击和振动	0.5~2	1~3

例题 8-1 根据工作条件决定选用 300 系列的向心球轴承。轴承载荷 $R = 5\,500$ N，$A = 2\,700$ N，轴承转速 $n = 1\,250$ r/min，转动时有轻微冲击，预期计算寿命 $L'_h = 5\,000$ h。试选择其轴承型号。

解

（1）求比值：

$$\frac{A}{R} = \frac{2\,700}{5\,500} = 0.49$$

根据表 8-3，向心球轴承的最大 e 值为 0.44，故此时 $\frac{A}{R} > e$。

（2）初步计算径向当量动载荷 P_r，根据式（8-9a'）：

$$P_r = f_p (XR + YA)$$

按照表 8-5，$f_p = 1.2$。

按照表 8-4，$X = 0.56$，Y 值需在已知型号和径向基本额定静载荷 C_{0r} 后才能求出。现暂选一近似中间值，取 $Y = 1.5$，则

$$P_r = 1.2 \times (0.56 \times 5\,500 + 1.5 \times 2\,700) = 8\,560 \text{ N}$$

（3）根据式（8-6），求轴承应有的径向基本额定动载荷值：

$$C_r = P_r \sqrt[\varepsilon]{\frac{60nL'_h}{10^6}} = 8\,560 \sqrt[3]{\frac{60 \times 1\,250 \times 5\,000}{10^6}} = 61\,600 \text{ N}$$

（4）按照样本或手册选择 $C_r = 64\,100$ N 的 312 轴承。此轴承的径向基本额定静载荷 $C_{0r} = 49\,400$ N。验算如下：

① $\dfrac{A}{C_{0r}} = \dfrac{2\ 700}{49\ 400} = 0.055$。按照表 8-4，此时 e 在 $0.22\sim0.26$，而轴向载荷系数 Y 在 $1.99\sim1.71$。

② 用线性插值法求 Y 值：
$$Y = 1.71 + \dfrac{(1.99 - 1.71)\times(0.056 - 0.055)}{0.056 - 0.028} = 1.72$$

故　　$X = 0.56$　　$Y = 1.72$

③ 求径向当量动载荷 P_r
$$P_r = 1.2\times(0.56\times5\ 500 + 1.72\times2\ 700) \approx 9\ 270\ \text{N}$$

④ 验算 312 轴承的寿命，根据式（8-5）
$$L_h = \dfrac{16\ 667}{n}\left(\dfrac{C}{P}\right)^{\varepsilon} = \dfrac{16\ 667}{1\ 250}\times\left(\dfrac{64\ 100}{9\ 270}\right)^3 = 4\ 408\ h$$

则
$$L_h = 4\ 408 < L'_h = 5\ 000\ \ h$$

即低于预期计算寿命。因题中并未对轴颈尺寸加以限制，故可改用 313 轴承。验算从略。

例题 8-2　根据工作条件决定在轴的两端"背靠背"地安装两个角接触球轴承〔参看图 8-13（a）〕。设轴向载荷 $F_a = 900\ \text{N}$，径向载荷 $R_1 = 1\ 000\ \text{N}$，$R_2 = 2\ 100\ \text{N}$，轴承转速 $n = 5\ 000\ \text{r/min}$，运转中有中等冲击载荷，预期计算寿命 $L'_h = 2\ 000\ h$。试选择其轴承型号。

解：由于外加轴向推力 F_a 已接近于 R_1，故暂选接触角较大的 46000 型轴承（$\alpha = 25°$）。

（1）对 46000 型轴承，按照表 8-6
$$S_1 = 0.7R_1 = 0.7\times1\ 000 = 700\ \text{N}$$
$$S_2 = 0.7R_2 = 0.7\times2\ 100 = 1\ 470\ \text{N}$$

（2）求轴承的计算轴向力。由于
$$F_a + S_2 = 900 + 1\ 470 = 2\ 370\ \text{N} > S_1$$

故按式（8-10）得：
$$A_1 = F_a + S_2 = 2\ 370\ \text{N}$$

（3）按照表 8-3，对 46000 型轴承，$\alpha = 25°$，$e = 0.68$，
$$\dfrac{A_1}{R_1} = \dfrac{2\ 370}{1\ 000} = 2.37 > e$$
$$\dfrac{A_2}{R_2} = \dfrac{1\ 470}{2\ 100} = 0.7 \approx e$$

故径向当量动载荷 P_r 的径向载荷系数及轴向载荷系数为：

对轴承 1　　$X_1 = 0.41$，$Y_1 = 0.87$

对轴承 2　　$X_2 = 1$，$Y_2 = 0$

（4）计算径向当量动载荷。按照表 20-5，$f_p = 1.2\sim1.8$，取 $f_p = 1.5$。则
$$P_{r1} = f_p(X_1R_1 + Y_1A_1) = 1.5\times(0.41\times1\ 000 + 0.87\times2\ 370) = 3\ 707\ \text{N}$$
$$P_{r2} = f_p(X_2R_2 + Y_2A_2) = 1.5\times(1\times2\ 100 + 0\times1\ 470) = 3\ 150\ \text{N}$$

（5）根据轴承 1 的受力大小选择轴承型号（因 $P_{r1} > P_{r2}$），轴承应具有的径向基本额

定动载荷值 C_r 为：

$$C_r = P_r \sqrt[\varepsilon]{\frac{60nL'h}{10^6}} = 3\ 707 \sqrt[3]{\frac{60 \times 5\ 000 \times 2\ 000}{10^6}} \approx 31\ 200\ \text{N}$$

（6）按照样本或手册选 46307 轴承，其 $C_r = 33\ 400$ N。

8.4 滚动轴承的组合设计

为保证轴承正常工作，除正确选择轴承类型和确定型号外，还需要合理设计轴承的组合，主要考虑下列几方面的问题：一是轴系的固定；二是轴承与相关零件的配合；三是轴承的预紧；四是轴承的润滑与密封。

8.4.1 滚动轴承轴系固定的结构形式

为保证滚动轴承轴系能正常传递轴向力且不发生窜动，需要合理地设计轴系轴向固定结构，典型的型式有 3 类。

1. 两端固定

普通工作温度下的短轴（跨距 $L \leqslant 400$ mm）常采用较简单的两端固定方式，每个轴承分别传递一个方向的轴向力，如图 8-12 和图 8-13 所示。轴向力不太大时，可采用向心球轴承。为允许轴工作时有少量热膨胀，轴承安装应留有 0.25~0.4 mm 的间隙（间隙很小，图中一般不画），间隙量常用垫片或调整螺钉调节。

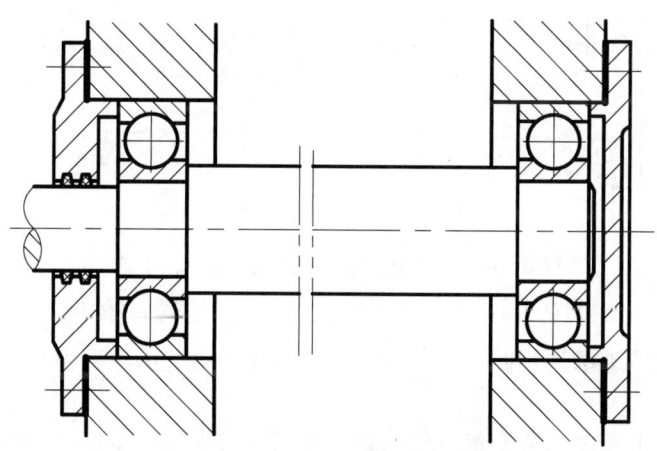

图 8-12 两端固定的向心轴承轴系

2. 一端固定、一端游动

当轴较长或工作温度较高时，轴的伸缩量大，宜采用一端固定、一端游动的型式，如图 8-14 至图 8-16 所示。由双向固定端的轴承或轴承组传递轴向力并控制间隙，由游动端保证轴伸缩时能自由游动。为避免松脱，游动轴承内圈应与轴固定。

3. 两端游动

要求能左右双向游动的轴，可采用两端游动的轴系结构。图 8-19 为人字齿轮主动轴，由于轮齿两侧螺旋角不易做到完全对称，为使受力均匀，应采用允许轴系左右小量轴

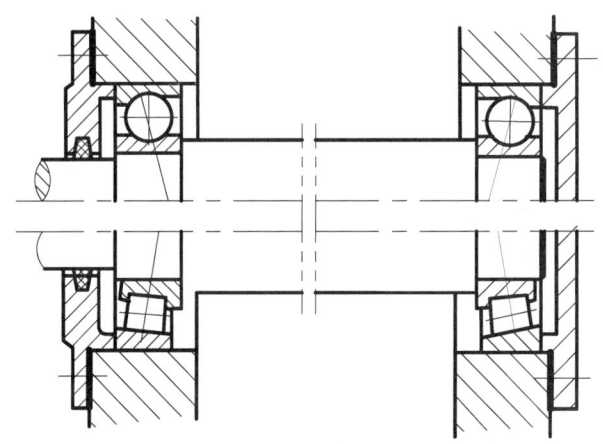

图 8-13 两端固定的角接触轴承轴系
（上半：角接触球轴承，下半：圆锥滚子轴承）

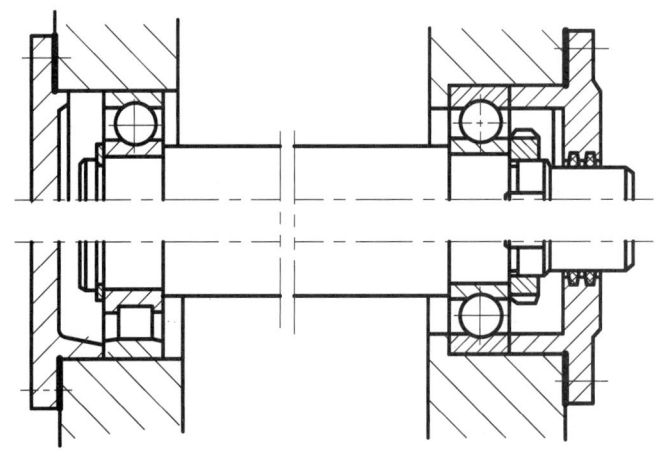

图 8-14 一端固定、一端游动轴系（例1）
（游动端上半：深沟球轴承；下半：圆柱滚子轴承）

向游动的结构，故两端都选用圆柱滚子轴承。与其相啮合的齿轮轴系则必须两端固定，以便两轴轴向定位。

轴承在轴上一般用轴肩或套筒定位，定位端面应与轴线保持良好的垂度。为保证可靠定位，轴肩圆角半径 r_1 必须小于轴承的圆角半径 r。轴肩高度通常不大于内圈高度的3/4，过高不便于轴承拆卸（图 8-18）。

轴承内圈的轴向固定应根据轴向负荷的大小选用轴端挡圈、圆螺母、轴用弹性挡圈等结构（图 8-19）。外圈则采用机座孔端面、孔用弹性挡圈、压板、端盖等形式固定（图 8-20、图 8-21）。

8.4.2 滚动轴承的配合

滚动轴承的周向固定和径向游隙的大小是通过轴承与轴及轴承座的配合达到的。径向游隙不仅关系到轴承的运转精度，同时影响它的寿命。图 8-4 所示轴承内部负荷分布规

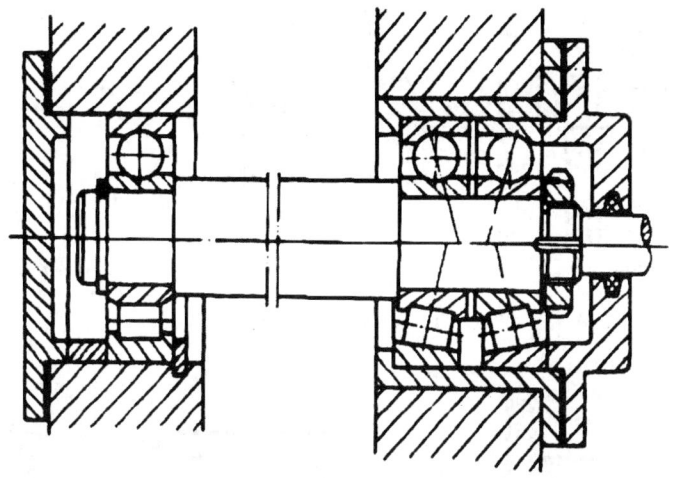

图 8-15　一端固定、一端游动轴系（例 2）
（上半：球轴承；下半：滚子轴承）

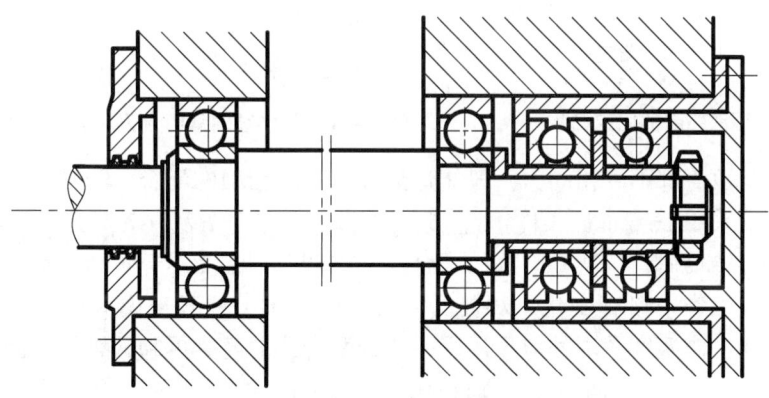

图 8-16　一端固定、一端游动轴系（例 3）

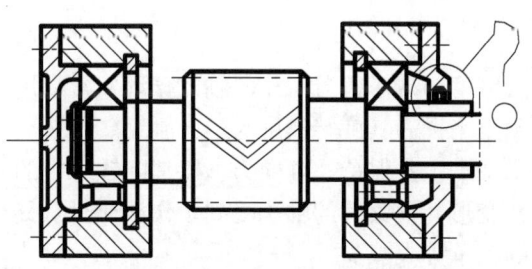

图 8-17　两端游动轴系图

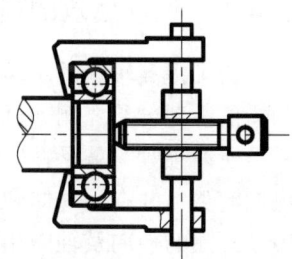

图 8-18　轴承拆卸

律只有在径向游隙为零时才能实现。如果游隙增大，在极端情况下可能只有最下方的一个滚动体受力，轴承的承载能力将大大降低。

滚动轴承是标准组件，与相关零件配合时其内孔外径分别是基准孔和基准轴，在配合中不必标注。滚动轴承内孔与外孔径都具有公差带较小的负偏差，与圆柱体的基准孔及基

图 8-19 轴承内圈的固定结构

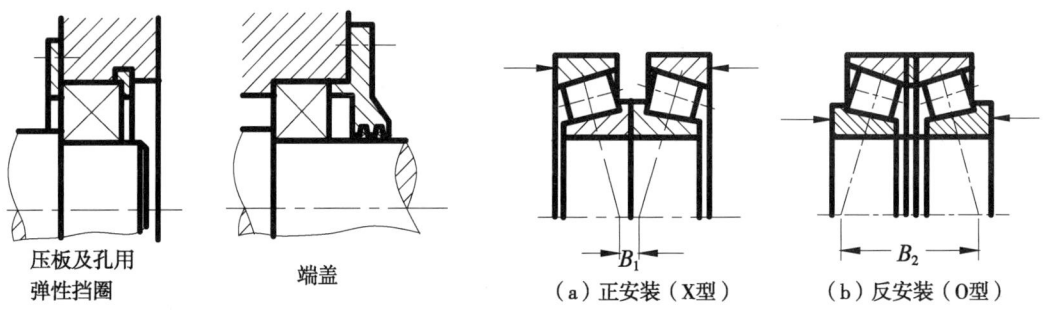

图 8-20 轴承外圈的固定结构　　图 8-21 角接触轴承组合为一支点时的排列方案

准轴偏差方向与数值都不尽相同，一般能达到较紧和较精确的配合。与轴承配合的回转轴和机座孔常分别采用 n6、m6、k5、k6、j5、js6 和 J6、J7、H7、G7 等公差。滚动轴承的回转套圈常受旋转负荷，应选紧一些的配合；不回转套圈常受局部负荷，选松一些的配合可使负荷部位在工作中略有变化，对提高寿命比较有利。一般来说，转速愈高，负荷越大，振动愈大或工作温度愈高处应采用紧一些的配合，而经常拆卸的轴承或游动套圈则采用较松的配合。与高精度轴承配合的轴和孔，对加工精度、表面粗糙度及形位公差都有较高的要求，详细资料可参考滚动轴承手册。

8.4.3 滚动轴承的预紧

为了提高轴承的旋转精度，增加轴承装置的刚度，减小机器工作时轴的振动，常采用预紧的滚动轴承。例如机床的主轴轴承，常用预紧来提高其旋转精度与轴向刚度。

所谓预紧，就是在安装时用某种方法在轴承中产生并保持一轴向力，以消除轴承中的侧向游隙，并在滚动体和内、外圈接触处产生初变形。预紧后的轴承受到工作载荷时，其内、外圈的径向及轴向相对移动量要比未预紧的轴承大大减少。

常用的预紧装置有：a. 夹紧一对圆锥滚子轴承的外圈而预紧〔图 8-22（a）〕；b. 用弹簧预紧，可以得到稳定的预紧力〔图 8-22（b）〕；c. 在一对轴承中间装入长度不等的套筒而预紧，预紧力可由两套筒的长度差控制〔图 8-22（c）〕；d. 夹紧一对磨窄了的外圈而预紧〔图 8-22（d）〕；反装时可磨窄内圈并夹紧。同理，亦可在两个内圈或外圈间加装金属片而预紧。

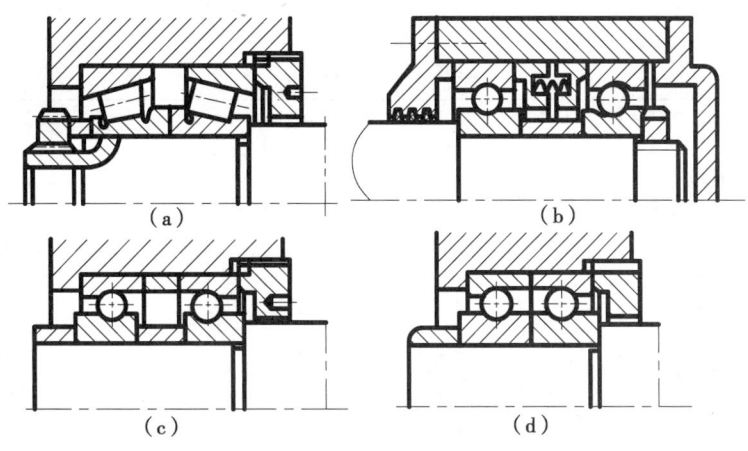

图 8-22 轴承的预紧结构

8.4.4 滚动轴承的润滑和密封

1. 滚动轴承的润滑

滚动轴承润滑主要是为了降低摩擦阻力和减轻磨损,也有吸振、冷却、防锈和密封等作用。

滚动轴承的润滑方式可根据速度因数 dn 值选择,见表 8-9。d 为轴颈直径,mm;n 为工作转速,r/min。

表 8-9 滚动轴承润滑方式的选择

轴承类型	dn mm·r/min				
	脂润滑	浸油飞溅润滑	滴油润滑	喷油润滑	油雾润滑
向心球轴承 角接触球轴承 圆柱滚子轴承	≤(2~3)×10⁵	≤2.5×10⁵	≤4×10⁵	≤6×10⁵	>6×10⁵
圆锥滚子轴承		≤1.6×10⁵	≤2.3×10⁵	≤3×10⁵	—
推力球轴承		≤0.6×10⁵	≤1.2×10⁵	≤1.5×10⁵	—

脂润滑能承受较大负荷,且结构简单,易于密封。润滑脂的装填量一般不超过轴承空间的 1/3~1/2,装脂过多易引起摩擦发热,影响轴承的正常工作。

速度较高的轴承都用油润滑,润滑和冷却效果均较好。减速器轴承常用浸油或飞溅润滑。浸油润滑时油面不应高于最下方滚动体中心,否则搅油能量损失较大易使轴承过热。喷油或油雾润滑兼有冷却作用,常用于高速情况。

滚动轴承润滑剂的选择主要取决于速度、负荷、温度等工作条件。滚动轴承元件单位面积压力大时,采用润滑油黏度应不低于 12~20 mm²/s。负荷大、工作温度高时宜选用高黏度油,容易形成油膜;而 dn 值大或喷雾润滑时宜选用低黏度油,搅油损失小,冷却效果好。脂润滑轴承在低速、工作温度 70℃ 以下时可选用钙基脂,较高温度时选钠基脂或钙钠基脂;dn 值高(>40 000 mm·r/min)或负荷工况复杂时可选用二硫化钼锂基脂,潮湿环境可采用铝基脂或钡基脂，而不宜选用遇水分解的钠基脂。

表 8 – 10 密封装置

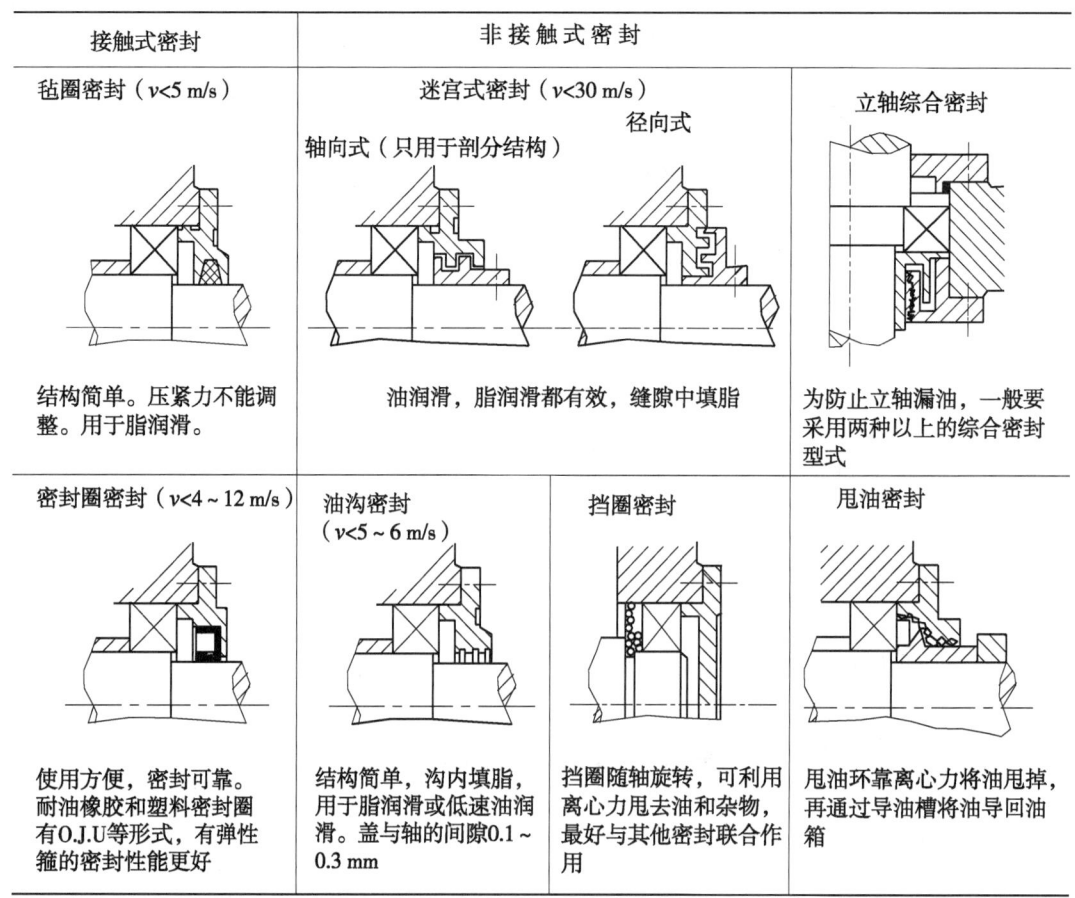

2. 滚动轴承的密封

密封是为了阻止润滑剂从轴承中流失，也为了防止外界灰尘、水分等侵入轴承。没有合理的密封将大大影响轴承的工作寿命。密封按照其原理不同可分为接触式密封和非接触式密封两大类。非接触式密封不受速度的限制。接触式密封只能用在线速度较低的场合，为保证密封的寿命及减少轴的磨损，轴的接触部分的硬度应在 $40HRC$ 以上，表面粗糙度宜小于 $R_a 1.60 \sim R_a 0.8 \ \mu m$。各种密封装置的结构和特点见表 8 – 10。

小结

本章主要内容、特点及学习要求如下。

（1）本章主要内容为滚动轴承的选择和轴承装置的设计。

（2）本章特点是：滚动轴承是一个多种元件的组合体（部件），是由专门工厂大量生产的标准件，而且是用试验与统计的方法按 90% 的可靠度来规定它的基本额定动载荷的，因而在计算理论和方法上都与其他各章有着本质区别。

(3) 本章学习要求可以概括为两点：一是要能正确地选择轴承的类型；二是要能合理地设计出轴承装置，以保证正确地使用轴承。

本章重点、难点及学习注意事项如下。

1. 本章重点

是轴承尺寸的选择，也就是如何最后确定所需轴承代号。

2. 本章难点

是向心推力轴承（指角接触球轴承与圆锥滚子轴承）的受力分析。这是由于向心推力轴承的受力分析较为复杂。

3. 学习注意事项

(1) 为了能够正确地选择轴承类型，必须注意了解滚动轴承的主要类型、性能、特点及代号等；为了能够正确地使用轴承，必须注意分析对比各种轴承装置的结构特点和适用场合（包括考虑轴承的类型、工况、装拆、固定、调整、预紧、润滑、密封等）。

(2) 为了正确选择轴承的尺寸，必须注意对滚动轴承寿命值的概率意义有深刻的理解，搞清寿命计算的理论和方法的特点。

(3) 正确的受力分析是轴承寿命计算的基础。在选择轴承尺寸时，首先要根据外载荷弄清楚每一个轴承所受到的径向载荷和轴向载荷值。这里，向心轴承所受的径向载荷和轴向载荷的计算，又是这一部分的难点，应该予以特别注意。

(4) 进行滚动轴承寿命计算时所用的载荷是径向和轴向当量动载荷。对于向心推力轴承所用的径向当量动载荷可由表 8-4 确定了载荷系数 X 和 Y 之后，根据轴承的轴向载荷和径向载荷利用公式（8-9a）求得。因此，应充分掌握表 8-4 的使用方法。

(5) 对于那些在工作载荷下基本上不旋转的轴承，或者慢慢地摆动以及转速极低的轴承，均应按照轴承的静强度来选择轴承的尺寸。

(6) 正确地进行轴承装置设计对于保证轴承的正常工作是非常重要的。为了满足同样的要求，可能有不同的设计方案。学习这一部分内容时要注意分析比较，多看一些图册作为参考。

思考题

(1) 滚动轴承主要类型有哪几种？各有何特点？

(2) 说明下列型号轴承的类型、尺寸、系列、结构特点及精度等级，207，36210，8209，1308，3512。

(3) 滚动轴承选择应考虑哪些因素？试举出 1~2 个实例说明。

(4) 滚动轴承的主要失效形式是什么？应怎样采取相应的设计准则？

(5) 试按滚动轴承寿命计算公式分析：

① 转速一定的 207 轴承，其额定动载荷从 C 增为 $2C$ 时，寿命是否增加一倍？

② 转速一定的 207 轴承，当量动载荷从 P 增为 $2P$ 时，寿命是否由 L_h 下降为 $\frac{1}{2}L_h$？

③ 当量动载荷一定的 207 轴承，当工作转速由 n 增为 $2n$ 时，其寿命有何变化？

(6) 滚动轴承内圈和轴，外圈和机座孔的配合采用基孔制还是基轴制？转动圈与固定圈选择配合性质是否相同？

习题

（8-1）已知单列向心球轴承上的当量动载荷 $P = 3\,000$ N，轴承转动圈的转速 $n = 950$ r/min，预期寿命 $L_n' = 15\,000$ h，求轴承所需的额定动载荷？若选用 208 轴承，则轴承的实际工作寿命可为多少小时？

（8-2）根据工作条件，某机械传动装置中，轴的两端各采用一单列向心球轴承，轴颈直径 $d = 35$ mm，转速 $n = 1\,460$ r/min，每个轴承受径向载荷 $R = 2\,500$ N，常温下工作，载荷平稳，预期寿命 $L_h' = 8\,000$ h，试选择轴承的型号。

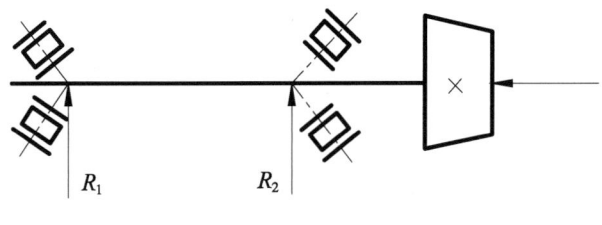

题 8-3 图

（8-3）如图所示的锥齿轮减速装置中的小锥齿轮轴，面对面安装有两个圆锥滚子轴承支承。轴的转速为 $n = 1\,450$ r/min，轴颈直径 $d = 35$ mm。已知轴承所受的径向载荷 $R_1 = 600$ N，$R_2 = 2\,000$ N，轴向外载荷 $F_A = 250$ N，要求使用寿命 $L_h' = 15\,000$ h，试选择轴承型号。

（8-4）如图所示，分析该斜齿轮轴系中的结构错误并改正之。齿轮用油润滑，轴承用脂润滑。

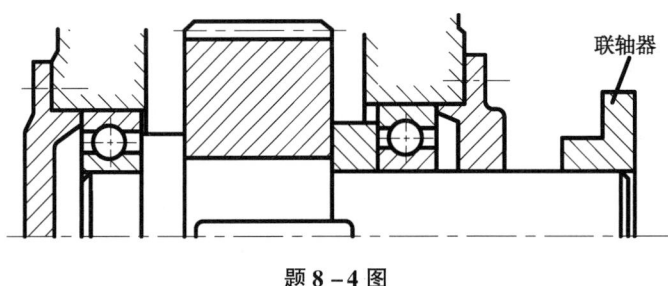

题 8-4 图

（8-5）指出蜗轮轴系中的结构错误（如图所示），说明其错误原因并画出正确的结构。蜗轮用油润滑，轴承用脂润滑。

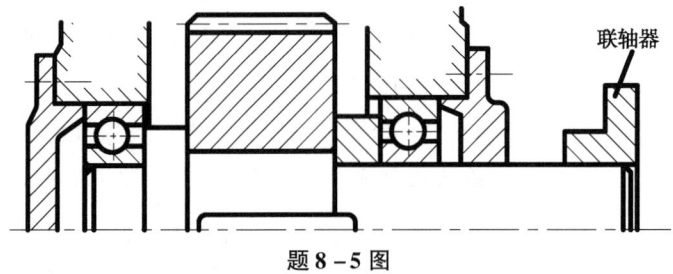

题 8-5 图

第九章 联轴器和离合器

9.1 概述

联轴器和离合器是机械传动中常用的部件。它们主要用来连接轴与轴（有时也连接轴与其他回转零件），以传递运动与转矩，有时也可用作安全装置。根据工作特性，可分为以下4类。

9.1.1 联轴器

它用来把两轴连接在一起，机器运转时两轴不能分离，只有在机器停车并将连接拆开后，两轴才能分离。

9.1.2 离合器

在机器运转过程中，可使两轴随时接合或分离的一种装置。它可用来操纵机器传动系统的断续，以便进行变速及换向等。

9.1.3 安全联轴器及安全离合器

机器工作时，如果转矩超过规定值，这种联轴器及离合器可自行断开或打滑，以保证机器中的主要零件不致因过载而损坏。

9.1.4 特殊功用的联轴器及离合器

它们用于某些特殊要求处，例如，在一定的回转方向或达到一定的转速时，联轴器或离合器即可自动接合或分离等。本章不予介绍，可参阅有关手册。

联轴器和离合器的类型很多，其中，许多已标准化或系列化。设计时只需参考手册，根据工作要求选择合适的类型，并按轴的直径、工作转矩和转速选定具体尺寸，使轴的直径、工作转矩和转速在允许范围内即可。必要时对其易损零件作强度验算。如果根据工作要求需自行设计，则可参考同类联轴器和离合器的主要尺寸关系来确定结构尺寸，然后作必要的校核计算。

在计算联轴器和离合器所需传递的转矩 T 时，通常引入一个工作情况系数 K_A 来考虑机器起动时有动载荷和使用中可能出现的过载现象。即计算转矩为：

$$T_{ca} = K_A T \qquad (9-1)$$

式中：T 为公称转矩，N·m；工作情况系数 K_A 见表 9-1。

联轴器和离合器的种类很多,本章仅介绍有代表性的几种类型。至于其他常用的类型,可参阅有关手册。

表 9-1 工作情况系数 K_A

分类	工作机		K_A 原动机			
	工作情况及举例		电动机、汽轮机	四缸和四缸以上内燃机	双缸内燃机	单缸内燃机
Ⅰ	转矩变化很小,如发电机、小型通风机、小型离心泵		1.3	1.5	1.8	2.2
Ⅱ	转矩变化小,如透平压缩机、木工机床、运输机		1.5	1.7	2.0	2.4
Ⅲ	转矩变化中等,如搅拌机、增压泵、有飞轮压缩机、冲床		1.7	1.9	2.2	2.6
Ⅳ	转矩变化和冲击载荷中等,如织布机、水泥搅拌机、拖拉机		1.9	2.1	2.4	2.8
Ⅴ	转矩变化和冲击载荷大,如造纸机、挖掘机、起重机、碎石机		2.3	2.5	2.8	3.2
Ⅵ	转矩变化大并有极强烈冲击载荷,如压延机、无飞轮的活塞泵、重型初轧机		3.1	3.3	3.6	4.0

9.2 联轴器

联轴器所连接的两轴,由于制造及安装误差、承载后的变形以及温度变化的影响等,往往不能保证严格的对中,而是存在着某种程度的相对位移与偏斜,如图 9-1 所示。这就要求设计联轴器时,要从结构上采取各种不同的措施,使之具有适应一定范围的上述偏移量的性能。

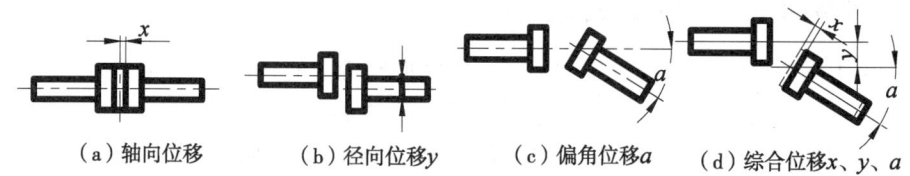

(a)轴向位移　　(b)径向位移 y　　(c)偏角位移 a　　(d)综合位移 x、y、a

图 9-1　联轴器所联两轴的偏移形式

联轴器的类型很多,根据内部是否包含弹性元件,可以划分为刚性联轴器与弹性联轴器两大类。弹性联轴器因有弹性元件,故可缓冲减振,亦可在不同程度上补偿两轴间的偏移;刚性联轴器又根据其结构特点而分为固定式与可移式两类。可移式刚性联轴器对两轴间的偏移量具有一定的补偿能力。下面分别予以介绍。

9.2.1 固定式刚性联轴器

这类联轴器有套筒式、夹壳式和凸缘式等。这里只介绍较为常用的凸缘联轴器。

凸缘联轴器是把两个带有凸缘的联轴器用键分别与两轴连接，然后用螺栓把两个半联轴器联成一体，以传递运动和转矩（图9-2）。

凸缘联轴器有两种对中方法：一种是用一个半联轴器上的凸肩与另一个半联轴器上的凹槽相配合而对中〔图9-2（a）〕；另一种则是共同与另一剖分环相配合而对中〔图9-2（b）〕。

前者在装拆时，轴必须作轴向移动；后者则无此缺点，但对中不易准确。连接螺栓可以采用半精制的普通螺栓，此时螺栓杆与钉孔壁间存在间隙，转矩靠半联轴器接合面间的摩擦力矩来传递〔图9-2（b）〕；也可采用配合螺栓，此时螺栓杆与钉孔为过渡配合，靠螺栓杆承受挤压与剪切来传递转矩〔图9-2（a）〕。凸缘联轴器可做成带防护边的〔图9-2（a）〕或不带防护边的〔图9-2（b）〕。

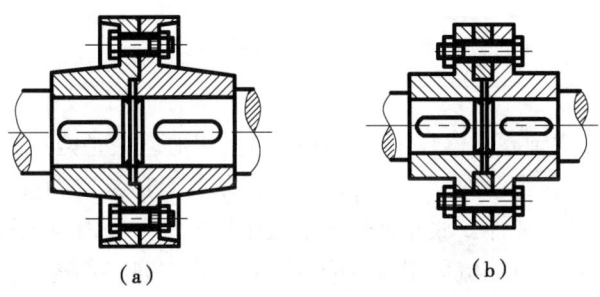

图9-2 凸缘联轴器

凸缘联轴器的材料可用灰铸铁或碳钢，重载时或用圆周速度大于30 m/s时应用铸钢或锻钢。

由于凸缘联轴器属于固定式刚性联轴器，对所联两轴间的偏移缺乏补偿能力，故对两轴对中性的要求很高。当两轴间有位移与偏斜存在时，就会在机件内引起附加载荷，使工作情况恶化，这是它的主要缺点。但由于其构造简单、成本低、可传递较大的转矩，故当转速低、无冲击、轴的刚性大、对中性较好时亦常采用。

9.2.2 可移式刚性联轴器

这类联轴器因具有可移性，故可补偿两轴间的偏移。但因无弹性元件，故不能缓冲减振。常用的有以下几种。

1. 十字滑块联轴器

如图9-3所示，由两个在端面上开有凹槽的半联轴器1、3，和一个两面带有凸牙的中间盘2所组成，中间盘两面的凸牙位于互相垂直的两个直径方向上，并在安装时分别嵌入1、3的凹槽中。因为凸牙可在凹槽中滑动，故可补偿安装及运转时两轴间的偏移。

这种联轴器零件的材料可用45号钢，工作表面须进行热处理，以提高其硬度；要求较低时也可用A5钢，不进行热处理。为了减少摩擦及磨损，使用时应从中间盘的油孔中注油进行润滑。

因为半联轴器与中间盘组成移动副，不能发生相对转动，故主动轴与从动轴的角速度应相等。但在两轴间有偏移的情况下工作时，中间盘就会产生很大的离心力，从而增大动载荷及磨损。因此，选用时应注意其工作转速不得大于规定值。

这种联轴器一般用于转速 $n<250$ r/min，轴的刚度较大，且无剧烈冲击处。效率 $\eta = 1-(3\sim5)\dfrac{fy}{d}$，这里 f 为摩擦系数，一般取 $0.12\sim0.25$；y 为两轴间径向偏移量，mm；d 为轴径，mm。

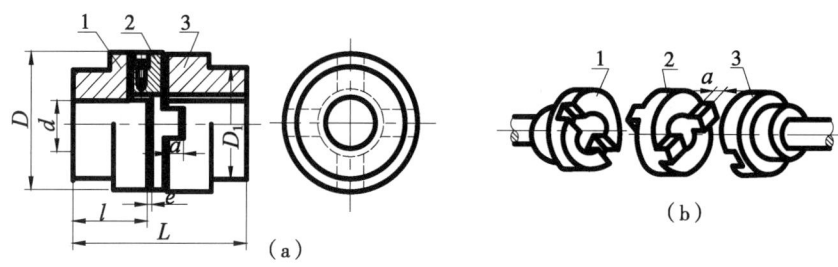

图 9-3 十字滑块联轴器

2. 滑块联轴器

如图 9-4 所示，这种联轴器与十字滑块联轴器相似，只是两边半联轴器上的沟槽很宽，并把原来的中间盘改为两面不带凸牙的方形滑块，且通常用夹布胶木制成。由于中间滑块的质量减小，又具有弹性，故允许较高的极限转速。中间滑块也可用尼龙 6 制成，并在配制时加入少量的石墨或二硫化钼，以便在使用时可以自行润滑。

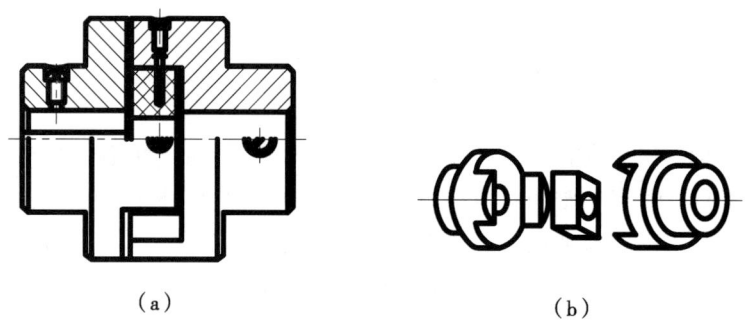

图 9-4 滑块联轴器

这种联轴器结构简单，尺寸紧凑，适用于小功率、高转速而无剧烈冲击处。

3. 十字轴式万向联轴器

如图 9-5（a）所示，它由两个叉形接头 1、3，一个中间连接件 2 和轴销 4（包括销套及铆钉）、5 所组成；轴销 4 与 5 互相垂直配置并分别把两个叉形接头与中间件 2 连接起来。这样，就构成了一个可动的连接。这种联轴器可以允许两轴间有较大的夹角（夹角 α 最大可达 $35°\sim45°$），而且在机器运转时，夹角发生改变仍可正常传动；但当 α 过大时，传动效率会显著降低。

这种联轴器的缺点是：当主动轴角速度 ω_1 为常数时，从动轴的角速度 ω_3 并不是常数，而是在一定范围内（$\omega_1\cos\alpha \leqslant \omega_3 \leqslant \omega_1/\cos\alpha$）变化，因而在传动中将产生附加动载荷。

为了改善这种情况，常将十字轴式万向联轴器成对使用〔图 9 – 5（b）〕，但应注意安装时必须保证 O_1 轴、O_3 轴与中间轴之间的夹角相等，并且中间轴的两端的叉形接头应在同一平面内（图 9 – 6）。只有这种双万向联轴器才可以得到 $\omega_3 = \omega_1$。

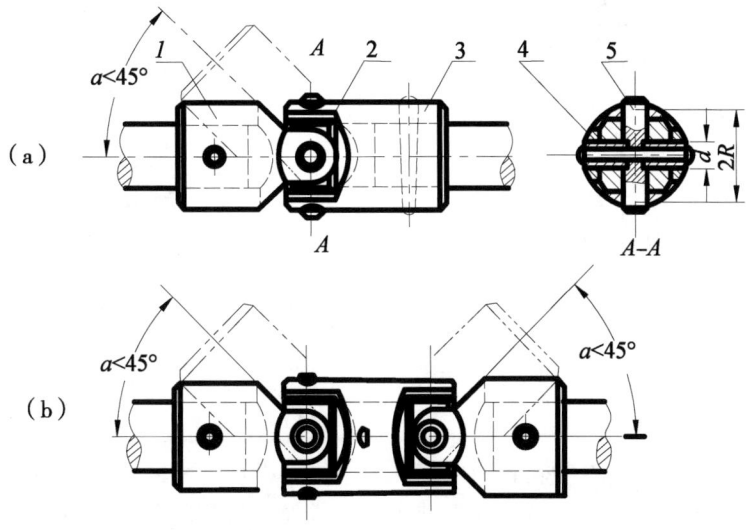

图 9 – 5　十字轴式万向联轴器

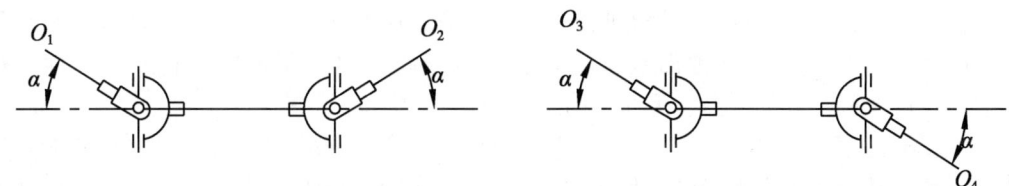

图 9 – 6　双万向联轴器

这类联轴器各元件的材料，除铆钉用 20 号钢外，其余多用合金钢，以获得较高的耐磨性及较小的尺寸。

这类联轴器结构紧凑，维护方便，广泛应用于汽车、多头钻床等机器的传动系统中。小型十字轴式万向联轴器已标准化，设计时可按标准选用。

4. 齿式联轴器

如图 9 – 7（a）所示，这种联轴器由两个带有内齿及凸缘的外套筒 3 和两个带有外齿的内套筒 1 所组成。两个内套筒 1 分别用键与两轴连接，两个外套筒 3 用螺栓 5 联成一体，依靠内外齿相啮合以传递转矩。由于外齿的齿顶制成椭球面，且保证与内齿啮合后具有适当的顶隙和侧隙，故在传动时，套筒 1 可有轴向、径向及角向的位移〔图 9 – 7（b）〕。又为了减少磨损，可由油孔 4 注入润滑油，并在套筒 1 和 3 之间装有密封圈 6，以防止润滑油泄漏。

齿式联轴器中，所用齿轮的齿廓曲线为渐开线，啮合角为 20°，齿数一般为 30～80，材料一般用 45 号钢或 ZG310—570。这类联轴器能传递很大的转矩，并允许有较大的偏移量，安装精度要求不高；但质量较大，成本较高，在重型机械中广泛应用。

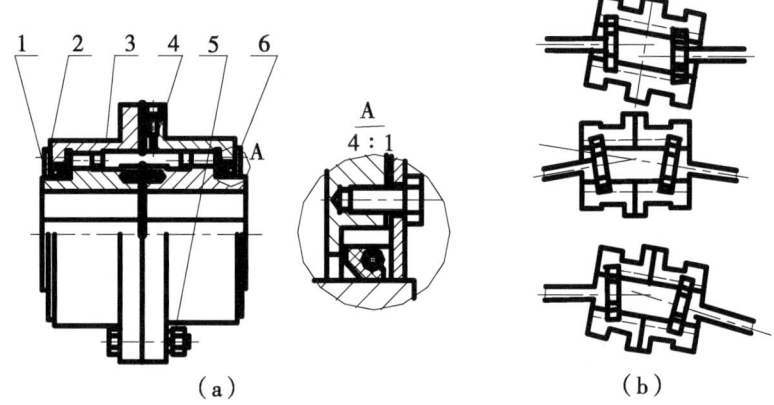

图 9-7 齿式联轴器

9.2.3 弹性联轴器

如前所述，这类联轴器因装有弹性元件，不仅可以补偿两轴间的偏移，而且具有缓冲减振的能力。弹性元件所能储蓄的能量越多，则联轴器的缓冲能力愈强；弹性元件的弹性滞后性能与弹性变形时零件间的摩擦功愈大，则联轴器的减振能力愈好。这类联轴器目前应用很广，品种也越来越多。

制造弹性元件的材料有非金属和金属两种。非金属有橡胶、塑料等，其特点为质量小，价格便宜，有良好的弹性滞后性能，因而减振能力强。金属材料制成的弹性元件（主要为各种弹簧）则强度高、尺寸小而寿命较长。

联轴器在受到工作转矩 T 以后，被连接两轴将因弹性元件的变形而产生相应的扭转角 φ；φ 与 T 成正比关系的弹性元件为定刚度，不成正比的为变刚度。非金属材料的弹性元件都是变刚度的，金属材料的则因其结构不同可有变刚度与定刚度两种。常用非金属材料的刚度多随载荷的增大而增大，故缓冲性好，特别适用于工作载荷有较大变化的机器。采用刚度随载荷增大的弹性元件，还可缩小机器共振的高峰区域，从而减少共振破坏的可能性。

1. 弹性套柱销联轴器（图 9-8）

这种联轴器的构造与凸缘联轴器相似，只是用套有弹性套的柱销代替了连接螺栓。因为通过蛹状的弹性套传递转矩，故可缓冲减振。弹性套的材料常用耐油橡胶，并做成剖面形状如图中网纹部分所示，以提高其弹性。半联轴器与轴的配合孔可做成圆柱形或圆锥形（图 9-8）。

半联轴器的材料常用 $HT200$，有时也采用 35 号钢或 $ZG270—500$；柱销材料多用 45 号钢。这种联轴器可按标准（GB4323—84）选用，必要时应按下式验算弹性套与孔壁间的压力 p 和柱销的弯曲应力 σ_b。即

$$p = \frac{ZK_AT}{ZdsD_1} \leq [p] \text{MPa} \qquad (9-2)$$

$$\sigma_b = \frac{M}{W} \approx \frac{ZK_AT}{ZD_1} \cdot \frac{L}{2}/0.1d^3$$

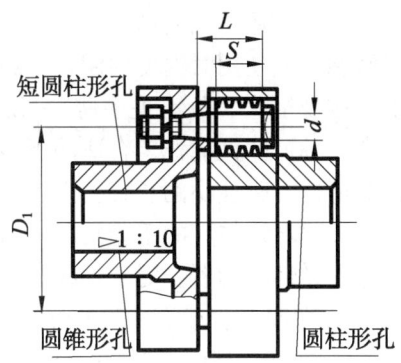

图 9-8　弹性套柱销联轴器

$$= \frac{10K_A TL}{ZD_1 d^3} \leq [\sigma]_b \quad \text{MPa} \tag{9-3}$$

式中：K_A——工作情况系数，见表 9-1；

　　　T——传递的转矩，N·m；

　　　Z——柱销数目；

　　　D_1——柱销中心所在圆的直径，mm；

　　　$[p]$——许用应力，对橡胶弹性套，$[p]$ = 2 MPa；

　　　$[\sigma]_b$——柱销的许用弯曲应力，$[\sigma]_b = 0.25\sigma_s$，$\sigma_s$ 为柱销材料的屈服极限，MPa；

　　　d、s、L 见图 9-8，mm。

这种联轴器制造容易，装拆方便，成本较低，但弹性套易磨损，寿命较短。它适用于连接载荷平稳、需正反转或启动频繁的传递中、小转矩的轴。

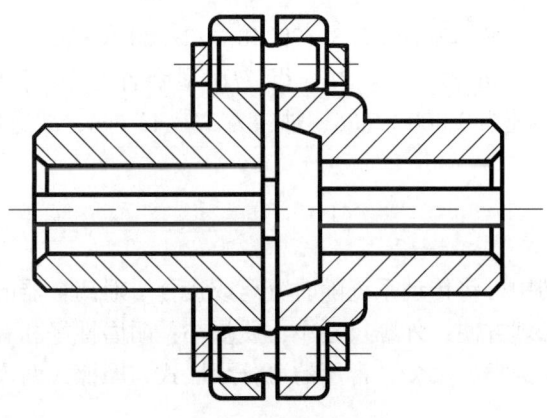

图 9-9　弹性柱销联轴器

2. 弹性柱销联轴器

这种联轴器的结构如图 9-9 所示，工作时转矩是通过半联轴器、柱销而传到从动轴上去的。为了防止柱销脱落，在半联轴器的外侧，用螺钉固定了挡板。

这种联轴器与弹性套柱销联轴器很相似，但传递转矩的能力很大，结构更为简单，安装、制造方便，耐久性好，也有一定的缓冲和吸振能力，允许被连接两轴有一定的轴向位移以及小量的径向位移和偏角位移，适用于轴向窜动较大、正反转变化较多和起动频繁的场合。由于尼龙柱销对温度较敏感，故使用时温度限制在 $-20 \sim 70$℃ 的范围内。

上述各种联轴器多已标准化或规格化（见有关手册），设计时只需参考有关手册，根据机器的工作特点及要求，结合联轴器的性能选定合适的类型。一般对低速、刚性大的短轴可选用固定式刚性联轴器；对低速、刚性小的长轴，则宜选用可移式刚性联轴器，以补偿长轴的安装误差及轴的变形；传递转矩较大的重型机械（如起重机），则可选用齿轮联轴器；对高速有振动的轴，应选用弹性联轴器；对于轴线相交的两轴，则宜选用万向联轴器。至于工作中需要两轴随时接合和脱开，或有安全保护等特殊要求时，则应选用离合器、安全联轴器等（见后两节）。类型选定后，应按式（9-1）确定其计算转矩，再根据计算转矩、轴径及转速等选取合适的型号，并应保证所选型号的许用转矩和许用转速分别大于计算转矩及实际转速；必要时还应校核联轴器中主要零件的强度。如所需的联轴器无适当的标准或规格可供选择时，亦可参照类似的型式自行估取所需的尺寸，然后进行必要的校核计算。联轴器所连接的两轴的直径可不相同，但所选联轴器的孔径、长度及结构型式应能分别与两轴相配。

例题 某车间起重机根据工作要求选用一电动机，其功率 $P=10$ kW，转速 $n=960$ r/min，电动机轴的直径 $d=42$ mm，试选择所需的联轴器（只要求与电动机轴连接的半联轴器满足直径要求）。

解

（1）类型选择：为了隔离振动与冲击，选用弹性套柱销联轴器。

（2）载荷计算：

公称转矩：$T=9\,550 \times \dfrac{P}{n} = 9\,550 \times \dfrac{10}{960} = 99.48$ N·m，由表 9-1 查得 $K_A = 2.3$，故由式（9-1）得计算转矩为：

$$T_{ca} = K_A T = 2.3 \times 99.48 = 222.80 \text{ N·m}$$

（3）型号选择：从 GB4323—84 中查得 TL6 型弹性套柱销联轴器的许用转矩为 250 N·m，许用最大转速为 3 800 r/min，轴径为 32~42 mm，故适用。

9.3 离合器

离合器在机器运转中可将传动系统随时分离或接合。对离合器的要求有：接合、分离迅速而平稳；调节和修理方便；外廓尺寸小；质量小；耐磨性好和有足够的散热能力；操纵方便、省力。离合器的类型很多，常用的可分牙嵌式与摩擦式两大类。

9.3.1 牙嵌离合器

牙嵌离合器由两个端面上有牙的半离合器组成（图 9-10）。其中，一个半离合器固定在主动轴上，另一个半离合器用导键（或花键）与从动轴连接，并可由操纵机构使其作轴向移动，以实现离合器的分离与接合。牙嵌离合器是借牙的相互嵌合来传递运动和转矩的。为使两半离合器能够对中，在主动轴端的半离合器上固定一个对中环，从动轴可在对中环内自由转动。

第九章 联轴器和离合器

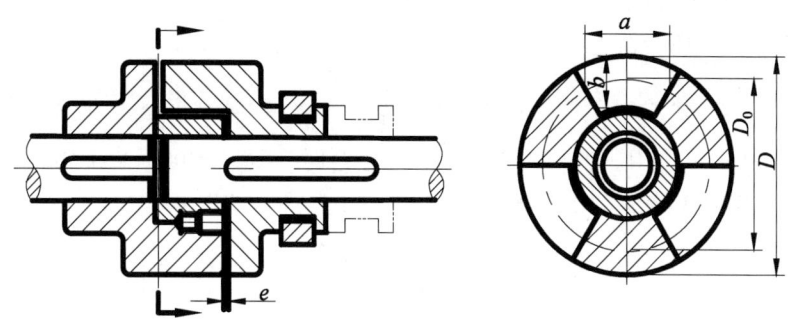

图 9-10 牙嵌离合器

牙嵌离合器常用的牙形如图 9-11 所示，三角形牙〔图 9-11（a）、图 9-11（b）〕用于传递小转矩的低速离合器；矩形牙〔图 9-11（e）〕无轴向分力，但不便于接合与分离，磨损后无法补偿，故使用较少；梯形牙〔图 9-11（c）〕的强度高，能传递较大的转矩，能自动补偿牙的磨损与间隙，从而减少冲击，故应用较广；锯齿形牙〔图 9-11（d）〕强度高，只能传递单向转矩，用于特定的工作条件处；图 9-11（f）所示的牙形主要用于安全离合器；图 9-11（g）所示为牙形的纵剖面。牙数一般取为 3~60。

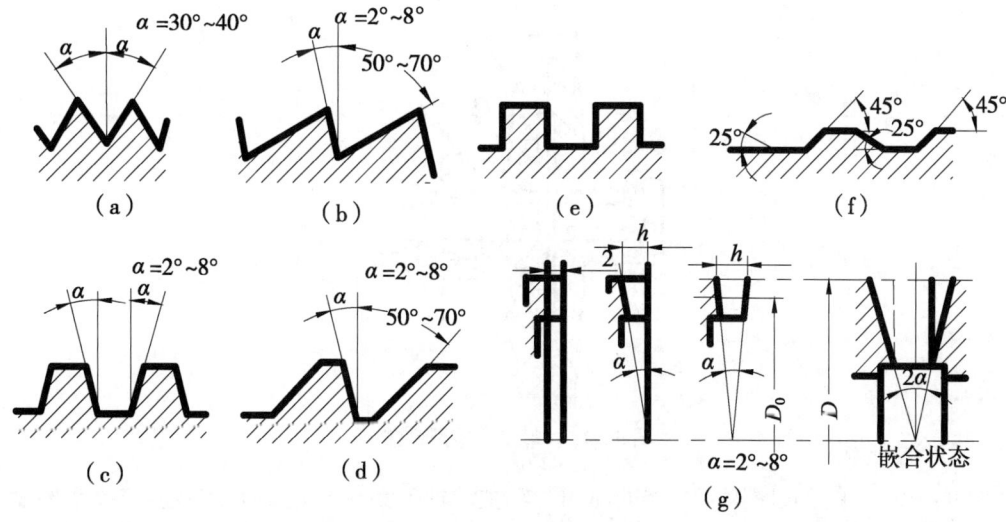

图 9-11 各种牙型图

牙嵌离合器的主要尺寸可从有关手册中选取，必要时应按下式验算牙面上的压力 P 及牙根弯曲应力 σ_b。即

$$p = \frac{ZK_A}{D_0 ZA} \leq [p] \qquad (9-4)$$

$$\sigma_b = \frac{K_A Th}{W D_0 Z} \leq [\sigma]_b \qquad (9-5)$$

式中：A——每个牙的接触面积，mm^2；

D_0——离合器牙齿所在圆环的平均直径（图 9-10），mm；

h——牙的高度,mm;

Z——半离合器上的牙数;

W——牙根的抗弯剖面模量,$W=\dfrac{a^2 b}{6}$,a、b 所代表的尺寸如图 9-10 所示。

$[p]$——许用压力,当静止状态下接合时,$[p] \leq 90 \sim 120$ MPa;低速状态接合时,$[p] \leq 50 \sim 70$ MPa;较高速状态下接合时,$[p] = 35 \sim 45$ MPa;

$[\sigma]_b$——许用弯曲应力,静止状态下接合时,$[\sigma]_b = \dfrac{\sigma_s}{1.5}$ MPa;运转状态下接合时,$[\sigma]_b = \dfrac{\sigma_s}{5 \sim 6}$ MPa。

牙嵌离合器一般用于转矩不大,低速接合处。材料常用低碳钢表面渗碳,硬度为 HRC56~62;或采用碳钢表面淬火,硬度为 HRC48~54;不重要的和静止状态接合的离合器,也允许用 HT200 制造。

9.3.2 圆盘摩擦离合器

圆盘摩擦离合器是在主动摩擦盘转动时,由主、从动盘的接触面间产生的摩擦力矩来传递转矩的,有单盘式和多盘式两种。

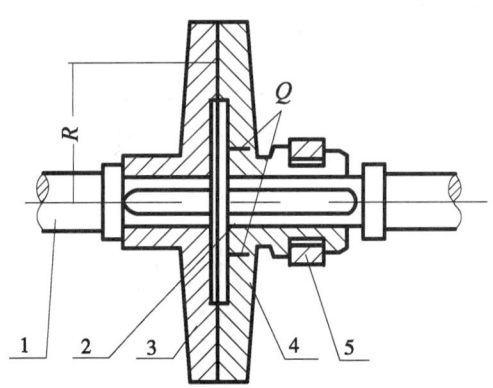

图 9-12 单盘摩擦离合器

图 9-12 为单盘式摩擦离合器的简图。在主动轴 1 和从动轴 2 上,分别安装摩擦盘 3 和 4,操纵环 5 可以使摩擦盘 4 沿轴 2 移动。接合时以力 Q 将盘 4 压在盘 3 上,主动轴上的转矩即由两盘接触面间所产生的摩擦力矩传到从动轴上。设摩擦力的合力作用在平均半径为 R 的圆周上,则可传递的最大转矩 T_{max} 为:

$$T_{max} = QfR \tag{9-6}$$

式中 f 为摩擦系数(表 9-2)。

图 9-13 为多盘摩擦离合器,它有两组摩擦盘:一组外摩擦盘 5〔图 9-14(a)〕以其外齿插入主动轴 1 上的外鼓轮 2 内缘的纵向槽中,盘的孔壁则不与任何零件接触,故盘 5 可与轴 1 一起转动,并可在轴向推力下沿轴向移动;另一组内摩擦盘 6〔图 9-14(b)〕以其孔壁凹槽与从动轴 3 上的套筒 4 的凸齿相配合,而盘的外缘不与任何零件接触,故盘 6 可与轴 3 一起转动,也可在轴向推力下作轴向移动。另外,在套筒 4 上开有 3 个纵向

槽，其中安置可绕销轴转动的曲臂压杆 8；当滑环 7 向左移动时，曲臂压杆 8 通过压板 9 将所有内、外摩擦盘紧压在调节螺母 10 上，离合器即进入接合状态。螺母 10 可调节摩擦盘之间的压力。内摩擦盘也可作成碟形〔图 9 – 14（c）〕，当承压时，可被压平而与外盘贴紧；松脱时，由于内盘的弹力作用可以迅速与外盘分离。

表 9 – 2　摩擦离合器的材料及其性能

摩擦副的材料及工作条件		摩擦系数	圆盘摩擦离合器 $[P]_0^①$（MPa）
在油中工作	淬火钢 – 淬火钢	0.06	0.6 ~ 0.8
	淬火钢 – 青铜	0.08	0.4 ~ 0.5
	铸铁 – 铸铁或淬火钢	0.08	0.6 ~ 0.8
	钢 – 夹布胶木	0.12	0.4 ~ 0.6
	淬火钢 – 陶质金属	0.1	0.8
不在油中工作	压制石棉 – 钢或铸铁	0.3	0.2 ~ 0.3
	淬火钢 – 陶质金属	0.4	0.3
	铸铁 – 铸铁或淬火钢	0.15	0.2 ~ 0.3

注：基本许用压力为标准情况下许用压力

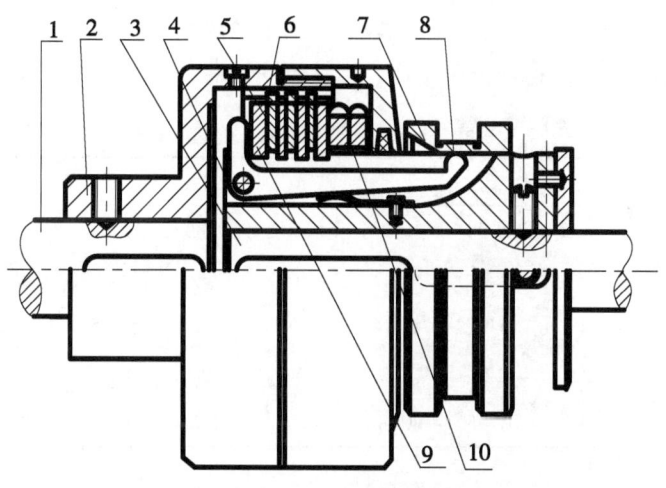

图 9 – 13　多盘摩擦离合器

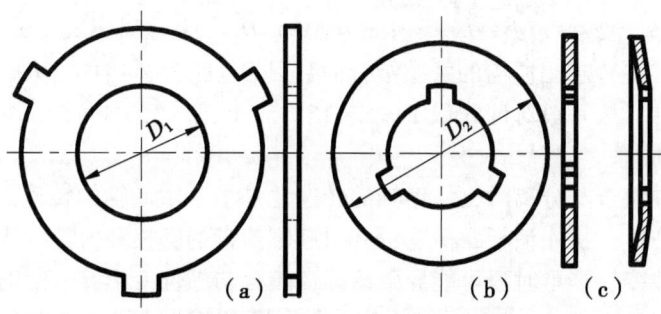

图 9 – 14　摩擦盘结构图

多盘摩擦离合器所能传递的最大转矩 T_{max} 和作用在摩擦盘接合面上的压力 P 为：

$$T_{max} = ZFQ\frac{D_2 + D_1}{4} \geqslant K_A T \tag{9-7}$$

$$P = \frac{4Q}{\pi(D_2^2 - D_1^2)} \leqslant [p] \tag{9-8}$$

式中：D_1、D_2——摩擦盘接合面的内径和外径，mm；

Z——接合面的数目；

摩擦盘常用材料及其性能见表 9-2。

Q——操作轴向力，N；

f——摩擦系数；

$[P]$——许用压力，它等于基本许用压力 $[P]_0$ 与系数 k_a、k_b、k_c 的乘积，即

$$[P] = [P]_0 k_a、k_b、k_c \tag{9-9}$$

式中 $[P]_0$ 见表 9-2；k_a、k_b、k_c 分别为根据离合器平均圆周速度、主动摩擦盘的数目、每小时的接合次数等不同而引入的修正系数，其值见表 9-3。

摩擦离合器和牙嵌离合器相比，有下列优点：不论在何种速度时，两轴都可以接合或分离；接合过程平稳，冲击、振动较小；从动轴的加速时间和所传递的最大转距可以调节；过载时可发生打滑，以保护重要零件不致损坏。其缺点为外廓尺寸较大；在接合、分离过程中要产生滑动摩擦，故发热量较大，磨损也较大。为了散热和减轻磨损，可以把摩擦离合器浸入油中工作。根据是否浸入润滑油中工作，把摩擦离合器分为干式与油式两种。

表 9-3 系数 k_a、k_b、k_c 值

平均圆周速度（m/s）	1	2	2.5	3	4	6	8	10	15
k_a	1.35	1.08	1	0.94	0.86	0.75	0.68	0.63	0.55
主动摩擦盘数目	3	4	5	6	7	8	9	10	11
k_b	1	0.97	0.94	0.91	0.88	0.85	0.82	0.79	0.76
每小时接合次数	90	120	180	240	300	≥360			
k_c	1	0.95	0.8	0.7	0.6	0.5			

设计时，可先选定摩擦面材料和根据结构要求初步定出摩擦盘接合面的直径 D_1 和 D_2。对油式摩擦离合器，取 $D_1 = (1.5 \sim 2)d$，d 为轴径；$D_2 = (1.5 \sim 2)D_1$；对干式摩擦离合器，取 $D_1 = (2 \sim 3)d$；$D_2 = (1.5 \sim 2.5)D_1$。然后利用式（9-8）求出轴向压力 Q，利用式（9-7）求出所需的摩擦结合面数目 Z。因为 Z 增加过大时，传递转矩并不能随之成正比增加，故一般对油式 $Z = 5 \sim 15$；对干式取 $Z = 1 \sim 6$。并限制内外摩擦盘总数不大于 25~30。

摩擦离合器在接合与分离时，从动轴的转速总是小于主动轴的转速，因而内外摩擦盘间必有相对滑动产生，从而消耗摩擦功，并引起摩擦盘的磨损和发热。当温度过高时，就会引起摩擦系数改变，严重时还可能导致摩擦盘胶合与塑性变形。一般对钢制摩擦盘，应限制其表面最高温度不超过 400℃，整个离合器的平均温度不大于 120℃。关于发热量的计算方法可参看有关手册。

9.4 安全联轴器与安全离合器

安全联轴器及安全离合器的作用是,当工作转矩超过机器允许的极限转矩时,连接件将发生折断、脱开或打滑,从而使联轴器或离合器自动停止传动,以保护机器中的重要零件不致损坏。下面介绍几种常用的类型。

9.4.1 剪切销安全联轴器

这种联轴器有单剪的〔图9-15 (a)〕和双剪的〔图9-15 (b)〕两种。现以单剪的为例加以说明。这种联轴器的结构类似凸缘联轴器,但不用螺栓,而用钢制销钉连接。销钉装入经过淬火的两段钢制套管中,过载时即被剪断。销钉直径可按剪切强度计算,即

$$d = \sqrt{\frac{8KT}{\pi D_m Z [\tau]}} \text{mm} \qquad (9-10)$$

式中:T——公称转矩,N·m;

D_m——销钉轴心所在圆的直径,mm;

Z——销钉数目;

$[\tau]$——销钉的许用剪切应力,$[\tau] = (0.7 \sim 0.8) \sigma_B$,$\sigma_B$ 为销钉材料的抗拉强度极限,MPa;

K——过载限制系数,即极限转矩与公称转矩之比;极限转矩值应略小于机器中最薄弱部分的破坏转矩(折算至联轴器处);在初步计算时,K值也可从表9-4选取,其余尺寸可根据结构需要查有关标准。

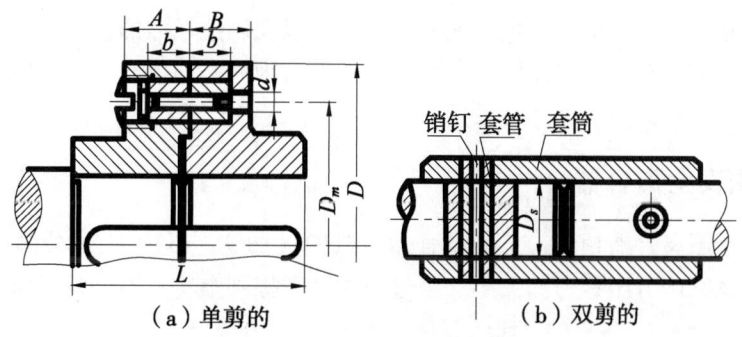

图9-15 剪切销安全联轴器

表9-4 过载限制系数 K 值

机器名称	载荷		K
	启 动	工 作	
小型风扇、离心式与转子式泵和压气机、车床、钻床、磨床、发电机、带式运输机	达到额定载荷的110%	接近静载荷	1.1
轻型传动装置、铣床、齿轮铣床、六角车床、带有较重飞轮的活塞泵和压气机、平板运输机	达到额定载荷的150%	有微小变化	1.6

(续表)

机器名称	载荷		K
	启 动	工 作	
可逆传动装置、刨床、插床与插齿机、带有较轻飞轮的活塞泵与压气机、螺旋输送器与刮斗式提升机、带有较重飞轮的螺旋与偏心压力机、纺织机与纺纱机、粗纺机、精纺机	达到额定载荷的 200%	有较大变化	2.1
起重机、挖掘机、挖土机、碾碎机、排锯机、双盘式磨碎、球磨机、多辊磨碎机、带有较轻飞轮的偏心与螺旋压力机、剪断机、碎石机	达到额定载荷的 300%	极不均匀载荷或冲击载荷	3.2

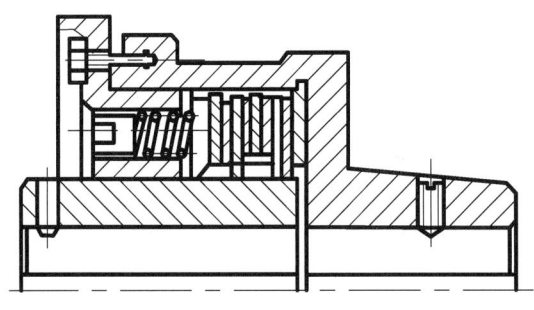

图 9–16 摩擦安全离合器

销钉材料可采用 45 号钢淬火或高碳工具钢,准备剪断处应预先切槽,使剪断处的残余变形最小,以免毛刺过大,有碍于更换报废的销钉。

这类联轴器由于销钉材料机械性能的不稳定,以及制造尺寸的误差等原因,致使工作精度不高;且销钉剪断后,不能自动恢复工作能力,因而必须停车更换销钉;但由于构造简单,所以对很少过载的机器还常采用。

9.4.2 摩擦安全离合器

它和圆盘摩擦离合器相似,只是没有操纵机构(图 9–16),而用弹簧将摩擦盘经常压紧,并可用螺钉调节压紧力的大小。当过载时,摩擦圆盘将打滑,从而限制了离合器传递的最大转矩。

小结

本章主要内容及学习要求:

1. 主要内容

本章主要内容为常用联轴器和离合器的类型、结构、工作原理、性能、特点、应用场合和选择及计算方法,并对安全联轴器和安全离合器作了一般介绍。

2. 学习要求

(1) 了解常用联轴器和离合器的主要类型和用途。

(2) 掌握常用联轴器的结构、工作原理、特点、影响工作性能的因素,以及选择与计算方法。

(3) 掌握常用离合器的结构、工作原理、性能、特点和选择及计算方法。

本章重点及学习注意事项:

本章重点是最常用的几种联轴器,如弹性套柱销联轴器、多盘摩擦离合器等。另外,对凸缘联轴器、十字滑块联轴器也作了较多的说明。

3. 学习本章时注意事项

(1) 注意将联轴器和离合器的功用加以对比。另外还应搞清对所有联轴器和离合器,都是使用与其具体工况相应的工作情况系数 K_A 来考虑各种因素对载荷的影响的。

(2) 在"联轴器"一节中,首先应了解联轴器在结构上采用不同形式的原因,着重掌握各种联轴器的结构、特点、使用场合等,并应结合实物或模型重点了解各种联轴器的结构。

对于刚性联轴器,主要了解固定式刚性联轴器和可移式刚性联轴器在使用上的优缺点,特别是可移式刚性联轴器允许有径向、轴向和偏角位移是一个显著的优点,在实用上可以带来很大的方便。

对于弹性联轴器(主要是弹性套柱销联轴器)应着重了解其弹性元件的作用。

对于各种联轴器极限转速的限制,应从由于轴的不同心将产生离心力和发生接合面的磨损等方面来理解。

各种联轴器多已标准化或规格化,设计时主要是根据机器的工作特点及要求,结合联轴器的性能选定合适的类型。因此必须掌握联轴器的选用原则,熟悉各种联轴器的标准。在选择联轴器时,结合工作条件注意联轴器对轴线误差(轴向、径向、偏角)的补偿能力及减振能力,并应着重注意要按计算转矩 $T_{ca} = K_A T$ 来选择,而不是按所传递的转矩 T 选择。

(3) 在离合器一节中,首先应了解离合器应满足的是基本要求。对于牙嵌离合器应着重了解牙型种类、各种牙型使用的场合,以及选择时应进行接合面上压力 $p \leq [p]$ 与牙根强度 $\sigma_b \leq [\sigma]_b$ 等验算。

对于摩擦离合器应着重了解其工作特性、对摩擦面材料的基本要求,选择时应进行接合面上压力 $p \leq [p]$ 的验算。并应将摩擦离合器与牙嵌离合器加以比较。

(4) 对于安全联轴器及安全离合器应着重了解其使用意义及其能够起安全作用的工作原理。

思考题

(1) 联轴器、离合器的功用有何异同?各用在机械的什么场合?

(2) 刚性联轴器和弹性联轴器有何差别?各举例说明它们适用于什么场合?

(3) 选择联轴器的类型时要考虑哪些因素?确定联轴器的型号是根据什么原则?

(4) 试比较牙嵌离合器和摩擦离合器的特点和应用。

习题

（9-1）某离心式水泵采用弹性柱销联轴器连接，原动机为电动机，传递功率 38 kW，转速为 300 r/min，联轴器两端连接轴径均为 50 mm，试选择该联轴器的型号。又如原动机改为活塞式内燃机时，又应如何选择其联轴器？

（9-2）一机床主传动换向机构中采用如图 9-13 所示的多盘摩擦离合器，已知主动摩擦盘 5 片，从动摩擦盘 4 片，接合面内径 $D_1 = 60$ mm，外径 $D_2 = 110$ mm，功率 $P = 4$ kW，转速 $n = 1\,214$ r/min；摩擦盘材料为淬火钢对淬火钢。试求需要多大的轴向力 Q。

第十章 螺纹连接

10.1 螺纹

10.1.1 螺纹的类型和应用

螺纹有外螺纹和内螺纹之分,共同组成螺纹副使用。起连接作用的螺纹称为连接螺纹;起传动作用的螺纹称为传动螺纹。螺纹又分为米制和英制(螺距以每英寸牙数表示)两类。我国除管螺纹外,多采用米制螺纹。

常用螺纹的类型主要有普通螺纹、管螺纹、矩形螺纹、锯齿形螺纹、梯形螺纹。前两种主要用于连接,后3种主要用于传动。其中,除矩形螺纹外,都已标准化。标准螺纹的基本尺寸可查阅有关标准。常用螺纹的类型、特点和应用,见表 10-1。

机械制造中除上述的常用螺纹外,还制订有特殊用途的螺纹,以适应各行业的特殊工作要求。需要时可查阅有关专用标准。

10.1.2 螺纹的主要参数

现以圆柱普通螺纹为例说明螺纹的主要几何参数(图 10-1)。

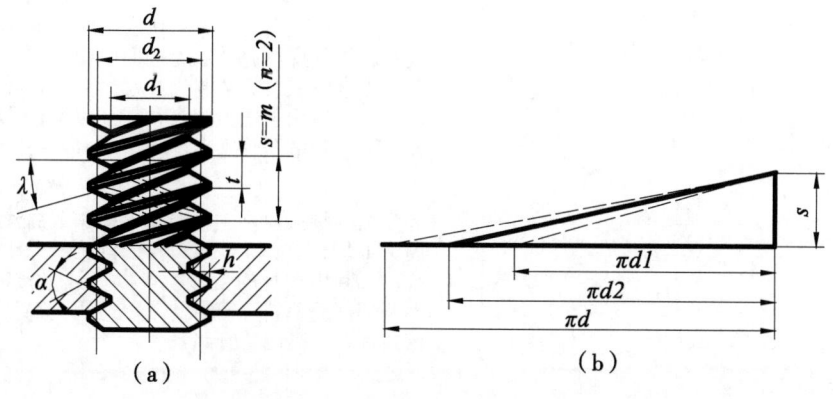

图 10-1 螺纹的主要几何参数

(1) 大径 d:螺纹的最大直径,即与外螺纹牙顶或内螺纹牙底相重合的假想圆柱面的直径,在标准中定为公称直径。

(2) 小径 d_1:螺纹的最小直径,即与外螺纹牙底或内螺纹牙顶相重合的假想圆柱面的直径，在强度中常作为螺杆危险剖面的计算直径。

（3）中径 d_2：通过螺纹轴向剖面内牙型上的沟槽和凸起宽度相等处的假想圆柱面的直径，近似等于螺纹的平均直径，$d_2 \approx \frac{1}{2}(d + d_1)$。中径是确定螺纹几何参数和配合性质的直径。

（4）线数 n：螺纹的螺旋线数目。沿一根螺旋线形成的螺纹称为单线螺纹；沿两根以上的等距螺旋线形成的螺纹称为多线螺纹。为了便于制造，一般用线数 $n \leq 4$。

（5）螺距 t：螺纹相邻两个牙型上对应点间的轴向距离。

（6）导程 s：螺纹上任一点沿同一条螺旋线转一周所移动的轴向距离。单线螺纹 $s = t$；多线螺纹 $s = nt$。

（7）升角 λ：螺旋线的切线与垂直于螺纹轴线的平面间的夹角。在螺纹的不同直径处，螺旋线的升角各不相同，其展开形式如图 10 – 1（b）所示。通常按螺纹中径 d_2 处计算，即：

$$\lambda = \text{arctg}\,\frac{s}{\pi d_2} = \text{arctg}\,\frac{nt}{\pi d_2}$$

表 10 – 1　常用螺纹的类型、特点和应用

螺纹类型		牙型图	特点和应用
普通螺纹	粗牙		牙型为等边三角形，牙型角 $\alpha = 60°$，内外螺纹旋合后留有径向间隙。外螺纹牙根允许有较大的圆角，以减小应力集中。同一公称直径按螺距大小，分为粗牙和细牙。细牙螺纹的螺距小，升角小，自锁性较好，强度高，但不耐磨，容易滑扣。一般连接多用粗牙螺纹，细牙螺纹常用于细小零件，薄壁管件或受冲击，振动和变载荷的连接中，也可作为微调机构的调整螺纹用
	细牙		
联接螺纹	圆柱管螺纹		牙型为等腰三角形，牙型角 $\alpha = 55°$，牙顶有较大的圆角，内外螺纹旋合后无径向间隙，以保证配合的紧密性。管螺纹为英制细牙螺纹，公称直径为管子的内径。适用于压力为 1.6 MPa 以下的水，煤气管路、润滑和电缆管路系统
	圆锥管螺纹		牙型为等腰三角形，牙型角 $\alpha = 55°$，螺纹分布在锥度为 1:16（$\varphi = 1°47'24''$）的圆锥管壁上。螺纹旋合后，利用本身的变形就可以保证连接的紧密性，不需要任何填料，密封简单。适用于高温、高压或密封性要求高的管管路系
	圆锥螺纹		牙型与 55° 圆锥管螺纹相似，但牙型角 $\alpha = 60°$，螺纹牙顶为平顶。多用于汽车、拖拉机、航空机械、机床的燃料、油、水、气输送管路系统

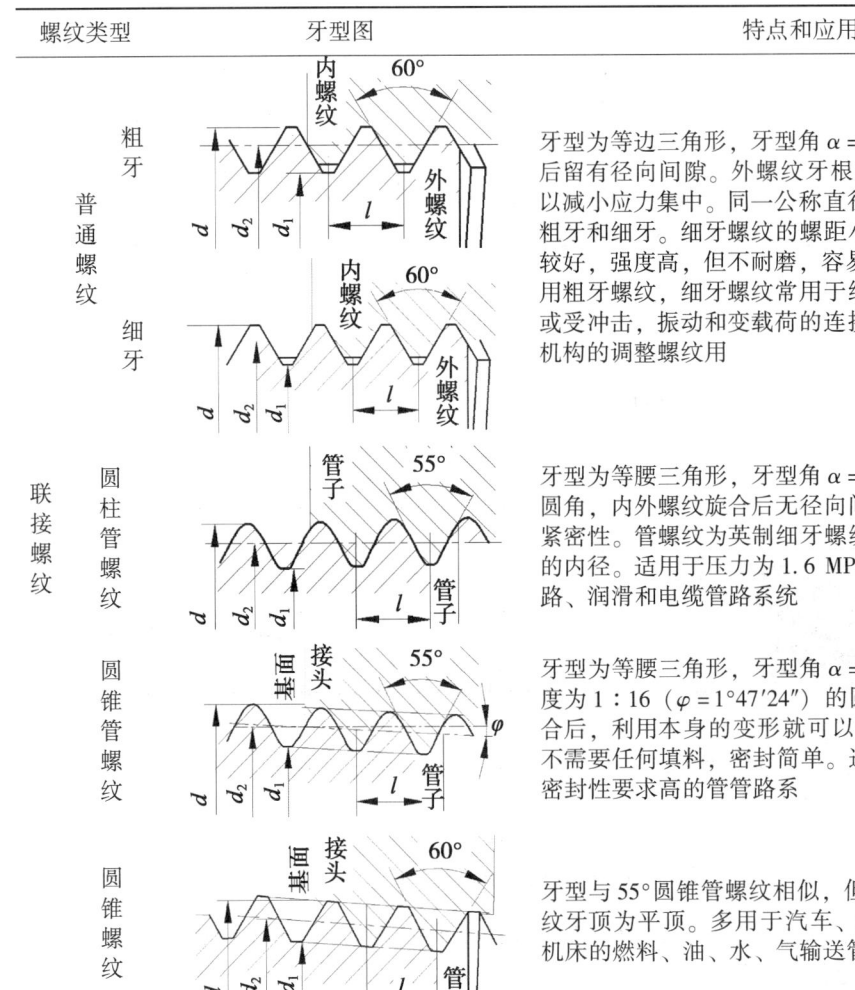

(续表)

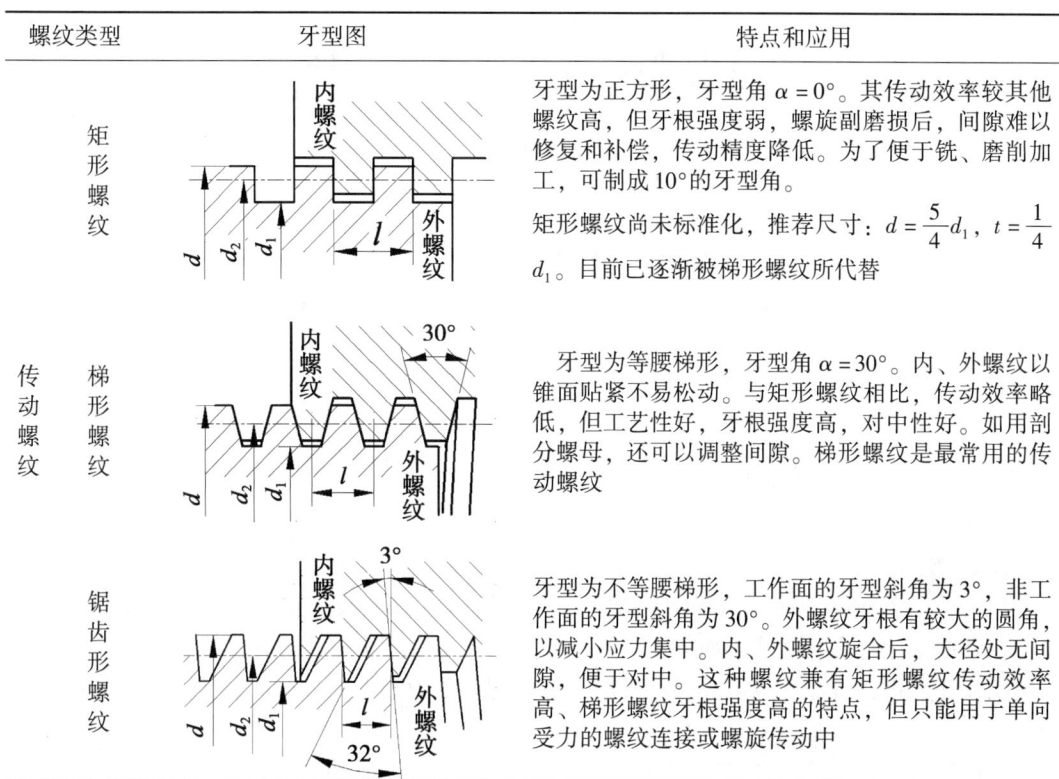

（8）牙型角 α：螺纹轴向剖面内，螺纹牙型两侧边的夹角。螺纹牙型的侧边与螺纹轴线的垂直平面的夹角称为牙型斜角，对称牙型的牙型斜角 $\beta = \alpha/2$。

（9）工作高度 h：内、外螺纹旋合后的接触面的径向高度。

各种管螺纹的主要几何参数可查阅有关标准，其公称直径都不是螺纹外径，而近似等于管子的内径。

10.1.3 螺纹连接的基本类型

1. 螺栓连接

常见的普通螺栓连接如图 10-2（a）所示。这种连接的特点是被连接件上的通孔和螺栓杆间留有间隙，故通孔的加工精度低，结构简单，装拆方便，使用时不受被连接件材料的限制，因此应用极广。图 10-2（b）是配合螺栓连接。孔和螺栓杆多采用基孔制过渡配合（H7/m6、H7/n6）。这种连接能精确固定被连接件的相对位置，并能承受横向载荷，但孔的加工精度要求较高。

螺纹余留长度 l_1 静载荷 $l_1 \geq (0.3 \sim 0.5)d$；变载荷 $l_1 \geq 0.75d$；冲击载荷或弯曲载荷 $l_1 \geq d$；配合螺栓连接 $l_1 \approx d$；螺纹伸出长度 $a \approx (0.2 \sim 0.3)d$；螺栓轴线到被连接件边缘的距离 $e \approx d + (3 \sim 6)$ mm；通孔直径 $d_0 \approx 1.1d$。

2. 双头螺柱连接

如图 10-3（a）所示，这种连接适用于结构上不能采用螺栓连接的场合，例如被连

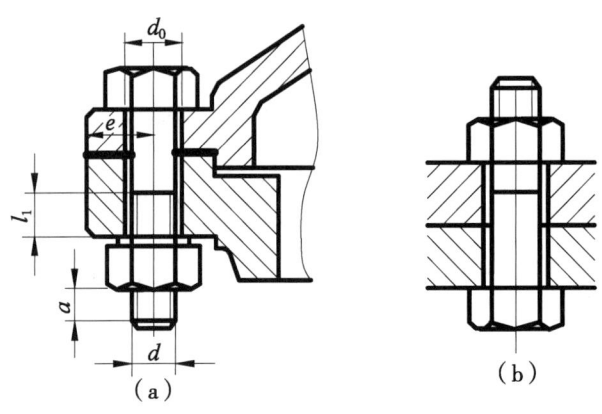

图 10-2 螺栓连接

接件之一太厚不宜制成通孔，材料又比较软，且需要经常拆装时，往往采用双头螺柱连接。

3. 螺钉连接

如图 10-3（b）所示，这种连接的特点是螺钉直接拧入被连接件的螺纹孔中，不用螺母，在结构上比双头螺柱连接简单、紧凑。其用途和双头螺柱连接相似，但如经常拆装时，易使螺纹孔磨损，可能导致被连接件报废，故多用于受力不大，或不需要经常拆装的场合。

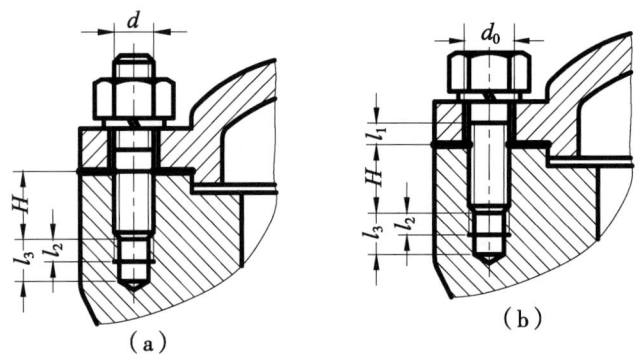

图 10-3 双头螺柱、螺钉连接

拧入深度 H，当带螺纹孔件材料为：钢或青铜 $H \approx d$；铸铁 $H = (1.25 \sim 1.5)d$；铝合金 $H = (1.5 \sim 2.5)d$；

内螺纹余留长度 l_2 及钻孔余量 l_3 按 GB3—58 取定。

4. 紧定螺钉连接

紧定螺钉连接是利用拧零件螺纹孔中的螺钉末端顶住另一零件的表面〔图 10-4（a）〕或顶入相应的凹坑中〔图 10-4（b）〕，以固定两个零件的相对位置，并可传递不大的力或转矩。

螺钉除作为连接和紧定用外，还可用于调整零件位置，如机器、仪器的调节螺钉等。

除上述 4 种基本螺纹连接型式外，还有一些特殊结构的连接。例如专门用于将机座或机架固定在地基上的地脚螺栓连接（图 10-5）等。

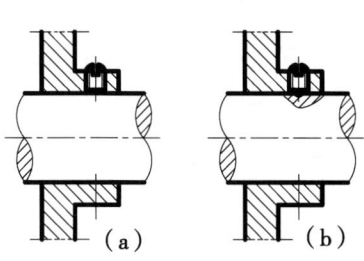
图 10-4 紧定螺钉连接

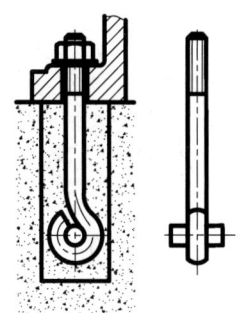
10-5 地脚螺栓连接

10.1.4 标准螺纹连接件

螺纹连接件的类型很多，在机械制造中常见的螺纹连接件有螺栓、双头螺柱、螺钉、螺母和垫圈等。这类零件的结构型式和尺寸都已标准化，设计时可根据有关标准选用。它们的结构特点和应用示于表 10-2。

根据 $GB3103 \cdot 1—82$ 的规定，螺纹连接件分为 3 个精度等级，其代号为 A、B、C 级。A 级精度的公差小，精度最高，用于要求配合精确、防止振动等重要零件的连接；B 级精度多用于受载较大且经常装拆、调整或承受变载荷的连接；C 级精度多用于一般的螺纹连接。常用的标准螺纹连接件（螺栓、螺钉），通常选用 C 级精度。

表 10-2 常用标准螺纹连接件

类型	图例	结构特点和应用
六角头螺栓		种类很多，应用最广，分为 A、B、C 三级，通用机械制造中多用 C 级（左图）。螺栓杆都可制出一段螺纹或全螺纹，螺纹可用粗牙或细牙（A、B 级）
螺柱		螺柱两端都制有螺纹，两端螺纹可相同或不同，螺柱可带退刀槽或制成腰杆，也可制成全螺纹的螺柱。螺柱的一端常用于旋入铸铁或有色金属的螺纹孔中，旋入后即不拆卸，另一端则用于安装螺母以固定其他零件
螺钉		螺钉头部形状有圆头、扁圆头、六角头、圆柱头和沉头等。头部起子槽有一字槽、十字槽和内六角孔等形式。十字槽螺钉头部强度高、对中性好，便于自动装配。内六角孔螺钉能承受较大的扳手力矩，连接强度高，可代替六角头螺栓，用于要求结构紧凑的场合

(续表)

类型	图例	结构特点和应用
紧定螺钉	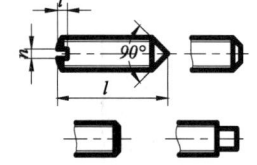	紧定螺钉的末端形状,常用的有锥端、平端和圆柱端。锥端适用于被紧定零件的表面硬度较低或不经常拆卸的场合;平端接触面积大,不伤零件表面,常用于顶紧硬度较大的平面或经常拆卸的场合;圆柱端压入轴上的凹坑中,适用于紧定空心轴上的零件位置
六角螺母	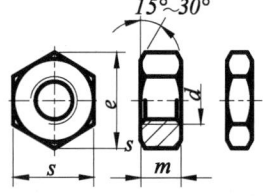	根据螺母厚度不同,分为标准的和薄的两种。薄螺母常用于受剪力的螺栓上或空间尺寸受限制的场合。螺母的制造精度和螺栓相同,分为 A、B、C 三级,分别与相同级别的螺栓配用
圆螺母	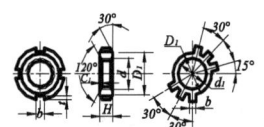	圆螺母常与止退垫圈配用,装配时将垫圈内舌插入轴上的槽内,而将垫圈的外舌嵌入圆螺母的槽内,螺母即被锁紧。常作为滚动轴承的轴向固定用
垫 圈		垫圈是螺纹连接中不可缺少的附件,常放置在螺母和被连接件之间,起保护支承表面等作用。平垫圈按加工精度不同,分为 A 级和 C 级两种。用于同一螺纹直径的垫圈又分为特大、大、普通和小的 4 种规格,特大垫圈主要在铁木结构上使用。斜垫圈只用于倾斜的支承面上。

10.2 螺栓组连接的结构设计

螺栓组连接结构设计的主要目的,在于合理地确定连接接合面的几何形状和螺栓的布置形式,力求各螺栓和连接接合面间受力均匀,便于加工和装配。为此,设计时应综合考虑以下几方面的问题。

第一,连接接合面的几何形状通常都设计成轴对称的简单几何形状(图 10 - 6)。这样不但便于加工制造,而且便于对称布置螺栓,使螺栓组的对称中心和连接接合面的形心重合,从而保证连接接合面受力比较均匀。

第二,螺栓的布置应使各螺栓的受力合理。对于配合螺栓连接,不要在平行于工作载荷的方向上成排地布置 8 个以上的螺栓,以免载荷分布过于不均。当螺栓连接承受弯矩或扭矩时,应使螺栓的位置适当靠近连接接合面的边缘,以减小螺栓的受力(图 10 - 7)。如果同时承受轴向载荷和较大的横向载荷时,应采用销、套筒、键等抗剪零件来承受横向载荷(图 10 - 8),以减小螺栓的预紧力及结构尺寸。

第三,螺栓的排列应有合理的间距、边距。布置螺栓时,各螺栓轴线间以及螺栓轴线

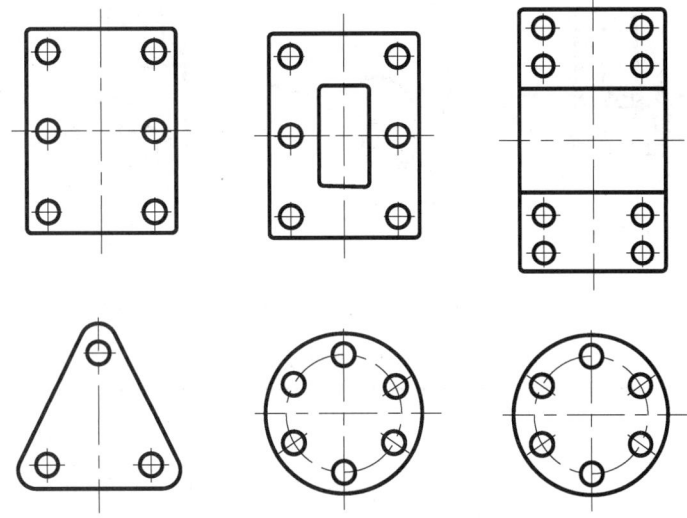

图 10-6 螺栓组连接接合面常用的形状

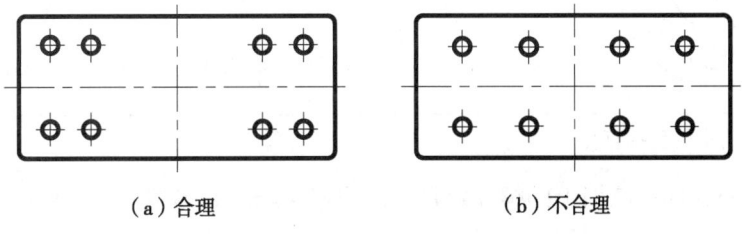

(a) 合理　　　　　　　　　(b) 不合理

图 10-7 接合面受弯矩或扭矩时螺栓的布置

和机体壁间的最小距离,应根据扳手所需活动空间的大小来决定。扳手空间的尺寸(图 10-9)可查阅有关标准。对于压力容器等紧密性要求较高的重要连接,螺栓的间距 t_0 不得大于表 10-3 所推荐的数值。

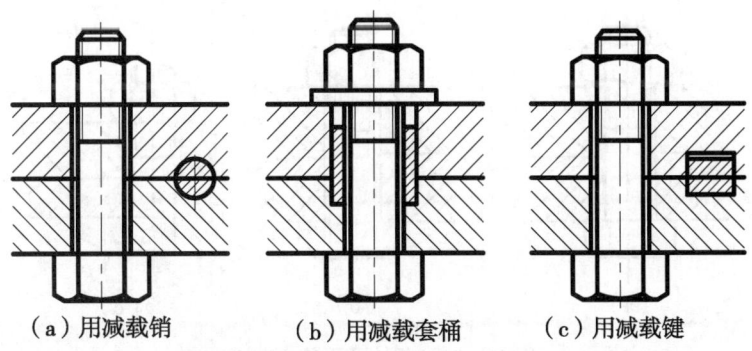

(a) 用减载销　　　(b) 用减载套桶　　　(c) 用减载键

图 10-8 承受横向载荷的减载装置

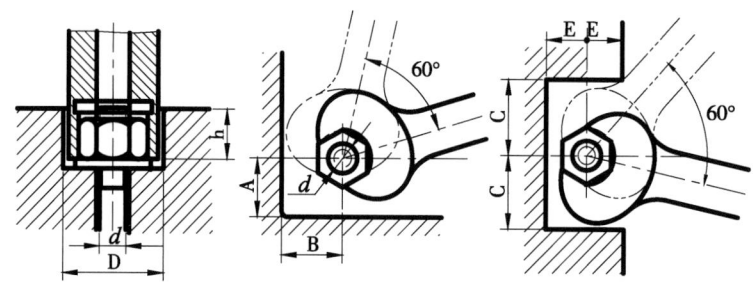

图 10-9 扳手空间尺寸

表 10-3 螺栓间距 t_0

	工作压力（MPa）					
	≤1.6	>1.6~4	>4~10	>10~16	>16~20	>20~30
	间距 t_0（mm）					
	$7d$	$4.5d$	$4.5d$	$4d$	$3.5d$	$3d$

注：表中 d 为螺纹公称直径。

第四，分布在同一圆周上的螺栓数目，应取成 4、6、8 等偶数，以便在圆周上钻孔时分度和画线，同一螺栓组中螺栓的材料、直径和长度均应相同。

第五，避免螺栓承受偏心载荷。导致螺栓承受偏心载荷的原因如图 10-10 所示。除了要在结构上设法保证载荷不偏心外，还应在工艺上保证被连接件、螺母和螺栓头部的支承面平整并与螺栓轴线相垂直。对于在铸、锻件等的粗糙表面上安装螺栓时，应制成凸台或沉头座（图 10-11）。当支承面为倾斜表面时，应采用斜面垫圈（图 10-12）等。

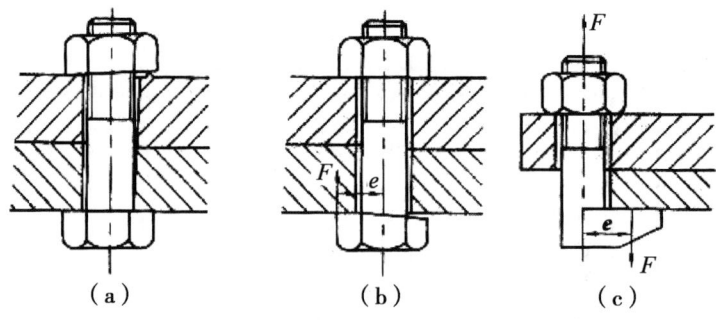

图 10-10 螺栓承受偏心载荷

螺栓组的结构设计，除综合考虑以上各点外，还包括根据连接的工作条件合理地选择螺栓组的防松装置。

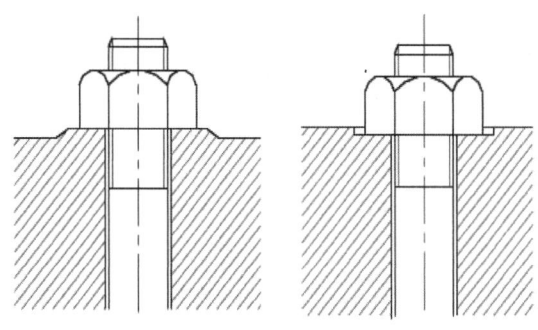
图 10-11 凸台与沉头座的应用

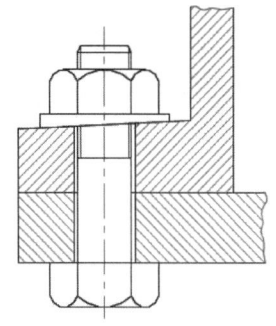
图 10-12 斜面垫圈的应用

10.3 螺栓组连接的受力分析

多数情况下螺栓都是成组使用的,设计时,常根据被连接件的结构和连接的载荷来确定连接的传力方式、螺栓的数目和布置。为了减少所用螺栓的规格和提高连接的结构工艺性,通常都采用相同的螺栓材料、直径和长度。

螺栓组连接受力分析的任务是:求出连接中各螺栓受力的大小,特别是其中受力最大的螺栓及其载荷。分析时,通常进行以下假定:①被连接件为刚体;②各螺栓的拉伸刚度或剪切刚度(即各螺栓的材料、直径和长度)及预紧力都相同;③螺栓的应变没有超出弹性范围。下面介绍几种典型螺栓组受力分析的方法。

10.3.1 受轴向力 Q 的螺栓组连接

如图 10-13 为气缸盖螺栓连接,其载荷通过螺栓组形心,因此各螺栓分担的工作载荷 F 相等。设螺栓数目为 Z,则

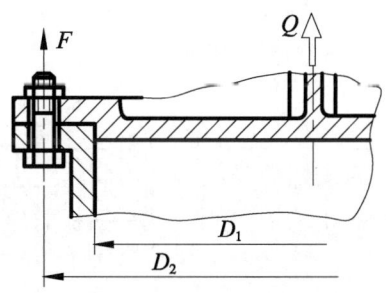

图 10-13 受轴向力的螺栓组连接

$$F = \frac{Q}{Z} \tag{10-1}$$

此外,螺栓还受有预紧力,其总拉力的求法见 10.4 节。

10.3.2 受横向力 R 的螺栓组连接

如图 10-14 为板件连接,螺栓沿载荷方向布置。载荷可通过两种不同方式传递,

(a)图用受拉螺栓连接,(b)图用受剪螺栓连接。

当用受拉螺栓连接时,螺栓只受预紧力 F',靠接合面间的摩擦来传递载荷。假设各螺栓连接接合面的摩擦力相等并集中在螺栓中心处,则根据板的平衡条件得:

$$\mu_s F' m Z = k_f R \text{ 或 } F' = \frac{k_f R}{\mu_s m Z} \tag{10-2}$$

式中:μ_s——接合面摩擦系数,对于钢铁零件,当接合面干燥时,$\mu_s = 0.10 \sim 0.16$;当接合面沾有油时,$\mu_s = 0.06 \sim 0.10$;

m——接合面数目;

z——螺栓数目;

k_f——考虑摩擦传力的可靠系数,$k_f = 1.1 \sim 1.5$。

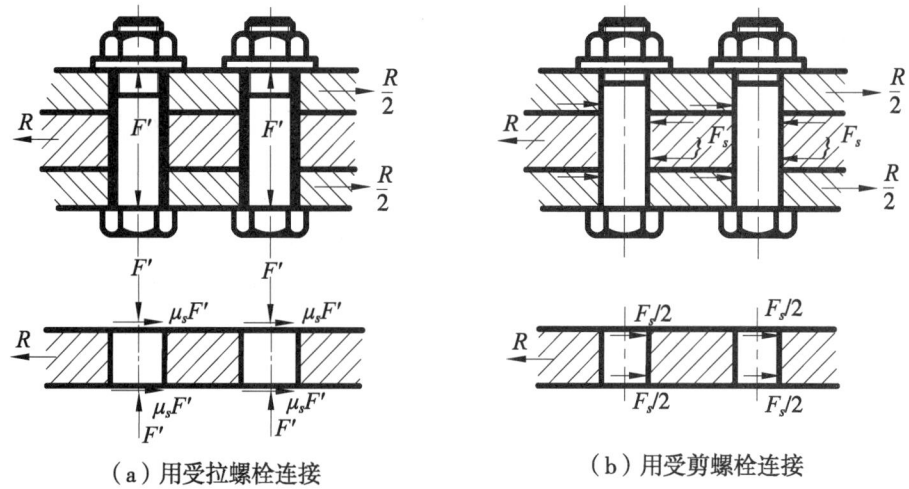

(a)用受拉螺栓连接   (b)用受剪螺栓连接

图 10-14 受横向力的螺栓组连接

若 $Z = 1$、$m = 1$,并取 $\mu_s = 0.15$,$k_f = 1.2$,则 $F' = 8R$。由此可见,这种连接的主要缺点是所需的预紧力很大,为横向载荷的很多倍。

当用受剪螺栓连接时,靠螺栓受剪和螺栓与被连接件相互挤压时的变形来传递载荷。由于拧紧,连接中有预紧力和摩擦力,但一般忽略不计。假设各螺栓所受的工作载荷均为 F_s(实际上由于板是弹性体、两端螺栓受剪力比中间螺栓大,所以,沿载荷方向布置的螺栓数目不宜超过 6 个,以免受力不均严重),则根据板的静力平衡条件得:

$$Z F_s = R \text{ 或 } F_s = \frac{R}{Z} \tag{10-3}$$

10.3.3 受旋转力矩 T 的螺栓组连接

如图 10-15 为底板螺栓连接,假设在 T 作用下,底板有绕通过螺栓组形心的轴线 $O-O$ 旋转的趋势,此载荷可通过受拉或受剪两种方式传递。

当用受拉螺栓连接图 10-15(b)时,假设各螺栓连接接合面的摩擦力相等并集中在螺栓中心处,与螺栓中心至底板旋转中心 O 的连线垂直,则根据底板的静力平衡条件得:

$$\mu_s F' r_1 + \mu_s F' r_2 + \cdots + \mu_s F' r_Z = k_f T$$

或

$$F' = \frac{k_f T}{\mu s (r_1 + r_2 + \cdots + r_z)} \quad (10-4)$$

式中：F'——螺栓需要的预紧力；

r_1、$r_2 \cdots r_z$——各螺栓中心至底板旋转中心的距离，角注代表螺栓序号；

μ_s 和 k_f 见前述。

当用受剪螺栓连接图 10-15（c）时，各螺栓的工作载荷 F_s 与其中心至底板旋转中心的连线垂直。忽略连接中的预紧力和摩擦力，则根据底板的静力平衡条件得：

$$F_{s1} r_1 + F_{s2} r_2 + \cdots + F_{sz} r_z = T$$

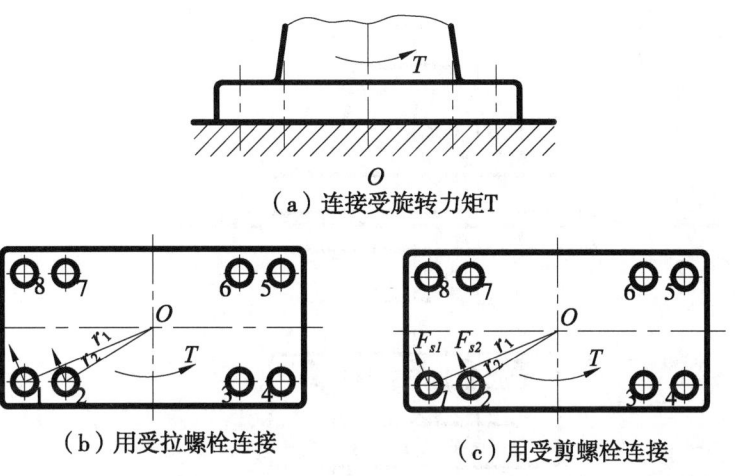

图 10-15 受旋转力矩的螺栓组连接

根据螺栓的变形协调条件，各螺栓的剪切变形量与其中心至底板旋转中心的距离成正比。因为螺栓剪切刚度相同，所以各螺栓的剪力也与这个距离成正比，于是

$$\frac{F_{s1}}{r_1} = \frac{F_{s2}}{r_2} = \cdots = \frac{F_{sz}}{r_z}$$

F_{s1}、F_{s2}、$\cdots$等可通过联立解上两式求出。例如，距底板旋转中心最远的 1、4、5、8 四个螺栓受力最大。

$$F_{s1} = F_{s4} = F_{s5} = F_{s8} = \frac{T r_1}{r_1^2 + r_2^2 + \cdots + r_8^2} \quad (10-5)$$

10.3.4 受翻转力矩 M 的螺栓组连接

如图 10-16 为另一底板螺栓连接，采用受拉螺栓。拧紧后，螺栓受预紧力。假设被连接件是弹性体但其接合面始终保持为平面（与本节开始的假设不同），且在 M 作用下底板有绕通过螺栓组形心的轴线 $O\text{—}O$ 翻转的趋势，则轴线左边螺栓受到工作载荷 F，右边螺栓相当于受了负的拉力，其预紧力将减小。就底板而言，则是左半边螺栓的紧固力增大，而右半边的基座的反抗压力以同样大小增加。根据底板的静力平衡条件得：

$$F_1 r_1 + F_2 r_2 + \cdots F_z r_z = M$$

根据螺栓变形协调条件，各螺栓的拉伸变形量与其中心至底板翻转轴线的距离成正比。因螺栓拉伸刚度相同，所以左边螺栓的工作载荷和右边基座在螺栓处的压力也与这个

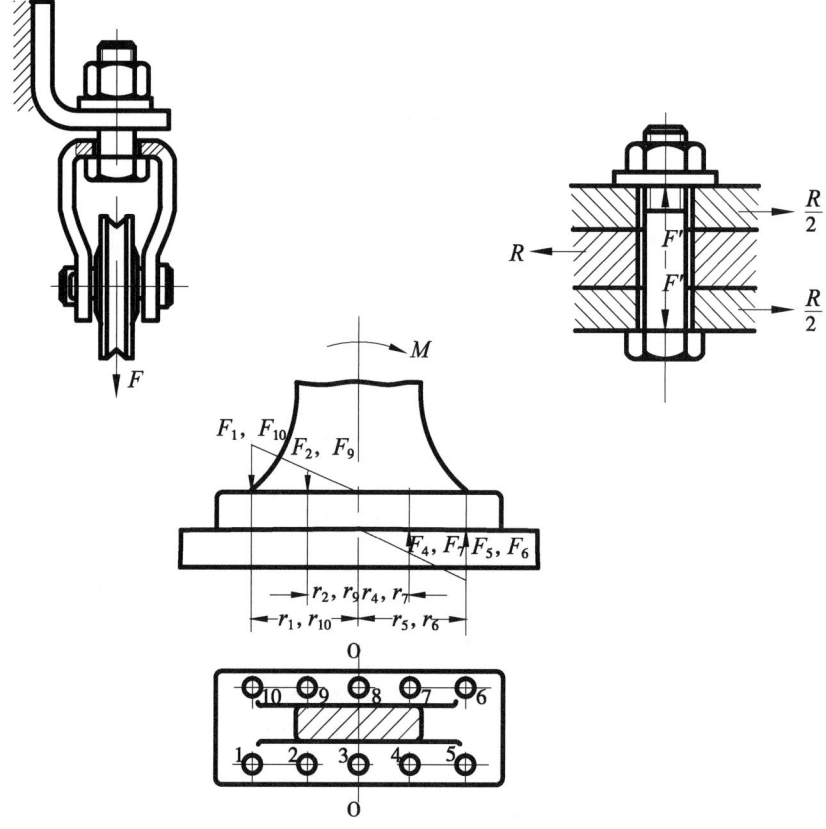

图 10-16 受翻转力矩的螺栓组连接

距离成正比，于是

$$\frac{F_1}{r_1} = \frac{F_2}{r_2} = \cdots = \frac{F_z}{r_z}$$

F_1、F_2…等即可通过联立解上两式求出，例如，距底板翻转轴线最远处的 1、10 两个左边螺栓受力最大：

$$F_1 = F_{10} = \frac{Mr_1}{r_1^2 + r_2^2 + \cdots + r_{10}^2} \tag{10-6}$$

至于螺栓的总拉力求法见 10.4 节。

在以上 4 种典型的螺栓组连接受力分析中，螺栓的受力是在所做假设下，根据静力平衡和变形协调条件求出的。其他形式的螺栓组连接的受力分析方法基本相同，只是有些连接中有时还需要满足其他要求而影响螺栓的受力。例如，图 10-13 的连接有紧密性要求时，螺栓的预紧力可能由保证紧密性的条件决定。

10.4　单个螺栓的强度计算

通过螺栓组受力分析，找出了螺栓组连接中受外力作用最大的螺栓及其所受到的力，接下来就要对该螺栓进行强度计算。虽然各类型的螺栓组所受载荷的形式不同，但螺栓本身的受力只有两种情况：轴向拉力和横向剪力。

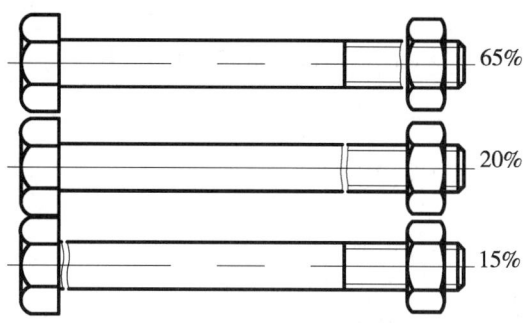

图 10 – 17　受拉螺栓的破坏形式及其所占百分比

10.4.1　螺栓受拉

如果选用的是标准件，则强度计算主要是确定或验算螺栓危险剖面的尺寸。螺栓其他部分，螺母、垫圈等的尺寸，一般都可从标准中选定，这是因为制订标准时，考虑了螺栓、螺母的各部分以及垫圈的等强度。

静载荷螺栓的损坏多为螺纹部分的塑性变形和断裂。变载荷螺栓的损坏多为栓杆部分的疲劳断裂，发生在从传力算起第一圈旋合螺纹处的约占65%，光杆与螺纹部分交接处的约占20%，螺栓头与杆交接处的约占15%，图10–17所示。如果螺纹精度低或连接时常拆装，很可能发生滑扣现象。

在螺栓强度计算中，螺栓螺纹部分危险剖面的面积要用计算直径 d_c 计算，此直径由根据螺栓拉断剖面状况归纳出的经验公式确定：

$$\left.\begin{array}{l} 辗制螺纹 \quad d_c = \dfrac{1}{2}\left(d_1 + d_2 - \dfrac{h}{6}\right) \\ 车制螺纹 \quad d_c \approx d_1 \end{array}\right\} \quad (10-7)$$

式中：d_1、d_2、h 几何参数意义如前述。

1. 受拉松螺栓连接

这种连接只能受静载荷。螺栓在工作时才受拉力 F，例如，图10–18所示的起重滑轮螺栓，其螺纹部分的强度条件为

$$\frac{4F}{\pi d_c^2} \leq [\sigma] \quad (10-8)$$

式中：$[\sigma]$——松螺纹连接的许用拉应力，见表10–4。

2. 受拉紧螺栓连接

这种连接能承受变载荷。下面分析两种受载情况。

（1）只受预紧力的紧螺栓连接：图10–19为靠摩擦传递横向力 R 的受拉螺栓连接。这时，螺栓只受预紧力 F'〔已知 R 求 F' 的公式见式（10–2）〕，所需的螺纹力矩 $T_1 = F' tg(\lambda + \varphi_v) \cdot \dfrac{d_2}{2}$。式中 ρ_v 为当量摩擦角。由此得相应的拉应力 $\sigma = 4F'/\pi d_c^2$，切应力 $\tau_T = 16F' tg(\lambda + \rho_v) \cdot \dfrac{d_2}{2}/(\pi d_c^3) = 2\sigma tg(\lambda + \rho_v) \cdot d_2/d_c$。因螺栓材料是塑性的，可根据

第四强度理论计算螺纹部分强度。把 $d = 10 \sim 68$ mm 的单头米制三角形螺纹的 d_2、d_c 和 λ 的平均值代入上式，取 $\rho_v = \text{arctg}0.15$，得螺纹部分的强度条件为：

$$\sqrt{\sigma^2 + 3\tau_T^2} \approx 1.3\sigma \leq [\sigma]$$

或
$$\frac{4 \times 1.3 F'}{\pi d_c^2} \leq [\sigma] \tag{10-9}$$

式中：$[\sigma]$——紧连接螺栓的许用拉应力，见表 10-4。

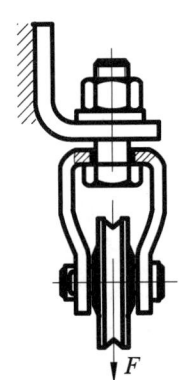

图 10-18 起重滑轮的松螺栓连接

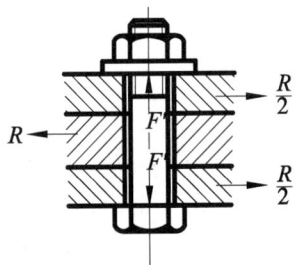

图 10-19 只受预紧力的紧螺栓连接

(2) 受预紧力和工作载荷的紧螺栓连接：如图 10-20，这种连接拧紧后螺栓受预紧力 F'，工作时还受到工作载荷 F。螺栓和被连接件都是弹性体。连接中各零件受力关系属静不定问题。现以工作载荷作用在螺栓头部和螺母的承压面的情况为例，分析如下。

一般情况下，螺栓的总拉力 F_0 并不等于 F' 与 F 之和。当应变在弹性范围之内时，各零件的受力可根据静力平衡和变形协调条件求出。

由图 10-20（b）得知，根据静力平衡条件，螺栓所受拉力应与被连接件所受压力大小相等，均为 F'。以 C_1 和 C_2 分别表示螺栓和被连接件的刚度，则螺栓伸长量 $\delta_1 = \dfrac{F'}{C_1}$，被连接件缩短量 $\delta_2 = \dfrac{F'}{C_2}$；图 10-21（a）为此时二者的受力和变形关系图，将两关系图合并得图 10-21（b）。图 10-20（c）和图 10-21（c）是螺栓受工作载荷时的情况。这时，螺栓总拉力为 F_0，拉力增量为 $F_0 - F'$，伸长增量为 $\Delta\delta_1$；被连接件随之放松，其压力减小为剩余预紧力 F''，压力减量为 $F' - F''$，缩短减量为 $\Delta\delta_2$。根据螺栓的静力平衡条件得：

$$F_0 = F + F'' \tag{10-10}$$

即螺栓总拉力为工作载荷与被连接件给它的剩余预紧力之和。

根据螺栓与被连接件变形协调条件有 $\Delta\delta_1 = \Delta\delta_2$，以 $\Delta\delta_1 = \dfrac{F_0 - F'}{C_1} = \dfrac{F + F'' - F'}{C_1}$ 和 $\Delta\delta_2 = \dfrac{F' - F''}{C_2}$ 代入得：

$$F'' = F' - \frac{C_2}{C_1 + C_2} F \tag{10-11}$$

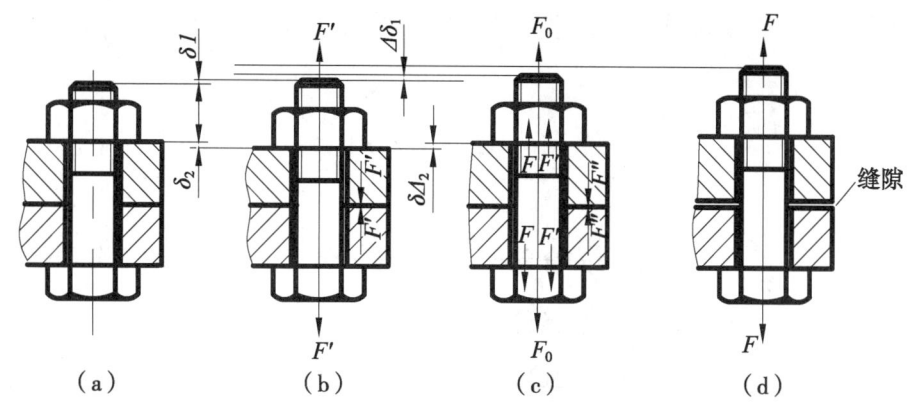

图 10-20　螺栓和被连接件的受力和变形

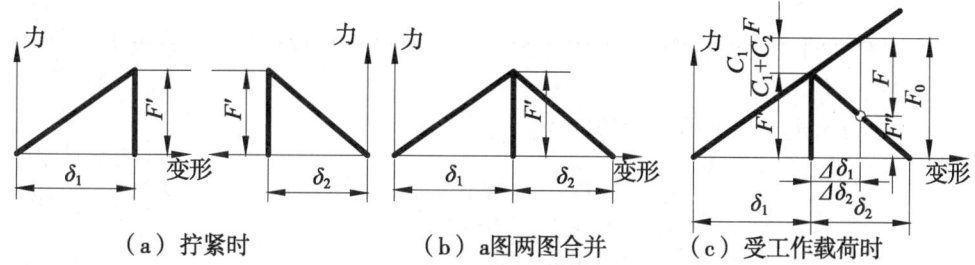

图 10-21　螺栓和被连接件的力与变形的关系

$$F' = F'' + \frac{C_2}{C_1 + C_2}F \qquad (10-12)$$

$$F_0 = F' + \frac{C_1}{C_1 + C_2}F \qquad (10-13)$$

式（10-13）是螺栓总拉力的另一表达式，即螺栓总拉力等于预紧力加上部分工作载荷。F_0 值与螺栓相对刚度系数 $\frac{C_1}{C_1 + C_2}$ 有关。当 $C_2 \gg C_1$ 时，$F_0 \approx F'$；当 $C_2 \ll C_1$ 时，$F_0 \approx F' + F$。

相对刚度系数的大小与螺栓和被连接件的材料、结构、尺寸以及工作载荷作用位置、垫片等因素有关，可通过计算或试验求出；被连接件为钢铁零件时，一般可根据垫片材料不同采用下列数据：金属 0.2～0.3；皮革 0.7；铜皮石棉 0.8；橡胶 0.9。

图 10-20（d）为螺栓工作载荷过大时，连接出现缝隙的情况，这是不容许的。显然，F'' 应大于零，以保证连接的刚性或紧密性。下列数据可供选择 F'' 时参考：F 无变化时，$F'' = (0.2 \sim 0.6)F$；F 有变化时，$F'' = (0.6 \sim 1.0)F$；压力容器的紧密连接，$F'' = (1.5 \sim 1.8)F$（应保证密封面的剩余预紧压力大于压力容器的工作压力）。

设计时，通常在求出 F 后，即可根据连接的工作要求选择 F''，然后由式（10-10）求 F_0 以计算螺栓的强度；至于为保证 F'' 所需的 F'，则可由式（10-12）求出。当 F 和 F' 已知时，可用式（10-13）求 F_0，用式（10-11）求 F'' 以检查其是否达到需要值。

连接应该是在受工作载荷前拧紧的，螺纹力矩为 $F'\text{tg}(\lambda + \varphi_v) \cdot \frac{d_2}{2}$；但考虑到出现

特殊情况时可能在工作载荷下补充拧紧,则螺纹力矩为 $F_0 \mathrm{tg}(\lambda + \varphi_v) \cdot \dfrac{d_2}{2}$,相应的螺栓剪应力:

$$\tau_T = \frac{16 F_0 \mathrm{tg}(\lambda + \varphi v) \cdot \dfrac{d_2}{2}}{\pi d_c^2}$$

和拉应力 $\sigma = \dfrac{4F_0}{\pi d_c^2}$。因此,为安全起见,可按这一情况推导出螺纹部分的强度条件。参照式(22-9)的推导,得此强度条件为:

$$\frac{4 \times 1.3 F_0}{\pi_c^2} \leqslant [\sigma] \tag{10-14}$$

式(10-14)用于静载荷计算。如为变载荷,则除应计算静强度外,还应计算变载强度。因已知影响变载荷零件疲劳强度的主要因素是应力幅,由图10-22可知,当工作载荷在0与F之间变化时,螺栓拉力在F'与F_0之间变化,螺栓的拉力幅为 $\dfrac{F_0 - F'}{2} = \dfrac{1}{2} \dfrac{C_1}{C_1 + C_2} F$,故应满足应力幅的强度条件为:

$$\frac{C_1}{C_1 + C_2} \cdot \frac{2F^2}{c} \leqslant [\sigma_a] \tag{10-15}$$

式中:$[\sigma_a]$——螺栓的许用应力幅,见表10-4。

表10-4 受拉螺栓连接的许用应力

静载荷	变载荷
许用拉应力 $[\sigma] = \dfrac{\sigma_s}{[S]_s}$	许用应力幅 $[\sigma_a] = \dfrac{\sigma \mathrm{alim}}{[S]_a}$
紧螺栓连接	极限应力幅 $\sigma_{\mathrm{alim}} = \dfrac{e k_m k_u}{k_\sigma} \sigma_{-1}$
(1)不控制预紧力时,用以下经验公式	式中:ε——尺寸系数:
安全系数 $[S]_s = \dfrac{2\,200\, km}{900 - (70\,000 - F_0)^2 \times 10^{-7}}$	dmm <12 16 20 24 30 ε 1 0.87 0.80 0.74 0.69 dmm 36 42 48 56 64 ε 0.64 0.60 0.57 0.54 0.53
式中:k_m——材料系数:普通钢 $k_m = 1$,合金钢	k_σ——螺纹应力集中系数:
$k_m = 1.25$;	$\sigma_B \mathrm{MPa}$ 400 600 800 1 000 k_σ 3 3.9 4.8 5.2
F_0——螺栓总拉力,如果 $F_0 > 70\,000$ N,取	k_m——螺纹制造工艺系数;车制 $k_m = 1$;辗制 $k_m = 1.25$;
$F_0 = 70\,000$ N	k_u——螺纹牙受力不均系数:受压螺母 $k_u = 1$;部分受拉或全部受拉的螺母(图6-15悬置螺母)$k_u = 1.5 \sim 1.6$;

(续表)

静载荷	变载荷
（2）控制预紧力时	$[S]_a$——安全系数，一般取 $[S]_a = 2.5 \sim 4$
用测力矩或定力矩扳手 $[S]_s = 1.6 \sim 2$；	
用测量螺栓伸长 $[S]_s = 1.3 \sim 1.5$	
松螺栓连接	
未经淬火的钢 $[S]_s = 1.2$；	
经淬火的钢 $[S]_s = 1.6$	

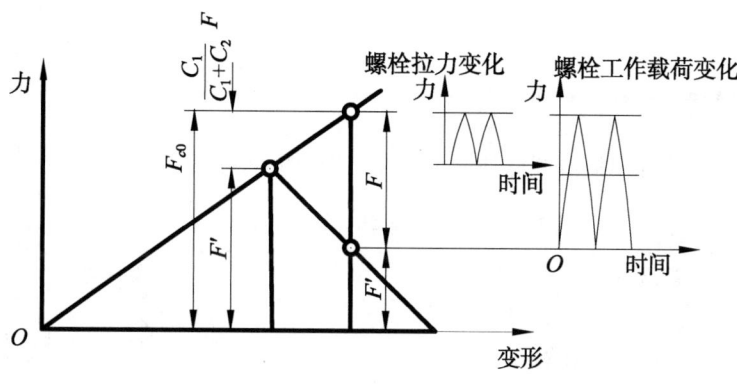

图 10-22 工作载荷变化时螺栓中拉力的变化

10.4.2 螺栓受剪

工作时，螺栓在连接接合面处受剪，并与被连接件孔壁互相挤压。连接损坏的可能形式有：螺栓被剪断，栓杆或孔壁被压溃等。栓杆还受弯曲影响，但在各接合面贴紧情况下可不考虑。连接的预紧力和摩擦力可忽略不计。

设螺栓所受的剪力为 F_s，则其强度条件为：

$$\frac{4F_s}{\pi d^2 m} \leq [\tau] \tag{10-16}$$

式中：d——螺栓抗剪面直径；

m——螺栓抗剪面数目；

$[\tau]$——螺栓的许用剪应力。

杆孔表面的挤压应力分布见图 10-23（c），它和表面加工、杆孔配合、零件变形等有关，很难精确确定。计算时，常假设按均匀规律分布，如图 10-23d，因此，连接的强度条件为：

$$F_s \leq dh[\sigma]_p \tag{10-17}$$

式中：h——计算对象的受压高度；

$[\sigma]_p$——许用挤压应力，见表 10-4。

考虑到各零件的材料和受压高度可能不同，应就连接中所有受压件分别计算，或先判断其中弱者作为计算对象。

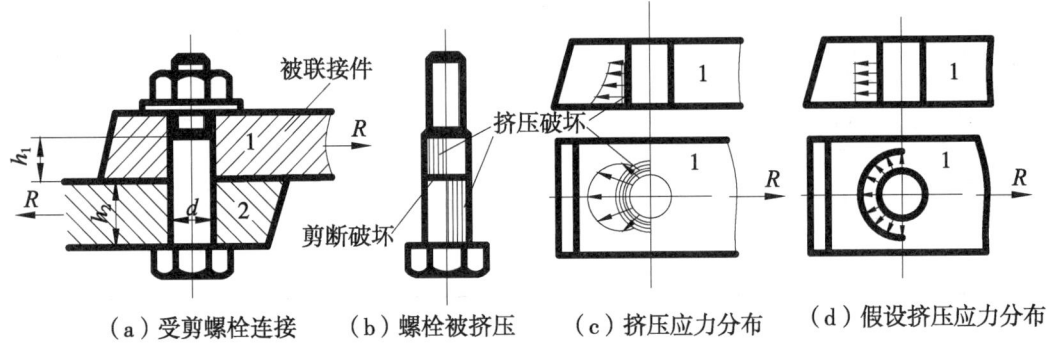

图 10-23 受剪螺栓连接

10.4.3 许用应力

受拉螺栓连接的许用应力见表 10-4，受剪螺栓连接的许用应力见表 10-5。

表 10-5 受剪螺栓连接的许用应力

静载荷	变载荷
许用剪应力 $[\tau] = \dfrac{\sigma_s}{[S]_s}$	许用剪应力 $[\tau] = \dfrac{\sigma_s}{[S]_s}$
$[S]_s = 2.5$	$[S]_s = 3.5 \sim 5$
许用挤压应力	许用挤压应力
钢 $[\sigma]_p = \dfrac{\sigma_s}{[S]_p}$，$[S]_p = 1 \sim 1.25$	钢 $[\sigma]_p = \dfrac{\sigma_s}{[S]_p}$，$[S]_p = 1.6 \sim 2$
铸铁 $[\sigma]_p = \dfrac{\sigma_B}{[S]_p}$，$[S]_p = 1.25$	铸铁 $[\sigma]_p = \dfrac{\sigma_B}{[S]_p}$，$[S]_p = 2$
	混凝土 $[\sigma]_p = 10$ MPa

10.4.4 螺纹连接件的材料

国家标准规定螺纹紧固件按机械性能分级。螺栓、双头螺柱、螺钉和螺母的性能等级和推荐材料见表 10-6，螺母材料一般较相配合的螺栓略软。当有防蚀或导电等要求时，螺纹紧固件材料也可用铜及其合金以及其他有色金属。近年还发展了高强度塑料螺栓螺母表 10-7。

表 10-6　螺栓、螺钉和螺柱的性能等级（摘自 GB3098.1—2000）

性能等级（标记）	3.6	4.6	4.8	5.6	5.8	6.8	8.8	9.8	10.9	12.9
抗拉强度极限 $\sigma_{B\min}$（MPa）	330	400		500		600	800	900	1 000	1 200
屈服点 σ_s 或屈服强度 $\sigma_{0.2}$（MPa）	180	240	320	300	400	480	640	720	900	1 080
硬度 $HBS_{\min}$	90	114	124	147	152	181	238	276	304	366
推荐材料	低碳钢	低碳钢或中碳钢					低碳合金钢，中碳钢，淬火并回火	中碳钢，低、中碳合金钢，合金钢，淬火并回火		合金钢淬火并回火

注：规定性能等级的螺栓、螺母在图纸中只标出性能等级，不应标出材料牌号

表 10-7　螺母的性能等级（摘自 GB3098.2-2000）

性能等级（标记）	4	5	6	8	9	10	12
螺母保证最小应力 $\sigma_{\min}$（MPa）	510（$d \geq 16 \sim 39$）	520（$d \geq 3 \sim 4$，右同）	600	800	900	1 040	1 150
推荐材料	易切削钢，低碳钢		低炭钢或中碳钢	中碳钢		中碳钢，低、中碳合金钢，淬火并回火	
相配螺栓的性能等级	3.6, 4.6, 4.8（$d > 16$）	3.6, 4.6, 4.8（$d \leq 16$）；5.6, 5.8	6.8	8.8	8.8（$d > 16 \sim 39$），9.8（$d \leq 16$）	10.9	12.9

注：硬度 $HRC_{\max} = 30$

例题　已知气缸工作压力在 0~0.5 MPa 变化，工作温度 <125℃，气缸内直径 $D_2 = 1 100$ mm，螺栓数目 $Z = 20$，采用铜皮石棉垫片。试计算气缸盖螺栓直径（参看图 10-13，本题为受轴向力 Q 的螺栓组连接）。

解：
1. 计算螺栓受力
（1）气缸盖最大压力：

$$Q = \frac{\pi D_2^2}{4} P = \frac{\pi \times 1 100^2}{4} \times 0.5 = 475\ 200 \text{ N}$$

（2）螺栓工作载荷按式（10-1）确定：

$$F = \frac{Q}{Z} = \frac{475\ 200}{20} = 23\ 760 \text{ N}$$

（3）剩余预紧力：

$$F'' = 1.5F = 1.5 \times 23\ 760 = 35\ 640 \text{ N}$$

（4）螺栓最大拉力按式（10-10）确定：

$$F_0 = F + F'' = 23\ 760 + 35\ 640 = 59\ 400 \text{ N}$$

（5）相对刚度系数 $\frac{C_1}{C_1 + C_2}$，由于采用铜皮石棉垫片，则 $\frac{C_1}{C_1 + C_2} = 0.8$

(6) 预紧力由式（10-13）确定：

$$F' = F_0 - \frac{C_1}{C_1 + C_2}F = 59\,400 - 0.8 \times 23\,760 = 40\,390 \text{ N}$$

(7) 螺栓拉力变化幅：因（$P = 0 \sim 0.5$ MPa）

$$F_a = \frac{F_0 - F'}{2} = \frac{59\,400 - 40\,390}{2} = 9\,505 \text{ N}$$

2. 计算螺栓应力幅

(1) 假设螺栓直径 $d = 42$ mm
(2) 查手册确定螺栓几何尺寸

$$d_1 = 37.129 \text{ mm}, \quad d_2 = 39.077 \text{ mm}, \quad t = 4.5 \text{ mm}, \quad h = 3.897 \text{ mm}$$

(3) 确定危险剖面面积：

$$A_c = \frac{\pi}{4}\left(\frac{d_1 + d_2 - h/6}{2}\right)^2$$

$$= \frac{\pi}{4}\left(\frac{37.129 + 39.077 - 3.897/6}{2}\right)^2 = 1\,120 \text{ mm}^2$$

(4) 螺栓应力幅：

$$\sigma_a = \frac{Fa}{Ac} = \frac{9\,505}{1\,120} = 8.49 \text{ MPa}$$

3. 确定许用应力幅

(1) 选择螺栓材料为 35 钢
(2) 选择螺栓性能等级按表 10-6，

5.6 级：$\sigma_B = 500$ MPa, $\sigma_s = 300$ MPa

(3) 查手册确定螺栓疲劳极限：

$$\sigma_{-1} = 0.32\sigma_B = 0.32 \times 500 = 160 \text{ MPa}$$

(4) 极限应力幅：

$$\sigma_{\text{alim}} = \frac{\varepsilon k_m k_u}{k_\sigma}\sigma_{-1} = \frac{0.6 \times 1 \times 1.5}{3.45} \times 160 = 41.7 \text{ MPa}$$

由表 10-4 知：$\varepsilon = 0.6$，$k_\sigma = 3.45$，$k_u = 1.5$，$k_m = 1$（车制）。

(5) 许用应力见表 10-5，

$$[\sigma_a] = \frac{\sigma_{\text{alim}}}{[S]_a} = \frac{41.7}{3} = 13.9 \text{ MPa}$$

(6) 校核螺栓变载荷强度：

$$\sigma_a = 8.49 < [\sigma_a] = 13.9 \text{ MPa} \qquad (安全)$$

4. 校核螺栓静载荷强度（略）

10.5 螺纹连接的预紧和防松

10.5.1 螺纹连接的预紧

连接在装配时通常要将螺母适当旋转称为预紧。预紧的目的是为了防止接合面受外力作用而发生松动，保证连接的正常工作。预紧还可提高螺栓的疲劳强度。

拧紧螺母时，需要克服螺纹副的螺纹力矩 T_1 和螺母的承压面力矩 T_2，因此拧紧力矩 $T = T_1 + T_2$〔图 10-24（a）〕。螺栓的转矩图见图〔10-24（c）〕。在螺纹力矩的影响下，螺纹副间有圆周力 F_t 的作用，螺栓受到预紧力 F'〔图 10-24（d）〕。

因为 $T_1 = F_t \cdot \dfrac{d_2}{2} = F' \mathrm{tg}(\lambda + \varphi_v) \cdot \dfrac{d_2}{2}$，$T_2 = \mu F' \cdot \dfrac{1}{3} \cdot \dfrac{D_1^3 - d_0^3}{D_1^2 - d_0^2}$，此处螺纹中径升角 $\lambda = \mathrm{arctg}[nt/(\pi d_2)]$，当量摩擦角 $\varphi_v = \mathrm{arctg}\mu/\cos\dfrac{\alpha}{2}$。$\mu$——螺母与被连接件承压面摩擦系数，$D_1$ 和 d_0——承压面直径〔图 10-24（e）〕。结合以上各式得

$$T = T_1 + T_2 = \frac{1}{2}\left[\frac{d_2}{d}\mathrm{tg}(\lambda + \varphi_v) + \frac{2\mu}{3d} \cdot \frac{D_1^3 - d_0^3}{D_1^2 - d_0^2}\right]F'd = k_t F'd$$

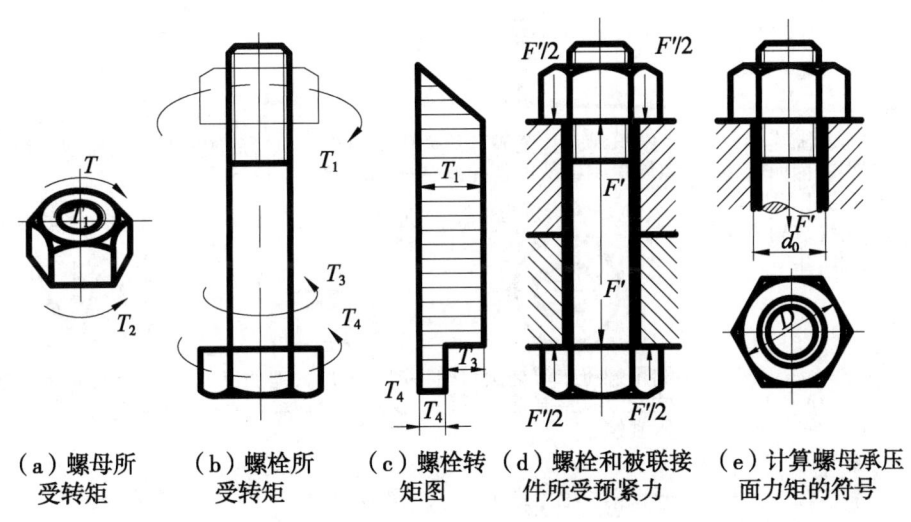

(a) 螺母所受转矩　(b) 螺栓所受转矩　(c) 螺栓转矩图　(d) 螺栓和被联接件所受预紧力　(e) 计算螺母承压面力矩的符号

图 10-24　拧紧时连接中各零件的受力

式中：k_t——拧紧力矩系数，将不同螺栓直径 d 时的 d_2、d_0、D_1、λ 值，代入 k_t 计算式，并取 $\varphi_v = \mathrm{arctg}0.15$，半均可得 $k_t \approx 0.2$。

控制拧紧力矩有许多方法，例如：使用测力矩扳手或定力矩扳手（图 10-25），装配时测量螺栓的伸长，规定开始拧紧后的板动角度或圈数。对于大型连接，还可利用液力来拉伸螺栓。近年来发展了利用微机通过轴力传感器拾取数据并画出预紧力与所加拧紧力矩对应曲线的方法。

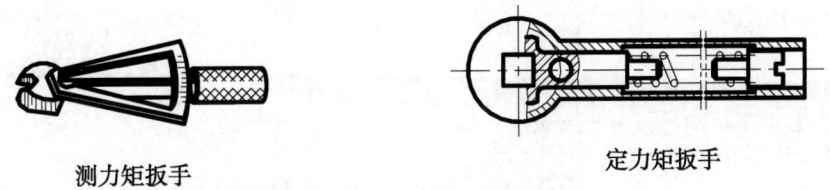

测力矩扳手　　　　　　　　　定力矩扳手

图 10-25　控制拧紧力矩用的扳手

由于摩擦系数不稳定和加在板手上的力难于准确控制，有时可以拧得过紧而使螺栓拧

断。因此，对于要求拧紧的强度螺栓连接不宜用小于 $M12 \sim M16$ 的螺栓。

10.5.2 螺纹连接的防松

在静载荷下，螺纹连接能满足的自锁条件为 $\lambda < \rho_v$。螺母，螺栓头部等承压面处的摩擦也有防松作用。但在冲击、振动或变载荷下，或当温度变化大时，连接有可能松动，甚至松开，这就容易发生事故。所以在设计螺纹连接时，必须考虑防松问题（表 10-8）。

表 10-8 防松装置和方法举例

防松原理	防松装置或方法
利用摩擦 使螺纹副中有不随连接载荷而变的压力，因而始终有摩擦力矩防止相对转动。压力可由螺纹副纵向或横向压紧而产生	对顶螺母 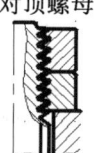 两螺母对顶拧紧螺栓旋合段受拉而螺母受压，从而使螺纹副纵向压紧 弹簧垫圈 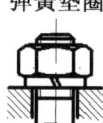 利用拧紧螺母时，垫圈被压平后的弹性力使螺纹副纵向压紧 金属销锁紧螺母 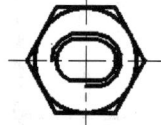 利用螺母末端椭圆口弹性变形箍紧螺栓，横向压紧螺纹 尼龙圈锁紧螺母  利用螺母末端的尼龙圈箍紧螺栓，横向压紧螺纹 楔紧螺纹锁紧螺母 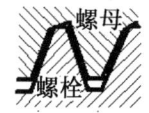 利用楔紧螺纹，使螺纹副纵向压紧
直接锁住 利用便于更换的金属元件约束螺纹副	开口销与槽形螺母 止动垫片 串联金属丝 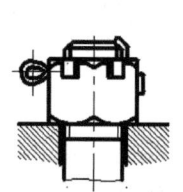 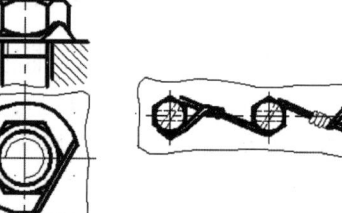 利用开口销使螺栓螺母相互约束 垫片约束螺母而自身又约束在被联接件上（此时螺栓应另有约束） 利用金属丝使一组螺钉相互约束，当有松动趋势时，金属丝更加拉紧
破坏螺纹副关系 把螺纹副转变为非运动副，从而排除相对转动的可能	焊住 冲点 黏合 在螺纹副间涂金属黏接胶 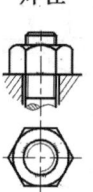

防松的根本问题在于防止螺纹副相对转动。具体防松装置或方法很多，就工作原理来看，可分为利用摩擦、直接锁住和破坏螺纹副关系 3 种，举例说明见表 10-8。

利用摩擦简单方便，而直接锁住则较可靠；二者还可联合使用，例如，用金属丝绕在螺栓上以挡住对顶螺母。至于破坏螺纹副关系的方法，多用于很少拆开或不拆的连接。横向压紧的锁紧螺母没有预紧力也能锁住，它可在任意旋合位置箍紧，即使在工作时回松少许，也不致很快继续松开。利用强力拧紧连接以防松，效果也很好。这些，近年来都有所发展。

10.6　提高螺栓连接强度的措施

分析影响螺栓连接强度的因素，从而提出提高连接强度的措施，对设计和使用螺栓连接具有重要的意义。下面就受拉螺栓连接作一简单说明。

大多数情况下，受拉螺栓连接的强度决定于螺栓的强度。影响螺栓强度的因素很多，有材料、结构、尺寸参数、制造和装配工艺等。就其影响而言，涉及螺纹牙受力分配、附加应力、应力集中、应力幅、材料、机械性能、制造工艺等方面。前面提到，受拉螺栓的损坏多属于疲劳性质，所以下面就按这几方面分析各种因素对螺栓疲劳强度的影响和提高疲劳强度的措施。这些措施是从降低螺栓的负担（实际应力）和提高其能力（主要是抗疲劳破坏能力）或同时从这两方面入手提出的。

10.6.1　螺纹牙受力分配

即使是制造和装配精确的螺栓和螺母，传力时其旋合各圈螺纹牙的受力也不是均匀的。参看图 10-26（a），螺栓杆拉力自下而上由 F 递减为零，并通过螺纹牙传给了螺母；螺母体压力则是自上而下由零递增为 F。螺栓受拉，螺距增大；而螺母受压，螺距减小。

由螺纹牙、栓杆和母体的变形协调条件可知，这种螺纹螺距变化差主要靠旋合各圈螺纹牙的变形来补偿。由图可知，从传力算起的第一圈螺纹牙变形最大，因而受力也最大，以后各圈递减。旋合圈数越多，受力不均匀程度也越显著（图 10-26（b））；到第 8~10 圈以后，螺纹牙几乎不受力。因此，采用加高螺母以增加旋合圈数，对提高螺栓强度并没有多少作用。

为了使螺纹牙受力比较均匀，可用下述方法（图 10-27）：①悬置螺母，使用体和栓杆的变形一致以减少螺距变化差，可提高螺栓疲劳强度达 40%；②内斜螺母，可减小原受力大的螺纹牙的刚度而把力分移到原受力小的牙上，可提高螺栓疲劳强度达 20%；③环槽螺母，利用螺母下部受拉且富于弹性可提高螺栓疲劳强度达 30%。这些结构特殊的螺母制造费工，只在重要的或大型的连接中使用。

如果螺母材料软、弹性模量低，例如钢螺栓配用有色金属螺母，则通过改善螺纹牙受力分配，可提高螺栓疲劳强度达 40%。

10.6.2　附加应力

这里指弯曲应力。螺纹牙根对弯曲很敏感，弯曲应力常对螺栓断裂起关键作用。几种

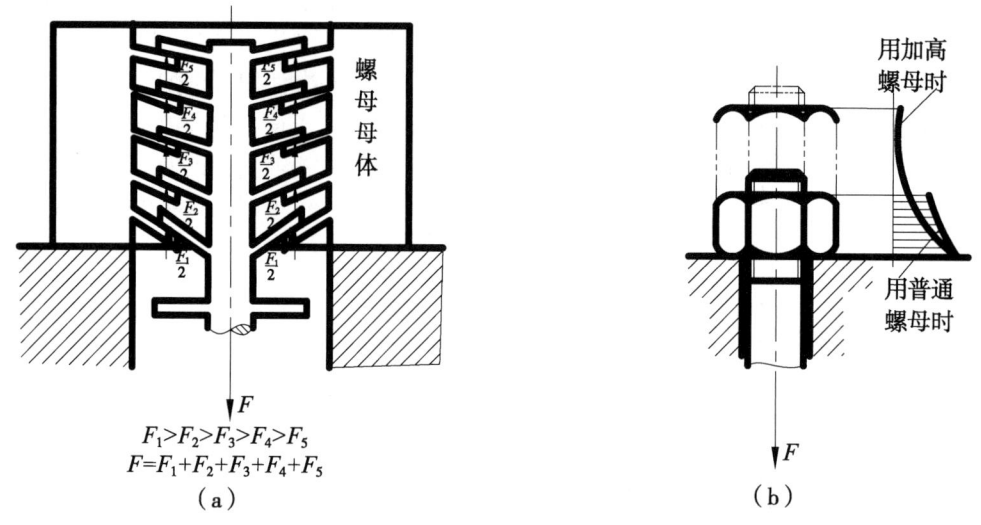

图 10-26 螺纹牙的受力

产生弯曲应力的原因见图 10-10。钩头螺栓引起的弯曲应力很大（$\sigma_b = \dfrac{32F \cdot e}{\pi d_c^3} = \dfrac{4F}{\pi d_c^2} \cdot \dfrac{8e}{d_c}$，如 $e = d_c$，则 $\sigma_b = 8\sigma$），应尽量少用。此外，被连接件、螺栓头部、螺母等的承压面倾斜，螺纹孔不正，都会引起弯曲应力。

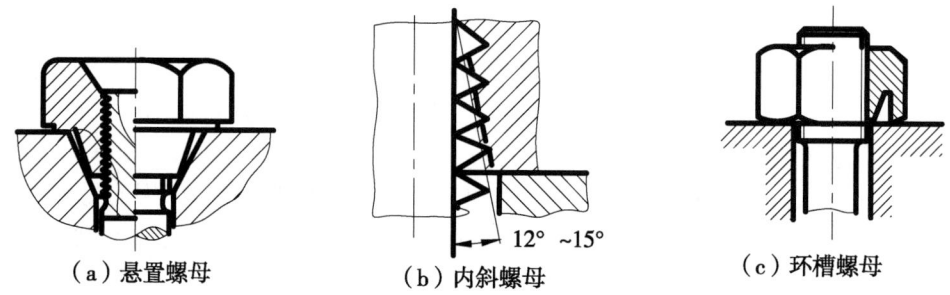

图 10-27 使螺纹牙受力分配较均匀的螺母结构举例

10.6.3 应力集中

螺纹的牙根和收尾及螺栓头部与栓杆交接处，都有应力集中，是产生断裂的危险部位；特别是在旋合螺纹的牙根处，由于栓杆拉伸、牙受弯剪，而且受力不均，情况更为严重。适当加大牙根圆角半径以减轻应力集中，可提高螺栓疲劳强度达 20%~40%。

10.6.4 应力幅

螺栓的最大应力一定时，应力幅越小，疲劳强度越高。在工作载荷和剩余预紧力不变的情况下，减小螺栓刚度或增大被连接件刚度都能达到减小应力幅的目的（图 10-28），但预紧力则应增大。当螺栓刚度为被连接件刚度的一半时，螺栓拉力变化幅仅为工作载荷变化幅度的 1/3（参看图 10-22，$\dfrac{C_1}{C_1+C_2}F = \dfrac{1}{1+2}F = \dfrac{1}{3}F$）。

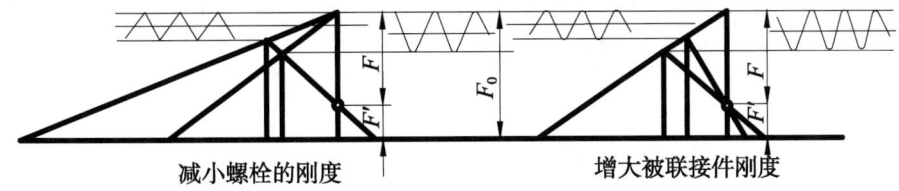

图 10-28　减小螺栓应力幅的措施

减小螺栓刚度的措施有：适当增大螺栓的长度；部分减小栓杆直径或做成中空的结构——柔性螺栓。在螺母下面安装弹性元件（图 10-29），也能起到柔性螺栓的效果，柔性螺栓受力时变形量大，吸收能量作用强，也适于承受冲击和振动。

为了增大被连接件的刚度，不宜用刚度小的垫片。图 10-30 所示的紧密连接，就以用密封环为佳。

10.6.5　预紧力

理论和实践证明，螺栓和被连接件的刚度不变，只恰当地增大预紧力，能提高螺栓的疲劳强度；这就是螺栓预紧力有时高达 $(0.7 \sim 0.8)\sigma_s$ 的一个原因。为此，准确控制预紧力并保持其不减退是很重要的。由于零件接触面处的压陷作用，连接装配后的初期一段时间里，螺栓的预紧力有所减退。由图 10-31 可知，在同样由于压陷引起的被连接件压缩变形减量下，螺栓刚度小时预紧力减退量小。从减轻压陷来看，采用带有承压凸缘的螺栓头部要比采用垫圈效果好些。

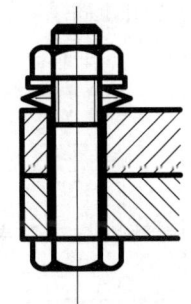

图 10-29　螺母下面装弹性元件

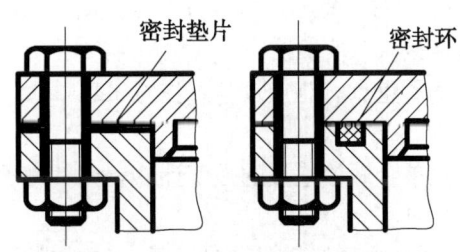

图 10-30　两种密封方案的比较

10.6.6　材料的机械性能和制造工艺

高强度钢螺栓对应力集中敏感，但由于可用更大的预紧力拧紧得到更高的极限强度，结果还是有利。

制造工艺对螺栓疲劳强度有重要影响。采用辗制螺纹时，由于冷作硬化的作用，表层有残余压应力，金属流线合理，螺栓疲劳强度可较车制螺纹高 30% ~ 40%；热处理后再滚压的效果更好。

碳氮共渗、氮化、喷丸处理都能提高螺栓疲劳强度。

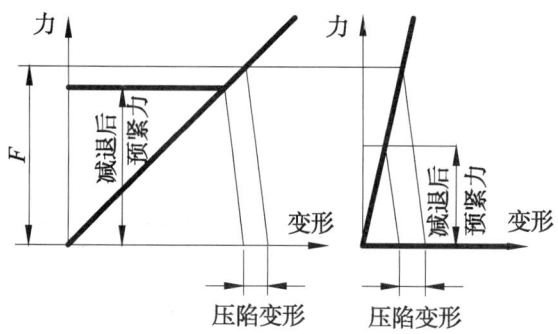

图 10-31　螺栓刚度不同时压陷对预紧力减退的影响

受剪螺栓连接的失效形式多为被连接件孔壁的压溃，提高其强度的主要措施是增强孔壁强度。近年发展的各种形式杆孔过盈配合和冷挤压胀孔技术，能有效提高连接的疲劳强度。

小结

本章主要内容及学习要求。

1. 本章主要内容

为螺栓组连接的设计，包括单个螺栓连接的预紧、强度计算、螺栓组结构设计、受力分析及提高连接强度的措施等。

2. 本章学习要求

（1）对于螺纹连接的基本知识，应了解螺纹及螺纹连接件的类型、特性、结构、标准、应用场合及有关的防松方法等，以便在设计时能够正确地选用它们。

（2）对于螺栓连接设计及强度计算的理论与方法，能够较为合理地设计出可靠的螺栓组连接。

本章重点、难点及学习注意事项

1. 本章重点

是单个螺栓连接的强度计算，尤其是承受轴向拉伸载荷的紧螺栓连接的强度计算。

2. 本章难点

为承受翻转力矩的底板螺栓组连接的设计。实用中，常把这种螺栓组连接设计成翻转力矩作用在接合面的垂直对称面内，并作出一些假设，使问题得到简化。

3. 本章学习注意事项

（1）虽然本章有些章节都是叙述性的内容，但对作好螺栓连接的设计却是必不可少的基本知识，因而应当结合阅读机械设计手册，加以认真对待。

（2）因为螺纹及螺纹连接件大都已标准化，设计时，对不太重要的螺纹连接一般只需根据不同情况进行选用，不需自行设计。对于重要的螺纹连接，设计计算也只是确定螺栓危险剖面的直径（螺纹小径），螺栓连接的其他部分尺寸由标准选定。当然，这并不排斥在个别情况下，根据特殊的需要而自行设计某种非标准的螺纹连接件。

（3）本章主要内容虽然是螺栓组连接的设计（因为工程实际中螺栓连接通常是成组

使用的),但在设计时,除了正确进行其结构设计,并通过受力分析找出受力最大的螺栓外,主要就是按照单个螺栓连接的强度计算公式来设计这个受力最大的螺栓的尺寸,其余的螺栓就同样按此选用了。因而螺栓组连接设计的重点工作是单个螺栓连接的设计。

(4) 由前述本章内容及重点可知,学习本章时,应把大部分时间和精力用来掌握紧螺栓连接组成的螺栓组连接的设计。

思考题

(1) 螺纹的主要类型有哪几种?
(2) 螺纹的主要参数有哪些?螺距和导程有何不同?
(3) 被连接件承受的载荷是否等于螺栓所受的力?二者之间有何关系?
(4) 被连接件受横向载荷时,螺栓是否一定受到剪切?
(5) 对于受轴向力作用的紧连接螺栓,为什么要把螺栓所承受的总轴向力增大30%,进行强度计算?
(6) 在受预紧力和工作拉力作用的螺栓连接中,螺栓所受的总拉力 F_0 及预紧力 F' 有何关系?为何螺栓总拉力 $F_0 \neq F' + F$?
(7) 在变载荷作用下,一般可采用哪些措施来提高螺栓的疲劳强度?

习题

(10-1) 如图 10-13 所示的气缸盖螺栓组连接,若气缸中的最大气压 $P_{max} = 1.2$ MPa,气缸内直径 $D_2 \approx 200$ mm,要求残余预紧力 $F'' = 1.5F$,螺栓数 $Z = 12$,试计算螺栓直径。

(10-2) 如图 10-13 所示的气缸盖连接中,已知:气缸中的压力在 0~1.5 MPa 变化,气缸内径 $D_2 = 250$ mm,螺栓分布圆直径 $D_1 = 346$ mm,凸缘与垫片厚度之和为 50 mm。为保证气密性要求,螺栓间距不得大于 120 mm。试选择螺栓材料,并确定螺栓数目和尺寸。

(10-3) 如题 10-3 图所示是由两块边板焊成的龙门式起重机导轨托架。两块边板各用 4 个螺栓与立柱(工字钢)相连接,支架所承受的最大载荷为 20 000 N,试设计:

(1) 采用普通螺栓连接(靠摩擦传力)的螺栓直径 d;
(2) 采用紧配合螺栓连接(靠剪切传力)的螺栓直径 d,设已知螺栓的 $[\tau] = 28$ MPa。

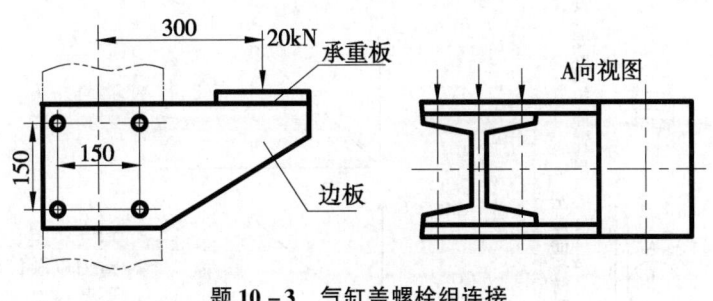

题 10-3 气缸盖螺栓组连接

第十一章 弹 簧

11.1 概述

弹簧是一种弹性元件。由于它刚性小、弹性大,在载荷作用下容易产生弹性变形等特性,因而被广泛应用于各种机器、仪表及日常用品中。按照不同的使用场合,弹簧的功用有:一是控制机构运动。例如内燃机上的阀门弹簧和离合器中的控制弹簧;二是缓冲和吸振。例如汽车、火车车箱下的减振弹簧和各种缓冲器的弹簧;三是改变机器构件的自振频率,避免共振。例如用于压缩机和电动机的弹性支座的弹簧;四是储存能量。例如钟表弹簧;五是测量力。例如弹簧称中的弹簧等。弹簧的种类很多,常用的有圆柱螺旋弹簧、圆锥螺旋弹簧、碟形弹簧、环形弹簧、盘簧和板簧等(表 11 - 1),最为常用的是簧丝为圆截面的圆柱螺旋弹簧。弹簧的载荷与变形之间的关系用特性线表示。特性线为直线的称为线性弹簧;特性线为非直线的称为非线性弹簧。

表 11 - 1 弹簧的类型及其特性线

名称	简 图	特 性 线	说 明
圆柱螺旋弹簧	圆截面压缩弹簧	F - λ 直线	承受压力。结构简单,制造方便,应用最广
	矩形截面压缩弹簧	F - λ 直线	承受压力。当空间尺寸相同时,矩形截面比圆形截面弹簧吸收能量大,刚度更接近于常数
	圆截面拉伸弹簧	F - λ 直线	承受拉力
	圆截面扭转弹簧	T - φ 直线	承受转矩。主要用于压紧和蓄力以及传动系统中的弹性环节

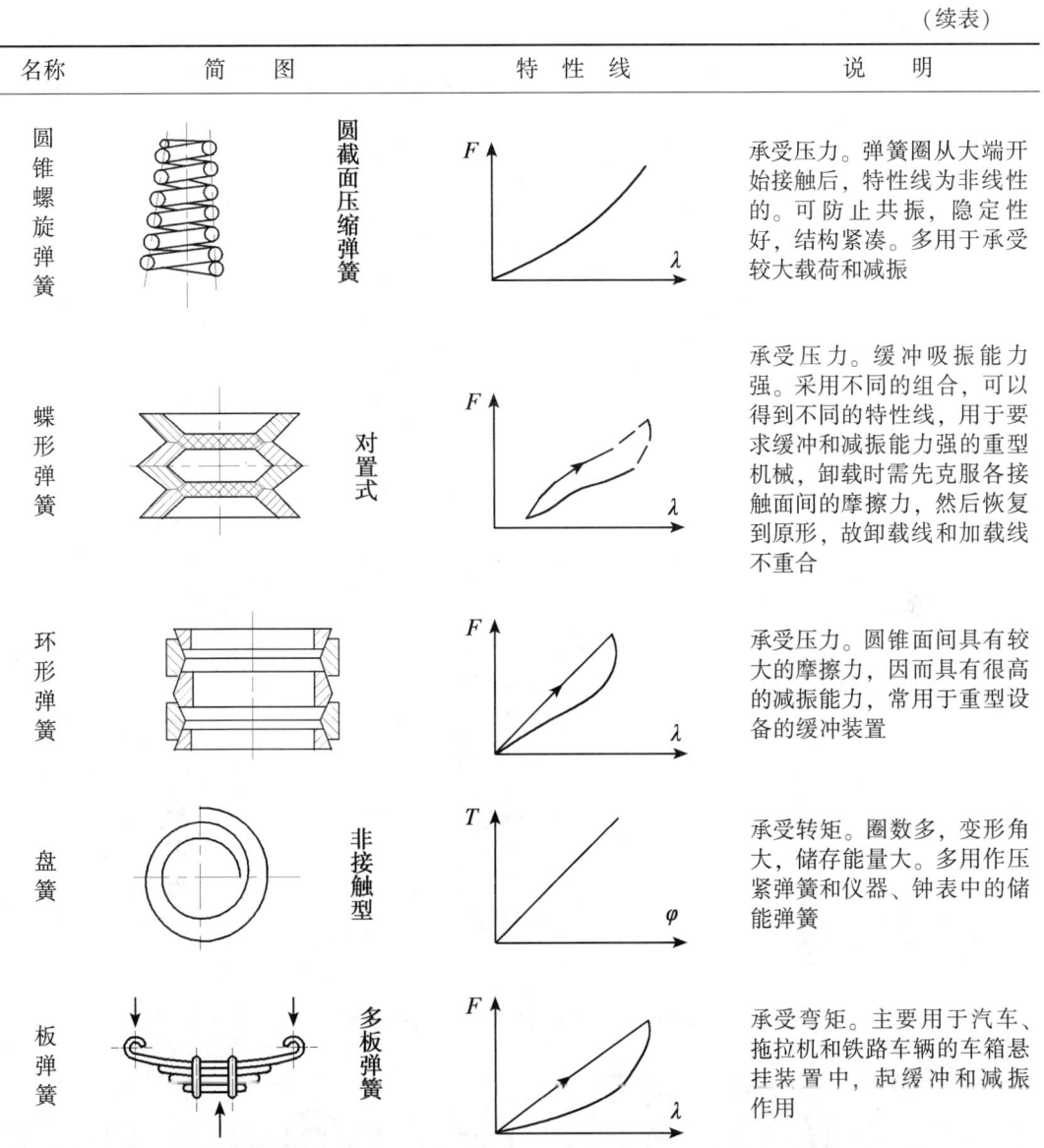

注：F—弹簧承受的拉、压载荷；T—弹簧承受的转矩；λ—弹簧的拉压、弯曲变形量；φ—弹簧的扭转变形角

11.2 圆柱形螺旋弹簧的结构

图 11-1 为螺旋压缩弹簧（a）和拉伸弹簧（b）。压缩弹簧在自由状态下，各圈间隙留有 δ，在最大工作载荷下，压缩后各圈间还应有一定的余留间隙 δ_1（$\delta_1 \approx 0.1d \geqslant 0.2$ mm）。为了使载荷沿弹簧轴线传递，两端各有 3/4～1¼ 圈与邻圈并紧，称为死圈。死圈端部需磨平，如图 11-2 所示。拉伸弹簧在自由状态下各圈应并紧，常用的端部结构如图 11-3 所示。图中（a）、（b）两种制造方便，但挂钩过渡处弯曲应力较大，只适应于 $d \leqslant 10$ mm 承受轻载的场合；（c）、（d）则结构复杂，成本较高，但克服了前者的缺点，适合于变载

荷的场合。螺旋弹簧各参数间的关系见表 11-2。

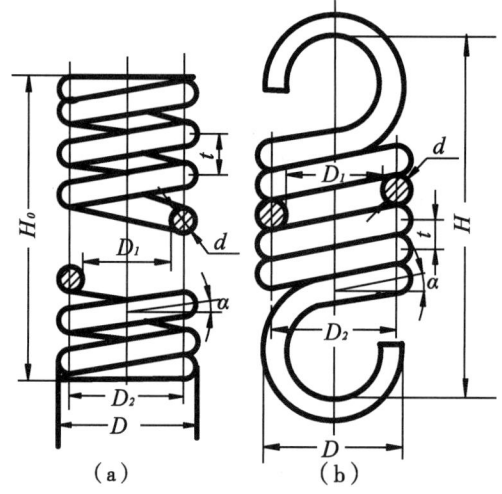

图 11-1　弹簧的基本几何参数

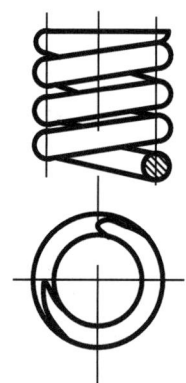

图 11-2　螺旋压缩弹簧的端部结构

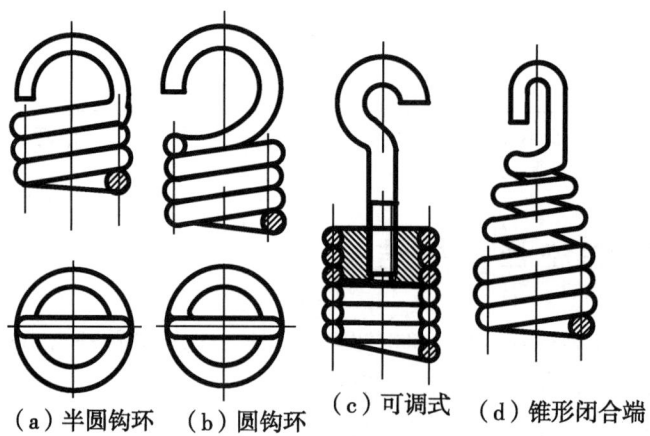

（a）半圆钩环　（b）圆钩环　（c）可调式　（d）锥形闭合端

图 11-3　螺旋拉伸弹簧的端部结构

表 11-2　普通圆柱螺旋压缩及拉伸弹簧的结构尺寸计算公式　　　　　　　　　（mm）

参数名称及代号	计算公式		备注
	压缩弹簧	拉伸弹簧	
中径 D_2	$D_2 = Cd$		按表 ** 取标准值
内径 D_1	$D_1 = D_2 - d$		
外径 D	$D = D_2 + d$		
旋绕比 C	$C = D_2/d$		按表 ** 取标准值
压缩弹簧长细比 b	$b = \dfrac{H_0}{D_2}$		b 在 1~5.3 的范围内选取
自由高度或长度 H_0	两端并紧、磨平：$H_0 \approx pn + (1.5\sim2)d$ 两端并紧、不磨平：$H_0 \approx pn + (3\sim3.5)d$	$H_0 = nd + H_h$	H_h：钩环轴向长度
工作高度或长度 $H_0, H_0, \cdots, H_0$	$H_n = H_0 - \lambda_n$	$H_n = H_0 + \lambda_n$	λ_n 为工作变形量
有效圈数 n	根据要求变形量按式 *** 计算		$n \geq 2$
总圈数 n_1	$n_1 = n + (2\sim2.5)$（冷卷） $n_1 = n + (1.5\sim2)$（YⅡ型热卷）	$n_1 = n$	拉伸弹簧 n_1 尾数为 $\dfrac{1}{4}$、$\dfrac{1}{2}$、$\dfrac{3}{4}$、整圈，推荐用 $\dfrac{1}{2}$ 圈
节距 p	$p = (0.28\sim0.5)D_2$	$p = d$	
轴向间距 δ	$\delta = p - d$		$\delta \geq \dfrac{\pi d^2 \tau_e}{8nkc\eta}$
展开长度 L	$L = \dfrac{\pi D_2 n_1}{\cos\alpha}$	$L \approx \pi D_2 n + L_h$	L_h 为钩环展开长度
螺旋角 α	$\alpha = \arctan\dfrac{p}{\pi D_2}$		对压缩螺旋弹簧，推荐 $\alpha = 5°\sim9°$，一般右旋
质量 m_s	$m_s = \dfrac{\pi d^2}{4}L\gamma$		γ 为材料的密度，对各种钢，$\gamma = 7\,700$ kg/m³

11.3　弹簧的材料和制造

由于大多数弹簧经常要受到冲击或变载荷的作用，在机器中的作用又较重要，因此，对弹簧材料提出以下要求：一是经适当热处理后，应具有足够而稳定的弹性；二是高的弹性极限、疲劳极限和足够的冲击韧性；三是良好的热处理性能。常用的弹簧材料及其许用应力见表 11-3。

表 11-3 常用的弹簧材料及许用应力

	代号	许用剪应力 $[\tau]$ (MPa)			许用弯曲应力 $[\sigma]_b$ (MPa)		剪切弹性模量 G (MPa)	弹性模量 E (MPa)	推荐硬度范围 (HRC)	推荐使用温度 (℃)	特性及用途
		Ⅰ类弹簧	Ⅱ类弹簧	Ⅲ类弹簧	Ⅱ类弹簧	Ⅲ类弹簧					
钢丝	碳素弹簧钢丝 Ⅰ、Ⅱ、Ⅱ、Ⅲ 重要弹簧钢丝 65Mn	$0.3\sigma_B$	$0.4\sigma_B$	$0.5\sigma_B$	$0.5\sigma_B$	$0.625\sigma_B$	$0.5 \leq d \leq$ 4时 83 000 ~ 80 000 $d>$ 4时 80 000	$0.5 \leq d \leq$ 4时 2 075 000 ~ 20 500 $d>$ 4时 200 000	—	-40 ~ 120	强度高,加工性能好,价廉,易得到。但弹性极限低,仅适于做小尺寸弹簧
	60Si2Mn 60Si2MnA	480	640	800	800	1 000	80 000	200 000	45 ~ 50	-40 ~ 210	弹性好,回火稳定性好,易脱炭,用于承受大载荷的弹簧
	50CrVA	450	600	750	750	940				-40 ~ 210	抗疲劳性能高,淬透性好,回火稳定性好,用于承受变载荷和冲击载荷的弹簧
	65Si2MnWA	570	760	950	950	1 190			47 ~ 52	-40 ~ 250	弹性好,强度高,耐高温,淬透性好
	30W4Cr2VA	450	600	750	750	940			43 ~ 57	-40 ~ 350	高温时,有高的强度,淬透性好
	1Cr18Ni9 1Cr18Ni9Ti	330	440	550	550	690	73 000	197 000	—	-250 ~ 290	耐高温,耐腐蚀,有良好的工艺性,适于制作 $d \leq 10$ mm 的小弹簧
	4Cr13	450	600	750	750	940	77 000	219 000	48 ~ 53	-40 ~ 300	耐高温,有较好的耐蚀性,适于制作较大尺寸的弹簧
	Co40CrNiMo	510	680	850	850	1 020	78 000	200 000	—	-40 ~ 400	强度高,高弹性,无磁,耐腐蚀

注：①圆柱螺旋弹簧的许用应力按载荷情况分为 3 类：Ⅰ类—受变载荷,作用次数在 10^6 以上的弹簧；Ⅱ类—受变载荷作用次数在 $10^3 \sim 10^5$ 和受冲击载荷的弹簧；Ⅲ类—受变载荷,作用次数在 10^3 以下的弹簧；

②材料的抗拉强度极限 σ_B 可由表 11-4 查得；

③经强压（拉）处理的弹簧,许用应力可适当提高,最大可提高 25%；经喷丸处理,其许用应力可提高 20%；

④在使用过程中有腐蚀或有磨损腐蚀或有磨损的弹簧以及因弹簧的损坏能引起整个机械损坏的弹簧,许用应力应适当降低

选择材料时,应根据对弹簧的要求,考虑到弹簧的功用、重要程度、工作条件（包括载荷性质、大小及循环特性、工作持续时间、工作温度、介质情况等）,以及加工、热处理和经济性等因素。同时,参照现有设备中使用的弹簧进行类比分析,以选择出合适的

材料。

螺旋弹簧的制造分冷卷和热卷两种方法。弹簧丝直径在 8~10 mm 时,用经过热处理的优质碳素弹簧钢丝冷卷成型,卷成后经低温回火处理,以消除内应力。热卷法用于直径较大的强力弹簧。热卷时的温度在 800~1 000℃的范围内选择。热卷后须经淬火、回火处理。最后,对弹簧进行工艺性试验,以鉴定其质量。由于弹簧的疲劳强度和冲击强度在很大程度上取决于弹簧的表面质量,因此成品弹簧不允许有裂纹,疤痕等缺陷,表面应光洁。为了提高弹簧的承载能力,常对弹簧施行强压处理(即在超极限载荷作用下,保持 6~48 h),经过强压处理的弹簧,其承载能力约可提高 20%。

表 11-4 弹簧钢丝的拉伸强度极限 σ_B (MPa)

碳素弹簧钢丝				特殊用途碳素弹簧钢丝				重要用途弹簧钢丝	
钢丝直径 d (mm)	Ⅰ组	Ⅱ组 Ⅱ$_a$组	Ⅲ组	钢丝直径 d (mm)	甲组	乙组	丙组	钢丝直径 d (mm)	65Mn
0.32~0.6	2 599	2 157	1 667	0.2~0.55	2 844	2 697	2 550		
0.63~0.8	2 550	2 108	1 667	0.6~0.8	2 795	2 648	2 501		
0.85~0.9	2 501	2 059	1 618						
1	2 452	2 010	1 618	0.9~1	2 746	2 599	2 452	1~1.2	1 765
1.1~1.2	2 354	1 912	1 520	1.1		2 599	2 452		
1.3~1.4	2 256	1 863	1 471	1.2~1.3	2 501	2 354		1.4~1.6	1 716
1.5~1.6	2 157	1 814	1 422	1.4~1.5	2 403	2 256			
1.7~1.8	2 059	1 765	1 373						
2	1 961	1 765	1 373					1.8~2	1 667
2.2	1 863	1 667	1 373					2.2~2.5	1 618
2.5	1 765	1 618	1 275						
2.8	1 716	1 618	1 275						
3	1 667	1 618	1 275					2.8~3.4	1 569
3.2	1 667	1 520	1 177						
3.4~3.6	1 618	1 520	1 177					3.5	1 471
4	1 569	1 471	1 128					3.8~4.2	1 422
4.5~5	1 471	1 373	1 079					4.5	1 373
5.6~6	1 422	1 324	1 030					4.8~5.3	1 324
6.3~8		1 226	981					5.5~6	1 275

注:碳素弹簧钢丝按机械性能不同分为Ⅰ、Ⅱ、Ⅱ$_a$、Ⅲ四组,Ⅰ组强度最高,依次为Ⅱ、Ⅱ$_a$Ⅲ组

11.4 圆柱螺旋压缩（拉伸）弹簧的设计计算

11.4.1 螺旋压缩（拉伸）弹簧的应力与变形

1. 弹簧丝的最大剪应力　如图 11 - 4 (a) 所示，由于弹簧的螺旋角 α 很小（α < 10°），进行受力分析时，若忽略 α 的影响，则垂直于弹簧丝轴线的截面可近似看成通过弹簧轴线。这样，压缩弹簧在轴向载荷 F 作用下，在弹簧丝截面上作用有扭矩 $T = F \cdot \dfrac{D_2}{2}$ 和剪力 F（拉伸弹簧承受轴向载荷 F 时，弹簧丝截面上同样作用的扭矩 T 和剪力 F，但其方向与压缩弹簧的相反）。

在剪力 F 作用下，簧丝截面上产生剪应力，假定它是均匀分布的，如图 11 - 4 (d) 所示，并等于

$$\tau_1 = \frac{F}{\dfrac{\pi}{4}d^2} = \frac{4F}{\pi d^2}$$

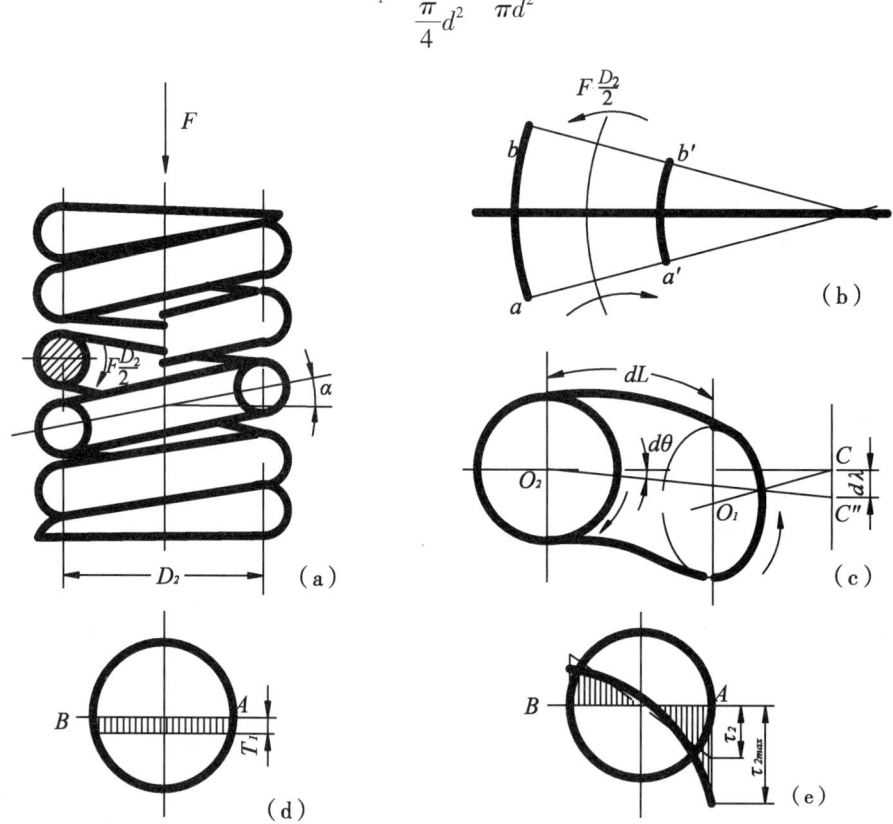

图 11 - 4　螺旋压缩弹簧的受力分析

在扭矩 T 作用下，簧丝截面上产生扭转剪应力，其应力分布如图 11 - 4 (e) 中虚线所示，其最大值为：

$$\tau_2 = \frac{F \cdot \dfrac{D_2}{2}}{\dfrac{\pi d^3}{16}} = \frac{8FD_2}{\pi d^3}$$

簧丝截面上的最大剪应力是上面两应力之和，即

$$\tau_{max} = \tau_1 + \tau_2 = \frac{4F}{\pi d^2} + \frac{8FD_2}{\pi d^3}$$

或

$$\tau_{max} = \frac{8FD_2}{\pi d^3}\left(1 + \frac{1}{2C}\right) \tag{11-1}$$

式中：$C = \dfrac{D_2}{d}$，称为弹簧指数。

由于弹簧丝是曲杆，其内侧纤维长度比外侧的短，见〔图11-4（b）中$\overline{a'b'} < \overline{ab}$〕，在扭矩 T 作用下，内侧纤维剪应变大于外侧纤维剪应变，因而内侧扭转剪应力大于外侧扭转剪应力，其应力分布如图11-4（e）中粗实线所示，最大应力在截面内侧 A 点。实践表明，弹簧的破坏也大多由这点开始。为了考虑弹簧丝曲率对簧丝中扭转剪应力的影响（式11-1）应修正为：

$$\tau_{max} = K\frac{8FD_2}{\pi d^3} = K\frac{8FC}{\pi d^2} \tag{11-2}$$

式中：$K = \dfrac{0.615}{C} + \dfrac{4C-1}{4C-4}$，为考虑弹簧丝曲率的应力修正系数——曲度系数 K，可根据已确定的弹簧指数 C 由图11-5中查取。

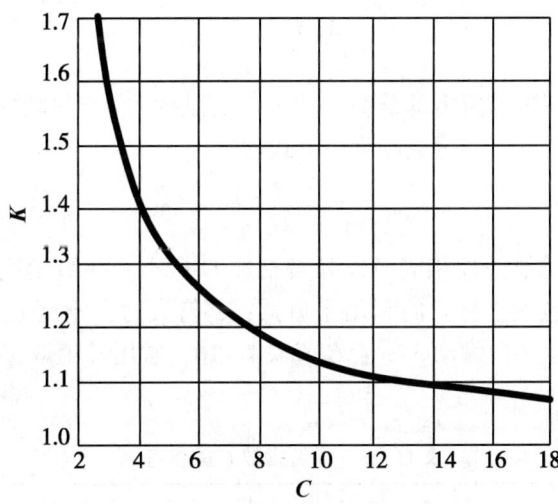

图11-5 曲度系数 K

弹簧的强度条件为：

$$\tau_{max} \leq [\tau] \quad \text{MPa}$$

由此得弹簧丝直径 d：

$$d \geq \sqrt{\frac{8KFC}{\pi[\tau]}} = 1.6\sqrt{\frac{KFC}{[\tau]}} \quad \text{mm} \tag{11-3}$$

式中 F 的单位为 N。

2. 弹簧的轴向变形量 λ　参阅图 11-4（b）、（c）可见，当微段弹簧 dl 受扭矩作用时，簧丝径向截面 aa' 相对于径向截面 bb' 转动一个角度 $d\theta$（扭转角），由材料力学知 $d\theta = \dfrac{TdL}{GI_p}$，其中，$G$ 为簧丝材料的剪切弹性模量，$I_p = \dfrac{\pi}{32}d^4$ 为簧丝截面的极惯性矩。于是半径 O_2C 相对于半径 O_1C 也转过一个角度 $d\theta$，点 C 移到 C'，微段弹簧产生了轴向微量变形 $d\lambda$。由于 $d\theta$ 是个微量，可近似地认为：

$$d\lambda = \frac{D_2}{2}d\theta = \frac{D_2}{2}\cdot\frac{TdL}{GJ_p}$$

将上式沿弹簧丝工作长度 $\pi D_2 n$ 积分，即得弹簧受轴向载荷 F 时所产生的轴向变形量 λ（不考虑弹簧螺旋角的影响，其中，n 为弹簧的有效工作圈数，即参与变形的圈数）。

$$\begin{aligned}\lambda &= \int\frac{D_2}{2}d\theta = \int\pi D_2 n_0 \frac{D_2}{2}\cdot\frac{TdL}{GJ_p}\\ &= \int\pi D_2 n_0 \frac{D_2}{2}\cdot\frac{F\cdot\dfrac{D_2}{2}}{G\cdot\dfrac{\pi d^4}{32}}dL\\ &= \frac{8FD_2^3 n}{Gd^4} = \frac{8FC^3 n}{Gd}\text{mm}\end{aligned}\qquad(11-4)$$

式中：G 的单位为 MPa；F、d 和 D_2 的单位如前述。

由式（11-4）可得弹簧的有效工作圈数为：

$$n = \frac{\lambda Gd}{8FC^3}\qquad(23-5)$$

使弹簧产生单位变形量所需的载荷，称为弹簧刚度 C_s，当弹簧指数 C 和有效工作圈数 n 都给定时，拉、压弹簧的弹簧刚度由下式确定：

$$C_s = \frac{F}{\lambda} = \frac{Gd}{8C^3 n}\quad\text{N/mm}\qquad(11-6)$$

由上式可知，当其他条件相同时，弹簧指数 C 愈小，弹簧刚度 C_s 愈大，弹簧越硬，工作时簧丝内侧应力愈大，材料的利用率愈低；C 值大时，刚度 C_s 小，弹簧越软，但 C 值过大时，弹簧易产生轴向颤动。一般 C 值取 4～16，常用 C 值取 5～8，选取时可参考表 11-5。

表 11-5　弹簧指数 C 的参考值

弹簧丝直径 d (mm)	0.2～0.4	0.45～1	1.1～2.2	2.5～6	7～16	18～42
弹簧指数 $C = D_2/d$	7～14	5～12	5～10	4～9	4～8	4～6

11.4.2　压缩弹簧的稳定性

对于高径比 b（$b = \dfrac{H_0}{D_2}$）较大的压缩弹簧（H_0 为自由高度），当轴向载荷超过一定限

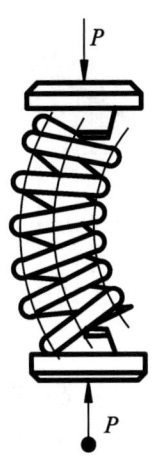

图 11-6 弹簧失稳

度时,弹簧会失去稳定性,产生较大的侧向弯曲(图 11-6),不能正常工作。为此,要控制弹簧的高径比 b,一般取 $b \leqslant 3$。当 $b > 3$ 时,需将弹簧装在心轴上或套管中,以防侧曲。

11.4.3 圆柱螺旋弹簧的特性线

弹簧的特性线是弹簧轴向载荷 F 与变形量 λ 之间的关系曲线,反映了弹簧在工作过程中刚度的变化情况,因而它是设计、制造和检验弹簧的重要依据。一般要求绘在弹簧工作图上。

等螺距的圆柱螺旋弹簧的特性线为一直线,即刚度 C_s 为常数。图 11-7 为压缩弹簧的特性线,其工作过程是:H_0 为无载荷时的自由高度,当弹簧可靠地安放在装置中时,则被压缩到高度 H_1,相应地承受载荷 F_1(初始载荷),压缩变形量为 λ_1。当加上工作载荷总值达到 F_2 时,弹簧的压缩高度 H_2,压缩变形量为 λ_2。显然,$\lambda_2 - \lambda_1$ 为弹簧的工作行程。如果继续加载到极限载荷 F_{lim},这时弹簧丝中的应力达到弹性极限,弹簧压缩到高度 H_{lim},压缩变形量为 λ_{lim},搞设计时,应使弹簧的工作变形 λ_2 在 $(0.2 \sim 0.8) \lambda_{lim}$ 的范围内,以保持弹簧具有稳定的刚度。通常,初始载荷 $F_1 = (0.1 \sim 0.5) F_2$,最大工作载荷 $F_2 = 0.8 F_{lim}$。

圆柱形螺旋拉伸弹簧,按卷绕方法的不同,可分为无初应力的和有初应力的两种。无初应力的拉伸弹簧,其特性线和压缩弹簧的特性线相似〔图 11-8(b)〕。其拉伸变形量可按式(11-6)计算。即:

$$\lambda_2 = \frac{8 F_2 C^3 n}{Gd} \tag{11-7}$$

有初应力的拉伸弹簧,在卷绕的同时强使簧丝绕其自身轴线扭转,弹簧卷绕成后,簧丝要恢复到扭转前的状态,则产生轴向压缩力,将各圈并紧,因而弹簧在自由状态下,簧丝截面上有初应力 τ'_0 存在。要将这种弹簧拉长,首先必须给弹簧足够的初拉力 F_0 用以克服轴向压缩力,然后加载弹簧开始伸长〔图 11-8(a)〕。初拉力等于:

$$F_0 = \frac{\pi d^3 \tau'0}{8KD_2} \tag{11-8}$$

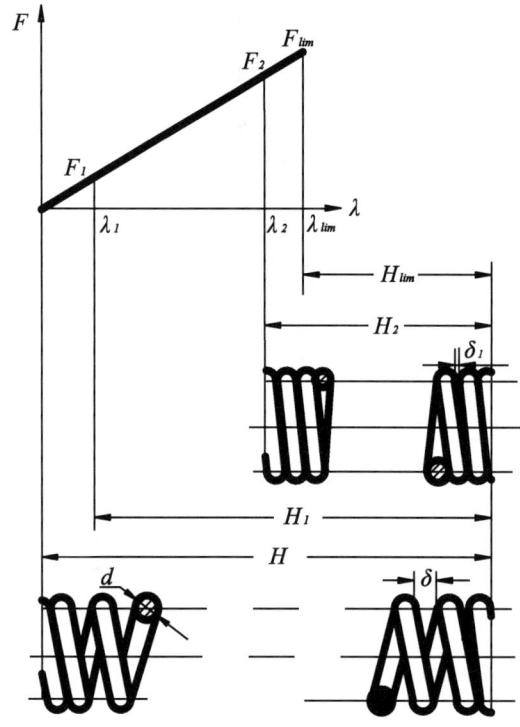

图 11–7 压缩弹簧特性线

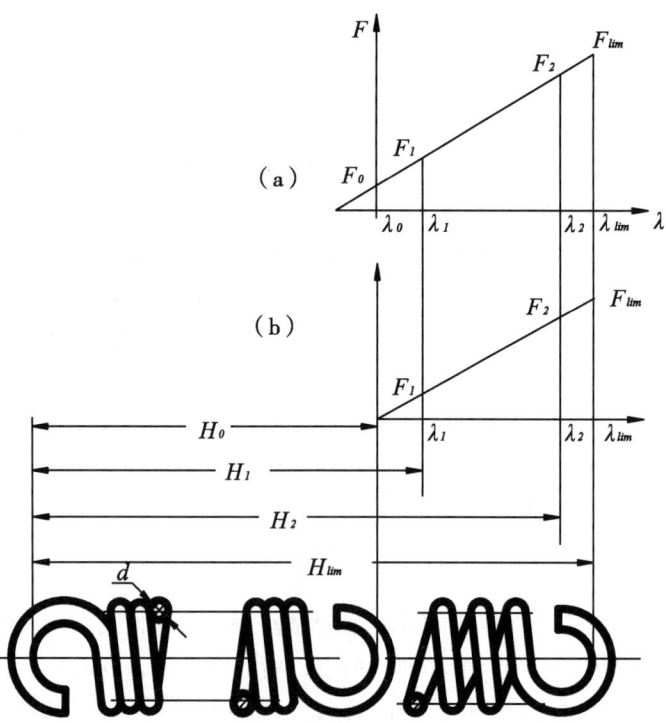

图 11–8 拉伸弹簧特性线

式中 λ'_0 值可在图 11–9 的阴影区内选取。由于这种弹簧的拉伸变形是在初拉力 F_0 作

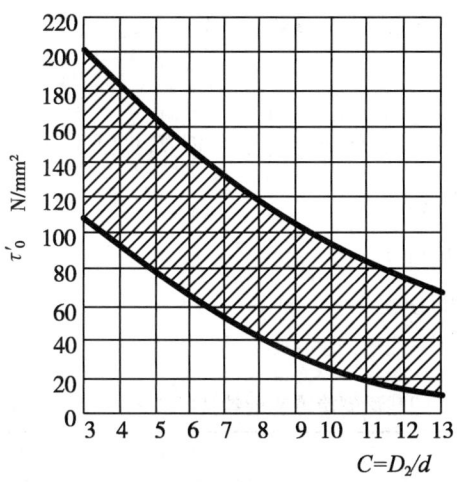

图 11-9 拉伸弹簧的初应力 τ'_0

用下开始的,当拉伸载荷增加到 F_2 时,拉伸变形量为 λ_2,载荷增量 $F_2 - F_0$,故

$$\lambda_2 = \frac{8(F_2 - F_0)C^3 n}{Gd}$$

11.4.4 受变载荷时螺旋弹簧的疲劳强度校核

受变应力而循环次数很大的螺旋弹簧($N > 10^3$),应进行疲劳强度校核:

$$S = \frac{\tau_0 + 0.75\tau_{\min}}{\tau_{\max}} \geqslant S_{\min} \qquad (11-10)$$

式中:τ_0——脉动剪切疲劳极限,根据载荷循环次数 N 由表 11-6 查得;

$\tau_{\min}$、$\tau_{\max}$——最小工作应力和最大工作应力;

$S_{\min}$——许用安全系数,当弹簧计算和材料的性能数据精确性高时取为 1.3~1.7,当精确性低时取为 1.8~2.2。

表 11-6 脉动疲劳极限

变载荷循环次数 N	10^4	10^5	10^6	10^7
τ_0	$0.45\sigma_B$[①]	$0.35\sigma_B$	$0.33\sigma_B$	$0.3\sigma_B$

注:对于硅青铜,不锈钢丝,此值取 $0.35\sigma_B$。

11.4.5 设计步骤

第一,根据工作条件选定材料,并由表 11-3 确定许用剪应力 [τ] 和剪切弹性模量 G。

第二,选定弹簧指数 C,并由图 11-5 确定曲度系数 K。

第三,根据强度条件 $\tau_{\max} < [\tau]$,确定弹簧丝直径 d,并按表 11-7 取 d 为标准值。

第四,根据弹簧指数 C,确定弹簧中径 D_2。

第五,计算弹簧的有效工作圈数 n 和总圈数 n_1,按式(11-5)可求得 n,对于压缩弹簧，$n_1 = n + n_2$。n_2 为弹簧死圈数，取 $n_2 = 1.5 \sim 2$。对于拉伸弹簧，$n_1 = n$。n_1 的尾数推荐值为 $\frac{1}{2}$ 圈。

第六，计算弹簧的几何尺寸 D、D_1、t、α 和 H_0 对应于 $\alpha = 5° \sim 9°$ 时，压缩弹簧的螺距 $t \approx \frac{1}{3} \sim \frac{1}{2} D_2$；对于拉伸弹簧 $t = d$。

第七，计算簧丝展开长度 L。

第八，验算压缩弹簧的稳定性。

第九，绘制弹簧工作图。

表 11-7 圆截面螺旋弹簧钢丝直径 d 的推荐尺寸系列（mm）

系列	d								
第一系列	0.1	0.15	0.2	0.25	0.3	0.35	0.4	0.45	0.50
	0.6	0.8	1	1.2	1.6	2	2.5	3	3.5
	4	4.5	5	6	8	10	12	16	20
	25	30	35	40	45	50	60	70	80
第二系列	0.7	0.9	1.4	(1.5)	1.8	2.2	2.8	3.2	3.8
	4.2	5.5	7	9	14	18	22	(27)	28
	32	(36)	38	42	(55)	65			

注：①应优先采用第一系列；②括号内直径只限于目前不能更换的产品使用

以上设计步骤中，选定弹簧指数 C 值很重要。当确定弹簧几何尺寸后，应检查其是否符合安装要求，如不符合，应重新选定 C 值进行计算，直到获得满意的结果为止。

例题 计算一车辆减振装置用圆柱螺旋压缩弹簧，在变载荷下工作，并有冲击。当最大工作载荷 $F_2 = 15\ 000$ N时，其变形量 $\lambda_2 = 45$ mm，寿命为 10^4 次。

解：

（1）选定材料及许用剪应力，因弹簧承受较大的变动载荷，且要求寿命为 10^4 次，由表 11-3 可选用弹簧材料为 $60S_i2Mn$，并查得 II 类弹簧的许用剪应力 $[\tau] = 640$ MPa，剪切弹性模量 $G = 80\ 000$ MPa

（2）选定弹簧指数 C，并确定曲度系数 K，初选 $C = 5$，根据 C 值由图 11-5 查得 $K = 1.310\ 5$

（3）确定弹簧丝直径 d：由弹簧丝强度条件 $\tau_{max} \leq [\tau]$ 得：

$$d \leq 1.6 \sqrt{\frac{KFC}{[\tau]}}$$

$$= 1.6 \sqrt{\frac{1.3105 \times 15\ 000 \times 5}{640)}} = 19.828 \text{ mm}$$

取 $d = 20$ mm。

（4）求弹簧中径 D_2：

$$D_2 = d \cdot C = 20 \times 5 = 100 \text{ mm}$$

(5) 求弹簧有效工作圈数 n 和总圈数 n_1：由式 23-5 得有效工作圈数 n 为：

$$n = \frac{G d \lambda}{8 F_2 C^3} = \frac{80\,000 \times 20 \times 45}{8 \times 15\,000 \times 5^3} = 4.8 \text{ 圈}$$

取 $n=5$ 圈，死圈数 $n_2 = 2$。

总圈数 $\quad n_1 = n + n_2 = 5 + 2 = 7$ 圈

(6) 求极限变形量 λ_{lim}：取 $\lambda_2/\lambda_{lim} = 0.8$，

则 $\quad \lambda_{lim} = \lambda_2/0.8 = 45/0.8 = 56.25$ mm

(7) 几何尺寸计算：弹簧外直径 D：

$$D = D_2 + d = 100 + 20 = 120 \text{ mm}$$

弹簧内直径 D_1：

$$D_1 = D_2 - d = 100 - 20 = 80 \text{ mm}$$

弹簧节距 t：

$$t = d + \frac{\lambda_{Lim}}{n} = 20 + \frac{56.25}{5} = 31.25 \text{ mm}$$

螺旋角 α：

$$\alpha = \text{arctg} \frac{t}{\pi D_2} = \text{arctg} \frac{31.25}{\pi \times 100} = \text{arctg} 0.099\,5$$
$$= 5.68° = 5°40'48''$$

弹簧自由高度（两端并紧并磨平）H_0：

$$H_0 = nt + (n_2 - 0.5)d = 5 \times 31.25 + 1.5 \times 20 = 186.35 \text{ mm}$$

(8) 弹簧丝展开长度计算：

$$L = \frac{\pi D_2 n_1}{\cos\alpha} = \frac{\pi \times 100 \times 7}{\cos 5.68°} = 2\,209.96 \text{ mm}$$

(9) 验算弹簧的稳定性：

$$b = H_0/D_2 = 186.25/100 = 1.862\,5 < 3$$

b 小于许用值，弹簧在载荷作用下是稳定的。

(10) 安全系数验算（略）。

(11) 画弹簧工作图（略）。

11.5 扭转弹簧简介

扭转弹簧常用于压紧、储能或传递转矩。它的两端带有用于安装或加载的杆臂或挂钩，见图 11-10。在自由状态下，各圈间留有间隙 $\delta = 0.1 \sim 0.5$ mm，以免扭转变形时邻圈相互摩擦。

扭转螺旋弹簧承受的外载荷为转矩 T，对应的扭转变形角 φ，其特性线为一直线，见表 11-1 中图示。

扭转弹簧的最大工作应力也不得超过其材料的弹性极限。通常，最小转矩（安装扭矩）为 $T_{min} = (0.1 \sim 0.5) T_{max}$，而最大工作扭矩 $T_{max} \leq (0.8 \sim 0.9) T_{Lim}$（弹簧的极限工作转矩）。

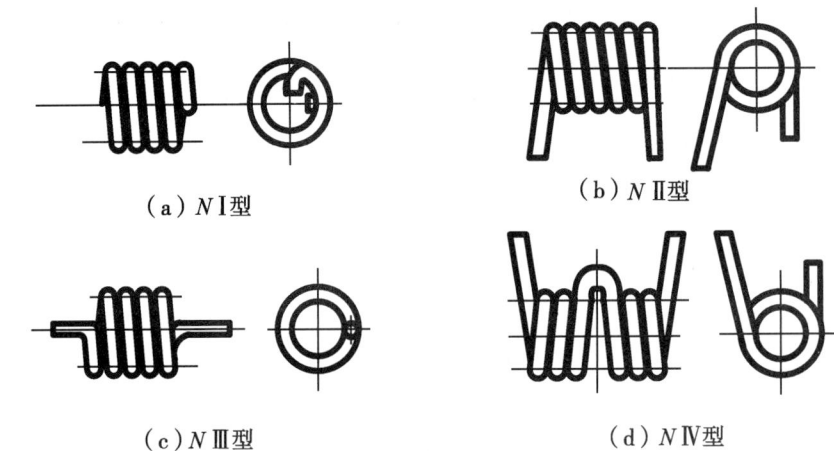

(a) NⅠ型　　(b) NⅡ型　　(c) NⅢ型　　(d) NⅣ型

图 11-10　扭转螺旋弹簧

圆柱形扭转螺旋弹簧的设计，基本上与圆柱形拉、压螺旋弹簧相似。

小　　结

本章主要内容、特点及学习要求。

1. 本章主要介绍

圆柱螺旋压缩（拉伸）弹簧的设计计算方法；对圆柱螺旋扭转弹簧也作了简单介绍。对弹簧的功用、类型、结构形式、制造方法、材料及许用应力，仅作了一般的介绍。最后还对其他类型的弹簧的特点及应用作了简单的说明。

2. 本章特点

是密切结合材料力学的有关内容，进行常用的密圈螺旋弹簧的工作能力设计，并对其几何尺寸计算作了较详细的阐述（这是由于实用的弹簧往往有一定的空间尺寸要求），同时对材料、毛坯、工艺要求也作了较多的说明。

3. 学习本章时应能熟练掌握

圆柱螺旋压缩（拉伸）弹簧的设计计算方法，包括结构设计、几何参数计算，特性线、刚度计算、以及压缩弹簧稳定性的验算等。对其他类型的弹簧只须有一般的了解。

本章重点及学习注意事项。

1. 本章重点

为圆柱螺旋压缩（拉伸）弹簧的设计计算及其材料选择与工艺要求。

2. 学习本章时应该注意事项

（1）弹簧应在其材料的弹性极限范围内工作，不允许有永久变形出现。

（2）本章阐述的圆柱形螺旋弹簧设计计算方法仅仅适用于密圈螺旋弹簧，不能用于疏圈螺旋弹簧的设计计算。

（3）弹簧的工作图纸上，都应标出特性线，以便检验弹簧的性能参数。

（4）弹簧旋绕比 C 及弹簧刚度 C_s 是两个重要的参数，应了解它们之间的内在联系及对弹簧性能的影响。

(5) 圆柱形螺旋弹簧的设计。设计时要根据给定的条件来决定方法和步骤。如给定最大载荷、最大变形及结构要求来决定弹簧的尺寸时，其设计步骤没有固定的程式，常需对同一参数同时选定几个数据，平行地进行计算，最后根据计算结果，加以综合分析对比，确定一种比较经济合理的设计。

(6) 疲劳强度的校核。对于在变载荷下工作、应力循环次数 $N > 10^3$ 的重要弹簧，应按疲劳强度进行校核，即满足 $S \geq S_{min}$。

(7) 设计弹簧时，应特别注意根据弹簧使用的场合、用途及具体工况，合理选择材料。不同材料制造出来的弹簧，质量差别很大。

(8) 热处理对弹簧质量影响很大，因而对弹簧的热处理要求很严。热卷后的弹簧必须进行淬火与回火处理，以消除内应力。

(9) 选取碳素弹簧钢丝的许用剪应力时，应该注意，它与弹簧钢丝的强度极限 σ_B 有关，而 σ_B 又与其直径有关，因而有时需经反复试算后选定。

思考题

(1) 弹簧有哪些主要功能？

(2) 按载荷性质和形状分类，弹簧有哪几种？哪种弹簧应用最广泛？

(3) 设计圆柱形螺旋弹簧时，为什么要求弹簧指数 $C \geq 4$？

(4) 影响弹簧强度和刚度的主要因素有哪些？可采取什么措施来改变弹簧的强度和刚度？

(5) 今有 A、B 两个弹簧，簧丝直径 d，簧丝材料及弹簧有效圈数 n 均相同，仅中径 $D_{2A} > D_{2B}$，问：

一是当外载荷 F 相同时，哪个弹簧变形大？

二是当载荷 F 以相同大小连续增加时，哪个弹簧先断？

习题

(11-1) 一圆柱形螺旋压缩弹簧承受静载荷。已知：簧丝直径 $d = 6$ mm，弹簧中径 $D_2 = 36$ mm，有效工作圈数 $n = 10$，用 II 组碳素弹簧钢丝制造。当载荷 $F = 900$ N 时，弹簧变形量 λ 是多少？

(11-2) 设计一圆柱形压缩螺旋弹簧，载荷平稳，要求 $F_{max} = 800$ N 时，$\lambda_{max} = 40$ mm，弹簧总的工作次数小于 10^3，弹簧中要能宽松地穿过一根直径为 30 mm 的轴；弹簧安装为一端固定，另一端自由转动；外径 $D \leq 50$ mm，自由高度 $H_0 \leq 120$ mm。

参考文献

1. 邱宣怀.机械设计（第四版）[M].北京：高等教育出版社.2014.
2. 刘长荣、郑玉才.机械设计基础（下）[M].北京：中国农业科技出版社.2002.
3. 崔学红，梁宝英.机械设计基础（第一版）[M].北京：机械工业出版社.2010.
4. 李建功.机械设计（第四版）[M].北京：机械工业出版社.2008.
5. 濮良贵.机械设计（第八版）[M].北京：高等教育出版社.2006.
6. 刘莹，吴宗泽.机械设计教程[M].北京：机械工业出版社.2007.
7. 孙志礼，马星国，黄秋波，等.机械设计[M].北京：科学出版社.2008.
8. 陈良玉，王玉良，马星国，等.机械设计基础[M].沈阳：东北大学出版社.2000.
9. 张鄂.机械设计学习指导.西安交通大学出版社.2002.
10. 修世超，李庆忠，林晨.机械设计习题与解析.北京：科学出版社.2008.
11. 吴宗泽，罗圣国.机械设计课程设计手册（第二版）[D].北京：高等教育出版社.1999.
12. 王天康，卢颂峰.机械设计课程设计.北京：北京工业出版社.2005.
13. 机械设计实用手册编委会.机械设计实用手册[D].北京：机械工业出版社.2009.
14. 张策.机械原理与机械设计[M].北京：机械工业出版社.2004.
15. 李秀珍.机械设计基础（第四版）[M].北京：机械工业出版社.2005.
17. 许尚贤.机械零件的现代设计方法[M].北京：高等教育出版社.1994.
18. 钟毅芳，杨家军.机械设计原理与方法[M].武汉.华中科技大学出版社.2001.
19. 杨家军.机械设计基础[M].武汉.华中科技大学出版社.2002.
20. 吴宗泽.机械设计习题集（第二版）.北京：高等教育出版社.1991.
21. 吴宗泽.机械设计作业题集.北京：高等教育出版社.1987.
22. 彭文生，杨家军，王均荣.机械设计与机械原理考研指导（上、下册）（第二版）.武汉.华中科技大学出版社.2005.
23. 濮良贵.机械设计学习指南（第二版）.北京：高等教育出版社.1992.
24. 邱宣怀.机械设计学习指导书（第二版）.北京：高等教育出版社.1992.
25. R 柯勒.机械设计方法学[M].党志梁，等译.北京：科学出版社.1990.
26. 黄纯颖.工程设计方法[M].北京：中国科学技术出版社.1989.
27. 扎布隆斯基 KN.机械零件[M].余梦生，等译.北京：高等教育出版社.1990.
28. 库德里亚采夫 BH.机械零件（1980 年版）[M].汪一麟，等译.北京：高等教育出版社.1990.
29. 周开勤.机械零件手册（第 4 版）[D].北京：高等教育出版社.1994.
30. 徐灏.机械设计手册[D].北京：机械工业出版社.1991.